普通高等教育理工科基础课“十四五”系列教材

常微分方程

主　编　冯孝周
副主编　李畅通　王预震

西安交通大学出版社
XI'AN JIAOTONG UNIVERSITY PRESS

图书在版编目(CIP)数据

常微分方程 / 冯孝周主编；李畅通，王预震副主编
. --西安 ：西安交通大学出版社，2024.5
ISBN 978-7-5693-3766-2

Ⅰ. ①常… Ⅱ. ①冯… ②李… ③王… Ⅲ. ①常微分方程 Ⅳ. ①O175.1

中国国家版本馆 CIP 数据核字(2024)第 092620 号

书　　名　常微分方程
CHANGWEIFEN FANGCHENG
主　　编　冯孝周
副 主 编　李畅通　王预震
策划编辑　田　华
责任编辑　王　娜
责任校对　李　佳
装帧设计　伍　胜

出版发行　西安交通大学出版社
(西安市兴庆南路 1 号　邮政编码 710048)
网　　址　http://www.xjtupress.com
电　　话　(029)82668357　82667874(市场营销中心)
(029)82668315(总编办)
传　　真　(029)82668280
印　　刷　西安五星印刷有限公司

开　　本　787 mm×1092 mm　1/16　**印张**　14.625　**字数**　302 千字
版次印次　2024 年 5 月第 1 版　　2024 年 5 月第 1 次印刷
书　　号　ISBN 978-7-5693-3766-2
定　　价　39.00 元

如发现印装质量问题，请与本社市场营销中心联系。
订购热线：(029)82665248　(029)82667874
投稿热线：(029)82668818

前　　言

常微分方程是数学的重要分支，该课程也是数学专业的基础课。本书根据编者多年的教学经验，在已有教材的基础上，结合长期以来的研究工作，较系统全面地介绍了常微分方程的基本理论和方法。本书理论严谨，力求用循序渐进的方式介绍常微分方程的基本概念和基本方法；同时，语言叙述准确、简练，讲解推理自然、易懂；内容上突出重点、论证详尽、易教易学；在处理一阶微分方程、高阶线性方程、差分方程等内容时结合学校的军工特色，配备丰富的例子和习题。

编者结合几十年来的教学实践，把常微分方程放在整个数学框架中考虑，除补充了常微分方程的产生与发展过程以外，还在部分小节的结尾部分对知识进行总结，并给出求解常微分方程的重要解题步骤及其应用。书中每章节都有大量吸引学生的应用实例，章节中包含了MATIAB软件应用，引导学生学习应用新理论解决实际问题，在理论、技术和应用方面取得平衡。每章设置本章学习的重难点和目标，明确学生的学习目标，重要知识点用不同的字体引起学生注意，努力构建成为一部符合学习规律、适合学生发展的教材。别具一格的是，本书结合我校兵工精神与优势学科的发展，使兵工精神与常微分方程理论有机融合，对于某些内容不惜笔墨，进行了系统的改进，便于读者理解。

虽然常微分方程理论的发展已经历了数百年，但目前仍在发展中。特别是近三十多年来，种群动力学和传染病动力学已成为研究的热门话题，其中应用到的基本数学工具就是常微分方程。为了更能适应新时代大学生的培养要求，理论与实际结合，本书增加了差分方程和常微分方程的实际应用，以数学方法和技巧研究并解决了生命科学、生物学、医学和公共卫生等领域的具体实际问题，引导学生了解并掌握常微分方程在实际应用中的一些思路和方法，并能将所学理论和方法应用到实际问题的研究中。为此，本书除了在第6章稳定性和定性理论简介中介绍一些基本概念和基本方法外，还在第8章中介绍分析了几种经典的种群模型和传染病模型，让读者对目前常微分模型的新应用有一个整体的印象。

本书编写力求做到内容丰富、论述详述，且书中例题题型较多，理论推导和方法具有系统性和完整性，利于学生掌握书中的方法和基本原理的同时，尽量满足不同专业本科生学习的需求。本书中的方程，一般都指微分方程。

众多师生为本书的撰写提供了宝贵的意见，在此谨向这些同志致以诚挚的感谢。由于编者经验和水平的不足，书中难免有错漏或不完善的地方，热切希望广大读者批评指正。

编　　者

2024 年 3 月

目　　录

第1章

绪　论

【学习目标】

(1)理解常微分方程及其解的概念,能判别方程的阶数、线性与非线性。

(2)掌握将实际问题建立成常微分方程模型的一般步骤。

(3)理解积分曲线和方向场的概念。

【重难点】 重点是微分方程的基本概念,难点是积分曲线和方向场。

【主要内容】 常微分方程(偏微分方程)的概念、微分方程的阶、隐式方程、显式方程、线性(非线性)常微分方程;常微分方程的通解、特解、隐式解、初值问题、定解问题、积分曲线和方向场;建立常微分方程模型的具体方法。

1.1 常微分方程模型

1.1.1 常微分方程的产生和发展

常微分方程有着深刻而生动的实际背景,它从生产实践与科学技术中产生,又成为现代科学技术分析问题与解决问题的强有力工具。常微分方程差不多是与微积分一起发展起来的学科,是学习泛函分析、数理方程、微分几何的必要准备,本身也在工程力学、流体力学、天体力学、电路振荡分析、工业自动控制及化学、生物等领域有广泛的应用。

300多年前,牛顿(Newton)与莱布尼茨(Leibniz)奠定微积分基本思想的同时,就正式提出了常微分方程的概念。

进入20世纪新的阶段,常微分方程的求解方法,进一步发展为解析法、几何法、数值法。

解析方法:把常微分方程的解看作是依靠这个方程来定义的自变量的函数。

几何方法(或定性方法):把常微分方程的解看作是充满平面、空间或二者局部的曲线簇。

数值方法:求常微分方程满足一定初始(或边界)条件的解的近似值的各种方法。

常微分方程差不多是和微积分同时发展起来的。苏格兰数学家内皮尔(Napier)创立对数的时候，就讨论过常微分方程的近似解。牛顿在建立微积分的同时，用级数来求解简单的常微分方程。后来瑞士数学家伯努利(Bernoulli)、欧拉(Euler)，法国数学家达朗贝尔(d'Alembert)、拉格朗日(Lagrangian)等人又不断地研究和丰富了常微分方程的理论。

常微分方程的形成与发展是和力学、天文学、物理学，以及其他学科的发展密切相关的。数学其他分支的新发展，如复变函数、李群、组合拓扑学等，都对常微分方程的发展产生了深刻的影响，当前计算机的发展更是为常微分方程的应用及理论研究提供了非常有力的工具。

牛顿研究天体力学和机械力学的时候利用了常微分方程这个工具，从理论上得到了行星运动规律。后来，英国天文学家亚当斯(Adams)等使用常微分方程计算出了那时尚未发现的海王星的位置。这些都使数学家们更加深信常微分方程在认识自然、改造自然方面有着巨大力量。

随着常微分方程理论的逐步完善，只要列出相应的常微分方程，有解方程的方法，就可以利用其精确地表述事物变化所遵循的基本规律，常微分方程也就成为最有生命力的数学分支。本书后面所涉及微分方程都指常微分方程。

1.1.2 各种常微分方程模型

常微分方程是数学联系实际问题(见图 1.1)的重要渠道之一，然而最初将实际问题建立成常微分方程模型并不是数学家做出的，而是由化学家、生物学家和社会学家完成的。

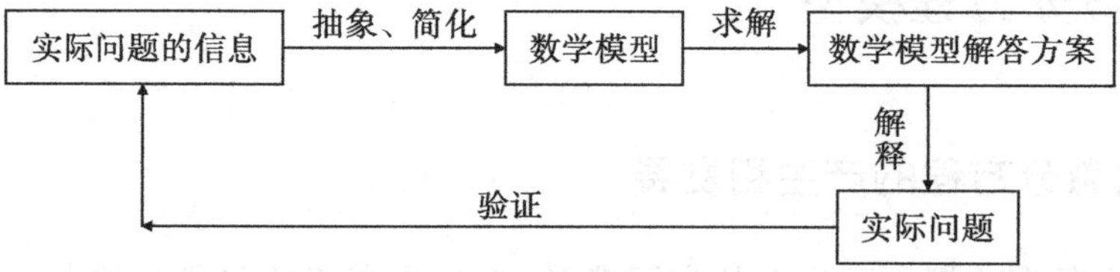

图 1.1 数学联系实际问题示意图

例 1.1 物体冷却过程的数学模型。

将某物体放置于空气中，在时刻 $t=0$ 时，测得其温度为 $T_0=150$℃，10 min 后测得温度为 $T_1=100$ ℃。确定物体的温度与时间的关系，并计算 20 min 后物体的温度。假定空气的温度保持为 $T_a=24$ ℃。

解 设物体在时刻 t 的温度为 $T=T(t)$，由牛顿冷却定律可得

$$\frac{\mathrm{d}T}{\mathrm{d}t}=-k(T-T_a)(k>0,T>T_a) \tag{1.1}$$

这是关于未知函数 T 的一阶微分方程，利用微积分的知识将式(1.1)改写为

$$\frac{\mathrm{d}T}{T-T_a}=-k\mathrm{d}t \tag{1.2}$$

两边积分，得到 $\ln(T-T_a)=-kt+\tilde{c}$，$\tilde{c}$ 为任意常数。

令 $e^{\tilde{c}}=c$，进而有

$$T=T_a+ce^{-kt} \tag{1.3}$$

根据初始条件，当 $t=0$ 时，$T=T_0$，得常数 $c=T_0-T_a$，于是

$$T_0=T_a+(T_0-T_a)e^{-kt} \tag{1.4}$$

再根据条件 $t=10$ min 时，$T=T_1$，得到

$$T_1=T_a+(T_0-T_a)e^{-10k}$$

$$k=\frac{1}{10}\ln\frac{T_0-T_a}{T_1-T_a}$$

将 $T_0=150$ ℃，$T_1=100$ ℃，$T_a=24$ ℃ 代入上式，得到

$$k=\frac{1}{10}\ln\frac{150-24}{100-24}=\frac{1}{10}\ln1.66\approx0.051$$

从而，

$$T=24+126e^{-0.051t} \tag{1.5}$$

由方程(1.5)得知，当 $t=20$ min 时，物体的温度 $T_2\approx70$ ℃，而且当 $t\to+\infty$ 时，$T\to24$ ℃。该例温度与时间的关系也可通过图形表示出来，如图 1.2 所示，可解释为：经过一段时间后，物体的温度和空气的温度基本没有差别了。事实上，经过 2 h 后，物体的温度变为 24 ℃，与空气的温度已相当接近。

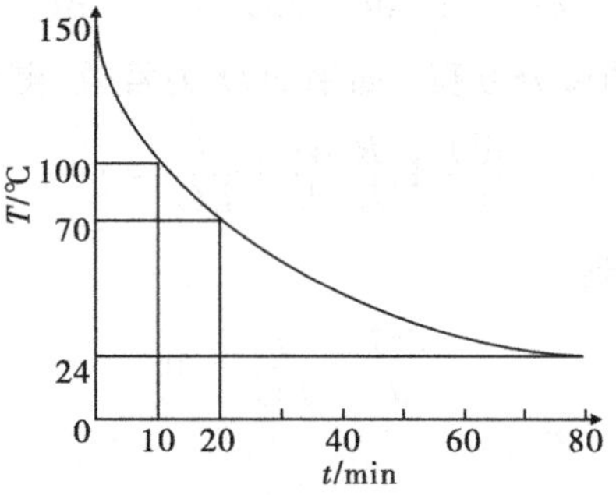

图 1.2　例 1.1 温度与时间的关系图

例 1.2　动力学模型。

物体由高空下落，除受重力作用外，还受到空气阻力的作用，空气的阻力可看作与速度的二次方成正比，试确定物体下落过程所满足的关系式。

解　设物体质量为 m，空气阻力系数为 k，又设在时刻 t 物体的下落速度为 v，于是在时刻 t 物体所受的合力为 $F=mg-kv^2$，建立直角坐标系，取向下方向为正方向，根据牛顿第二定律得到关系式

$$m\frac{dv}{dt}=mg-kv^2 \tag{1.6}$$

而且，满足初始条件 $t=0$ 时，可得

$$v = 0 \tag{1.7}$$

例 1.3 电力学模型。

在如图 1.3 所示的 RLC 电路，包括电感 L、电阻 R 和电容 C。设 R、L、C 均为常数，电源 $e(t)$ 是时间 t 的已知函数。建立当开关 S 闭合后，电流 I 应满足的常微分方程。

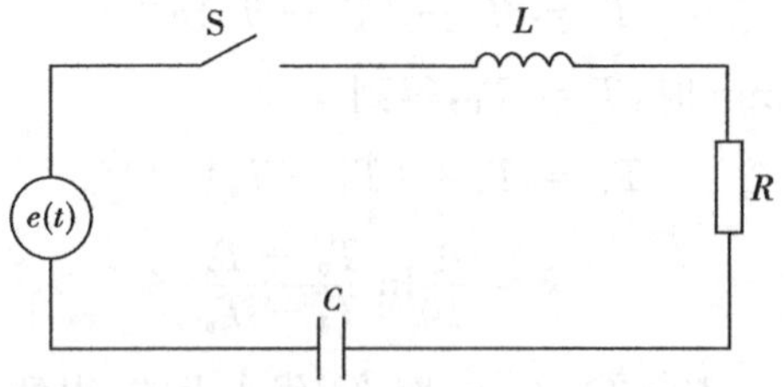

图 1.3 例 1.3 电路图

解 经过电感 L、电阻 R 和电容 C 的电压分别降为 $L\,\frac{\mathrm{d}I}{\mathrm{d}t}$、$RI$ 和 $\frac{Q}{C}$，其中 Q 为电量。由基尔霍夫第二定律得到

$$e(t) = L\,\frac{\mathrm{d}I}{\mathrm{d}t} + RI + \frac{Q}{C} \tag{1.8}$$

因为 $I = \frac{\mathrm{d}Q}{\mathrm{d}t}$，于是有

$$\frac{\mathrm{d}^2 I}{\mathrm{d}t^2} + \frac{R}{L}\,\frac{\mathrm{d}I}{\mathrm{d}t} + \frac{I}{LC} = \frac{1}{L}\,\frac{\mathrm{d}e(t)}{\mathrm{d}t} \tag{1.9}$$

这就是电流 I 应满足的微分方程。如果 $e(t)$ 为常数，得到

$$\frac{\mathrm{d}^2 I}{\mathrm{d}t^2} + \frac{R}{L}\,\frac{\mathrm{d}I}{\mathrm{d}t} + \frac{I}{LC} = 0 \tag{1.10}$$

如果又有 $R = 0$，则得到

$$\frac{\mathrm{d}^2 I}{\mathrm{d}t^2} + \frac{I}{LC} = 0 \tag{1.11}$$

例 1.4 人口模型。

英国人口统计学家马尔萨斯(Malthusian) 在 1798 年提出了闻名于世的马尔萨斯模型(Malthusian model)，其基本假设：在人口自然增长的过程中，净相对增长率(单位时间内人口的净增长数与人口总数之比) 是常数，记此常数为 r(也即生命指数)。

在 t 到 $t+\Delta t$ 这段时间内人口数量 $N = N(t)$ 的增长量为

$$N(t+\Delta t) - N(t) = rN(t)\Delta t$$

于是 $N(t)$ 满足微分方程

$$\frac{\mathrm{d}N}{\mathrm{d}t} = rN \tag{1.12}$$

将式(1.12) 改写为

$$\frac{\mathrm{d}N}{N} = r\mathrm{d}t$$

于是变量 N 和 t 被“分离”，对上式两边积分得

$$\ln N = rt + \tilde{c}$$

$$N = ce^{rt} \tag{1.13}$$

其中，$c = e^{\tilde{c}}$ 为任意常数。

如果设初始条件为 $t = t_0$ 时，有

$$N(t) = N_0 \tag{1.14}$$

代入式(1.13) 可得 $c = N_0 e^{-rt_0}$，即方程(1.12) 满足初值条件(1.14) 的解为

$$N(t) = N_0 e^{r(t-t_0)} \tag{1.15}$$

如果 $r > 0$，说明人口总数 $N(t)$ 将按指数规律无限增长。将时间 t 以 1 年或 10 年离散化，那么可以说，人口总数是以 e^r 为公比的等比数列增加的。

当人口总数不大时，生存空间、资源等极充裕，人口总数以指数增长是可能的。但当人口总数非常大时，指数增长的线性模型则不能反映实际的人口增长事实，环境所提供的条件只能供养一定数量的人口生活，所以马尔萨斯模型在 $N(t)$ 很大时是不合理的。

比利时人韦品勒(Verhulst) 引入常数 N_m(环境最大容纳量) 表示自然资源和环境条件所能容纳的最大人口数，并假设净相对增长率为 $r\left(1 - \frac{N(t)}{N_m}\right)$，即净相对增长率随 $N(t)$ 的增加而减少，当 $N(t) \to N_m$ 时，净相对增长率 $\to 0$。

按此假定，人口增长的方程应改写为

$$\frac{dN}{dt} = r\left(1 - \frac{N}{N_m}\right)N \tag{1.16}$$

这就是逻辑斯谛模型(logistic model)。当 N_m 与 N 相比很大时，$\frac{rN^2}{N_m}$ 与 rN 相比可以忽略，则模型变为马尔萨斯模型；但当 N_m 与 N 相比不是很大时，$\frac{rN^2}{N_m}$ 这一项就不能忽略，人口增长的速度要缓慢下来。我们用逻辑斯谛模型来预测地球未来人数，某些人口学家估计人口自然增长率为 $r = 0.029$，而统计得世界人口在 1960 年约为 29.8 亿，增长率为 1.85%，代入逻辑斯谛模型式(1.16)，有 $0.0185 = 0.029 \times \left(1 - \frac{29.8 \times 10^8}{N_m}\right)$，可得 $N_m = 82.3 \times 10^8$，即世界人口容量 82.3 亿。以式(1.16) 右端为二次多项式，以 $N = \frac{N_m}{2}$ 为顶点，当 $N < \frac{N_m}{2}$ 时人口增长率增加；当 $N > \frac{N_m}{2}$ 时人口增长率减小，即人口增长到 $\frac{N_m}{2} = 41.15 \times 10^8$ 时增长率将逐渐减小。这与人口在 20 世纪 70 年代为 40 亿左右时增长率最大的统计结果相符。

1.1.3 小结

从以上的讨论可以看出，将实际问题转化为数学模型这一事实，正是许多应用数学

工作者和工程应用模拟方法解决物理或工程问题的理论根据。以上我们只举出了常微分方程的一些简单的实例，其实在自然科学和技术科学的其他领域中，都提出了大量的常微分方程问题。所以说，社会的生产实践是常微分方程理论取之不尽的基本源泉。此外，常微分方程与数学的其他分支的关系也是非常密切的，它们往往互相联系、互相促进。例如，几何学就是常微分方程理论丰富的源泉之一和有力的辅助工具。考虑到常微分方程是一门与实际联系比较密切的数学基础课程，我们自然应该注意其实际背景与应用，而作为一门数学基础课程，我们又应该把重点放在应用数学方法研究常微分方程本身的问题上，因此，在学习中，不应该忽视课程中所列举的实际例子及有关习题，并从中养成解决实际问题的初步能力。但是，按照课程的要求，我们要把主要精力集中到学习常微分方程的一些基本理论和掌握各种类型方程的求解方法这两方面上来，这是本课程的重点，也是我们解决实际问题的必备基础。而解决实际问题的过程为：① 建立方程；② 求解方程；③ 分析问题。关键的是第一步，即对所研究问题，根据已知定律公式及某些等量关系列出常微分方程和相应的初始条件。如果指出了由常微分方程所确定的未知函数的求法，那么未知量间的关系便找到了。寻求常微分方程所确定的未知函数是常微分方程理论的基本问题。

1.2 微分方程的基本概念

1.2.1 常微分方程和偏微分方程

微分方程：将自变量、未知函数及其导数联系起来的关系式。

常微分方程：只含一个自变量的微分方程。

偏微分方程：自变量的个数为两个或两个以上的微分方程。

方程

$$\frac{\mathrm{d}^2 y}{\mathrm{d}t^2}+b\frac{\mathrm{d}y}{\mathrm{d}t}+cy=f(t) \tag{1.17}$$

$$\left(\frac{\mathrm{d}y}{\mathrm{d}t}\right)^2+t\frac{\mathrm{d}y}{\mathrm{d}t}+y=0 \tag{1.18}$$

$$\frac{\mathrm{d}^2 y}{\mathrm{d}t^2}+\frac{g}{l}\sin y=0 \tag{1.19}$$

都是常微分方程的例子，y 是未知函数，仅含一个自变量 t。

方程

$$\frac{\partial^2 T}{\partial x^2}+\frac{\partial^2 T}{\partial y^2}+\frac{\partial^2 T}{\partial z^2}=0 \tag{1.20}$$

$$\frac{\partial^2 T}{\partial x^2}=4\frac{\partial^2 T}{\partial t^2} \tag{1.21}$$

都是偏微分方程的例子，T 是未知函数，x,y,z,t 是自变量。

微分方程的阶数：微分方程中出现的最高阶导数的阶数。

例如，方程(1.17)、(1.19)是二阶常微分方程，而方程(1.20)、(1.21)是二阶偏微分方程。

一般的 n 阶常微分方程具有以下形式：

$$F\left(x,y,\frac{\mathrm{d}y}{\mathrm{d}x},\cdots,\frac{\mathrm{d}^n y}{\mathrm{d}x^n}\right)=0 \tag{1.22}$$

其中，$F\left(x,y,\frac{\mathrm{d}y}{\mathrm{d}x},\cdots,\frac{\mathrm{d}^n y}{\mathrm{d}x^n}\right)$ 是 $x,y,\frac{\mathrm{d}y}{\mathrm{d}x},\cdots,\frac{\mathrm{d}^n y}{\mathrm{d}x^n}$ 的已知函数，而且一定含有 $\frac{\mathrm{d}^n y}{\mathrm{d}x^n}$ 项；y 是未知函数；x 是自变量。

1.2.2 线性微分方程和非线性微分方程

如果微分方程对于未知函数及其各阶导数的有理整式的整体而言是一次的，称为**线性微分方程**，否则称为**非线性微分方程**。

$$\frac{\mathrm{d}^2 y}{\mathrm{d}t^2}+y\frac{\mathrm{d}y}{\mathrm{d}t}=t \tag{1.23}$$

式(1.23)是非线性微分方程，而式(1.17)是一个二阶线性微分方程。

一般的 n 阶线性微分方程具有以下形式：

$$\frac{\mathrm{d}^n y}{\mathrm{d}x^n}+a_1(x)\frac{\mathrm{d}^{n-1} y}{\mathrm{d}x^{n-1}}+\cdots+a_{n-1}(x)\frac{\mathrm{d}y}{\mathrm{d}x}+a_n(x)y=f(x) \tag{1.24}$$

其中，$a_1(x),a_2(x),\cdots,a_n(x),f(x)$ 是 x 的已知函数。

1.2.3 微分方程的解和隐式解

微分方程的解：满足微分方程的函数称为微分方程的解。

即若将函数 $y=\varphi(x)$ 代入式(1.22)中，使其成为恒等式，则称 $y=\varphi(x)$ 为方程(1.22)的解。

例如，容易验证 $y=\cos\omega x$ 是方程$\frac{\mathrm{d}^2 y}{\mathrm{d}x^2}+\omega^2 y=0$ 的解。

隐式解：如果关系式 $\Phi(x,y)=0$ 决定的隐函数 $y=\varphi(x)$ 为方程(1.22)的解，称 $\Phi(x,y)=0$ 是方程(1.22)的隐式解。

例如，一阶微分方程

$$\frac{\mathrm{d}y}{\mathrm{d}x}=-\frac{x}{y}$$

有解 $y=\sqrt{1-x^2}$ 和 $y=-\sqrt{1-x^2}$，则关系式 $x^2+y^2=1$ 是该方程的隐式解。

1.2.4 通解和特解

通解：具有 n 个独立的任意常数 $c_1,c_2,\cdots,c_n$ 的解 $y=\varphi(x,c_1,c_2,\cdots,c_n)$ 称为方程

(1.22) 的通解。

注:所谓函数 $y=\varphi(x,c_1,c_2,\cdots,c_n)$ 含有 n 个独立常数,是指存在 $(x,c_1,c_2,\cdots,c_n)$ 的某一邻域,使得行列式

$$\begin{vmatrix} \frac{\partial\varphi}{\partial c_1} & \frac{\partial\varphi}{\partial c_2} & \cdots & \frac{\partial\varphi}{\partial c_n} \\ \frac{\partial\varphi'}{\partial c_1} & \frac{\partial\varphi'}{\partial c_2} & \cdots & \frac{\partial\varphi'}{\partial c_n} \\ \vdots & \vdots & & \vdots \\ \frac{\partial\varphi^{(n-1)}}{\partial c_1} & \frac{\partial\varphi^{(n-1)}}{\partial c_2} & \cdots & \frac{\partial\varphi^{(n-1)}}{\partial c_n} \end{vmatrix} \neq 0$$

其中,$\varphi^{(k)}=\dfrac{\partial^k\varphi}{\partial x^k}$。

特解:满足方程特定条件的解。

定解问题:方程满足定解条件的求解问题。定解条件分为初始条件和边界条件,相应的定解问题分为初值问题和边值问题。

一般地,初值问题为

$$\begin{cases} F(x,y,y',\cdots,y^{(n)})=0 \\ y(x_0)=y_0,y'(x_0)=y_0',\cdots,y^{(n-1)}(x_0)=y_0^{(n-1)} \end{cases}$$

特解可以通过初始条件限制,从通解中确定任意常数而得到,如例 1.1 中,含有的一个任意常数 c 的解

$$T=T_a+c\mathrm{e}^{-kt}$$

就是一阶方程(1.1) 的通解,而

$$T=T_a+(T_0-T_a)\mathrm{e}^{-kt}$$

就是满足初始条件

$$t=0,T=T_0$$

的特解。

1.2.5 积分曲线和方向场

一阶微分方程

$$\frac{\mathrm{d}y}{\mathrm{d}x}=f(x,y) \tag{1.25}$$

的解 $y=\varphi(x)$ 是 xOy 平面上的一条曲线,将其称为微分方程的积分曲线;而方程(1.25) 的通解 $y=\varphi(x,c)$ 对应于 xOy 平面上的一簇曲线,称为方程的积分曲线簇;满足初始条件 $y(x_0)=y_0$ 的特解就是通过点 (x_0,y_0) 的一条积分曲线。

方程(1.25) 的积分曲线上每一点 (x,y) 的切线斜率 $\dfrac{\mathrm{d}y}{\mathrm{d}x}$ 刚好等于函数 $f(x,y)$ 在这点

的值，也就是说，积分曲线的每一点 (x,y) 及这点上的切线斜率 $\frac{dy}{dx}$ 恒满足方程(1.25)；反之，如果一条曲线上每点的切线斜率刚好等于函数 $f(x,y)$ 在这点的值，则这一条曲线就是方程(1.25) 的积分曲线。

设函数 $f(x,y)$ 的定义域为 D，在 D 内每一点 (x,y) 处，画上一条小线段，使其斜率恰好为 $f(x,y)$，那么将这种带有小线段的区域 D 称为由方程(1.25) 所规定的方向场。

在方向场中，方向相同的点的几何轨迹称为等斜线。微分方程(1.25) 的等斜线方程为

$$f(x,y)=k \tag{1.26}$$

例 1.5　求微分方程 $\frac{dy}{dx}=2x$ 的等斜线。

解　该方程的积分曲线簇是 $y=x^2+c$，$y'=2x=0$，即 $x=0$ 是极值线，故 $y'=2x=k$ $(k=0,\pm 1,\cdots)$ 是等斜线。

例 1.6　微分方程 $4x^2y'^2-y^2=xy^3$，证明与其积分曲线关于坐标原点(0,0) 呈中心对称的曲线，也是微分方程的积分曲线。

证　设 $L:y=f(x)$，$x\in[a,b]$ 是微分方程的一条积分曲线，则满足

$$4x^2[f'(x)]^2-f^2(x)=xf^3(x),x\in[a,b] \tag{1.27}$$

而 L 关于(0,0) 呈中心对称的曲线为 $L':y=-f(-x)=F(x)$，$x\in[-b,-a]$，$-x\in[a,b]$，所以有 $F'(x)=f'(-x)$，$x\in[-b,-a]$。

当 $x\in[-b,-a]$ 时，$-x\in[a,b]$，由式(1.27) 可知

$$4(-x)^2[f'(-x)]^2-f^2(-x)=-xf^3(-x)$$

即 $4x^2[F'(x)]^2-F^2(x)=xF^3(x)$。

所以 $F(x)$ 满足微分方程，故 $F(x)$ 为微分方程的积分曲线，并且其相对于 L 关于原点(0,0) 呈中心对称。

1.3　常微分方程的发展简史

18 世纪的数学家们一方面努力探索微积分严格化的途径，另一方面往往又不顾基础问题的困难而大胆前进，大大地扩展了微积分的应用范围，尤其形成了与力学的有机结合，当时几乎所有的数学家也是力学家。

牛顿和莱布尼茨都处理过与常微分方程有关的问题。微积分产生的一个重要的动因来自于人们对探求物质世界运动规律的需求。一般地，运动规律很难完全靠实验观测认识清楚，因为人们不太可能观测到运动的全过程。运动是服从一定的客观规律的，物质运动与瞬时变化率之间有着紧密的联系，而这种联系用数学语言表述出来，即可抽象为某种数学结构，其结果往往形成一个常微分方程，一旦求出其解或研究清楚其动力学行为，

运动规律就一目了然了。

在常微分方程模型建立过程中，平衡原理扮演着重要的角色。常微分方程模型通常均是建立在平衡原理基础之上的。“平衡”是我们在现实生活中随处可见的现象，如物理学中的能量守恒和动量守恒等定律及力的平衡等都描述了物理中的一些平衡现象。再如考虑一段时间内(或一定范围内)物质的变化，容易发现这段时间内(或一定范围内)物质的改变量与其增加量和减少量之差也处于平衡的状态，这种平衡规律称为物质平衡。所谓平衡原理是指自然界的任何物质在其变化的过程中一定受到某种平衡关系的支配。发掘实际问题中的平衡原理无疑是从物质运动机理的角度组建数学模型的一个关键问题。

1.3.1 马尔萨斯模型

作为例子，我们介绍著名的马尔萨斯模型(Malthusian model)，它是最简单的生态学模型，也是本书中唯一的线性模型。

给定一个种群，我们的目的是确定种群的数量是如何随着时间而发展变化的。

1. 模型假设

(H_{21}^1) 初始种群规模已知，$x(t_0)=x_0$，种群数量非常大，世代互相重叠，因此种群的数量可以看作是连续变化的；

(H_{21}^2) 种群在空间分布均匀，没有迁入和迁出(或迁入和迁出平衡)；

(H_{21}^3) 种群的出生率和死亡率为常数，即不区分种群个体的大小、年龄、性别等；

(H_{21}^4) 环境资源是无限的。

2. 确定变量和参数

为了把种群数量问题转化为数学问题，我们首先确定建模中需要考虑的变量和参数：

t:时刻(自变量)　　　　$x(t)$:t时刻的种群数量

b:瞬时出生率　　　　d:瞬时死亡率

3. 模型的建立与求解

考查时间段为$[t,t+\Delta t]$(不失一般性，设$\Delta t>0$)，由物质平衡原理可知，在此时间段内种群的数量满足：$(t+\Delta t)$时刻种群数量减去t时刻种群数量等于Δt内新出生个体数减去Δt内死亡个体数，

即

$$x(t+\Delta t)-x(t)=bx(t)\Delta t-dx(t)\Delta t$$

亦即

$$\frac{x(t+\Delta t)-x(t)}{\Delta t}=(b-d)x(t)$$

令$\Delta t\to 0$，可得

$$\frac{\mathrm{d}x(t)}{\mathrm{d}t}=(b-d)x(t)=rx(t)$$

满足初始条件 $N(0)=N_0$ 的解为

$$x(t)=x_0\mathrm{e}^{(b-d)t}=x_0\mathrm{e}^{rt}$$

于是有

$$r>0,\text{即 } b>d,\text{则有 } \lim_{t\to\infty}x(t)=+\infty$$

$$r=0,\text{即 } b=d,\text{则有 } \lim_{t\to\infty}x(t)=N_0$$

$$r<0,\text{即 } b<d,\text{则有 } \lim_{t\to\infty}x(t)=0$$

马尔萨斯模型的积分曲线 $x(t)$ 呈“J”字形，因而种群的指数增长又称为 J 型增长。

1.3.2　常微分方程的发展

常微分方程是伴随着微积分发展起来的，微积分是其母体，生产生活实践是其生命的源泉。常微分方程诞生于数学与自然科学(物理学、力学等)进行崭新结合的 16、17 世纪，成长于生产实践和数学的发展进程，表现出强大的生命力和活力，蕴含着丰富的数学思想方法。

按照历史年代划分，常微分方程的发展历史大体可分为四个阶段：

①18 世纪及其以前；

②19 世纪初期和中期；

③19 世纪末期及 20 世纪初期；

④20 世纪中期以后。

按照研究内容划分，常微分方程的发展历史也可分为四个阶段：

① 常微分方程经典阶段；

② 常微分方程适定性理论阶段；

③ 常微分方程定性理论和稳定性理论阶段；

④ 常微分方程的新纪元。

1. 常微分方程经典阶段：17 世纪至 18 世纪

尽管在内皮尔(Napier)所创立的对数理论(讨论过微分方程的近似解)及达·芬奇(da Vinci)的饿狼扑兔问题中都已涉及常微分方程的思想萌芽，但人们通常认为常微分方程的开端工作是由意大利科学家伽利略(Galileo)完成的。现在通常称弹性理论这一领域中的问题促进了常微分方程的研究。17 世纪欧洲的建筑师们在建筑教堂和房屋时，需要考虑垂直梁和水平梁在外力作用下的变形，以及当外力撤销时梁的恢复程度，也就是梁的弹性问题。当时的建筑师们处理此类问题大多依赖于经验。伽利略从数学角度对梁的性态进行了研究，将研究成果记录在他出版的著作中，这些研究成果成为常微分方程研究的开端。

一阶常微分方程

从 17 世纪末开始，钟摆的运动、弹性理论及天体力学等实际问题的研究引出了一系列初期常微分方程，这些问题在当时往往以挑战的形式被提出并在数学家之间引起激烈的讨论。常微分方程最早的著作出现在数学家们彼此的信件中。某位数学家宣布一个研究结果后往往引起其他数学家的申辩，争论谁更早做了完全相同的工作。由于存在着激烈的竞争，这种申辩不一定是真实的。同样，在数学家们信件上写着的一般解法通常也仅仅是特例的说明。由于这些原因，即使不考虑这些研究结果的严谨性，也很难指出谁是首先得到这些结果的人。

1690 年，伯努利(Bernoulli) 研究了与钟摆运动有关的“等时曲线”问题：求一条曲线，使得摆沿着其做一次完全的振动时间相等，无论摆所经历的弧长的大小。伯努利通过分析建立了常微分方程模型，并用分离变量法解出了曲线方程，即摆线方程。

1690 年，伯努利提出了“悬链线”问题：求一根柔软的但不能伸长的绳子悬挂于两固定点而形成的曲线，莱布尼茨称此曲线为悬链线。在大自然中，我们可以观察到吊桥上方的悬垂钢索、挂着水珠的蜘蛛网，以及两根电线杆之间所架设的电线，这些都是悬链线。

达·芬奇早在 15 世纪已经考虑过悬链线问题。伽利略比伯努利更早注意到悬链线，他猜测悬链线是抛物线，从外表看的确象，但实际上不是。惠更斯在 1646 年，经由物理的论证，得知伽利略的猜测不对，但那时，他也求不出答案。在 1691 年 6 月的《教师学报》上，莱布尼茨、惠更斯、伯努利都发表了各自的解答，惠更斯的解答是几何的且是不清楚的。伯努利所用方法是当时诞生不久的微积分，具体说是把求解悬链线问题转化为求解一个二阶常微分方程，解此方程并适当选取参数，即得悬链线方程。这就是常微分方程大多数教材中所采用的解法。

1693 年，惠更斯(Huygens) 在《教师学报》(*Acta Eruditorum*) 中明确说到了常微分方程，而莱布尼茨在同年的《教师学报》的另一篇文章中称常微分方程为特征三角形的边的函数。我们现在所学到的关于常微分方程的观点大约直到 1740 年才出现。

1694 年，莱布尼茨和伯努利提出了“等角轨线”问题：求这样的曲线或曲线簇，使得其与某已知曲线簇的每一条曲线都相交且成给定的角度。当所给定的角为直角时，等角轨线就称为正交轨线。等角轨线在许多学科如光学、天文、气象中都有应用。

等角轨线问题一直到 1697 年都没有公开，那时伯努利将其作为向他的哥哥提出的一个挑战。他的哥哥只解决了一些特殊的实例，伯努利导出了一特殊曲线簇的正交轨线的微分方程，并且在 1698 年求出了它的解。后来莱布尼茨找到了曲线簇 $y^2 = 2bx$(b 是参数) 的正交轨线即一簇椭圆 $y^2/2+x^2=c$。虽然伯努利只研究出了特例解，没有给出一般方法，但在他的解法中隐含了一般解法。

正交轨线问题之前一直处于沉寂状态，直到 1715 年，莱布尼茨向英国数学家，主要对准牛顿提出挑战：找出求一已知曲线或曲线簇的正交轨线的一般方法。牛顿在 1716 年发表了他的解答，还指明了如何求与一已知曲线簇相交成定角的曲线，或相交的角是按照给定的规律随簇中曲线变化的曲线。虽然牛顿的解答过程应用了二阶常微分方程，但他的方法与现代所用的方法没有太大的区别。1717 年，赫尔曼(Hellmann) 给出了该问题求解的一般规则。

1691 年，莱布尼茨提出了求解变量分离方程 $y' = f(x)g(y)$ 的"变量分离法"；首次应用变换 $y = ux$ 解决了齐次方程 $y' = f(y/x)$ 的求解问题。1694 年，伯努利在《教师学报》中对变量分离方程和齐次方程求解作了更加完整的说明。

1695 年，伯努利提出了伯努利方程 $\frac{\mathrm{d}y}{\mathrm{d}x} = p(x)y + q(x)y^n$，并于 1696 年用分离变量法将其解出。1696 年，莱布尼茨利用变量变换法求解伯努利方程，即作变量变换 $z = y^{n-1}$，将其转化为线性方程求解。

1734—1735 年，欧拉(Euler) 提出了全微分方程 $M(x,y)\mathrm{d}x + N(x,y)\mathrm{d}y = 0$，并给出了此方程是全微分方程的条件：$\frac{\partial M}{\partial y} = \frac{\partial N}{\partial x}$。

当一个一阶方程不是全微分方程时，往往可以给方程乘一个叫作积分因子的量，将其变为全微分方程。积分因子法虽说在一阶方程的特殊问题中已经被采用(如伯努利曾用此方法求解一些变量分离方程)，但是领会到积分因子这个概念，并将其作为一种解题方法提出来的却是欧拉。欧拉确立了可采用积分因子法求解的方程的类属；证明了凡能用分离变量法求解的方程都可用积分因子法求解，但反之不然；证明了如果知道了任意一个常微分方程的两个积分因子，那么令它们的比等于常数，就是微分方程的一个积分；证明了对于高阶方程，用分离变量法求解是行不通的。欧拉还曾试图利用积分因子的方法统一解决一阶常微分方程的求解问题。

1739—1740 年，克莱罗(Clairaut) 独立地引入了积分因子的概念，也提出了"积分因子法"。

1694 年，莱布尼茨发现了方程的一个解簇的包络线也是该方程的解。

1715—1718 年，泰勒(Taylor) 研究了微分方程的奇解、包络线和变量变换公式。

1734 年，克莱罗研究了以他名字命名的克莱罗微分方程，发现这个方程的通解是直线簇，而该直线簇的包络线就是奇解，此前他虽然知道奇解不包含于通解之中，但不知道奇解是一包络线。克莱罗和欧拉对奇解进行了全面的研究，给出从常微分方程本身求得奇解的方法。

1772 年，拉普拉斯(Laplace) 将奇解概念推广到高阶微分方程和三个变量的微分方程中。

1774 年，拉格朗日对奇解和通解的联系作了系统的研究，他给出了一般的求解方法和奇解是积分曲线簇的包络线的几何解释。

到 1740 年左右，几乎所有求解一阶微分方程的初等方法都已经清楚了。

2. 常微分方程适定性理论阶段：18 世纪下半叶至 19 世纪

作为常微分方程向复数域的推广，常微分方程解析理论是由柯西(Cauchy) 开创的。在柯西之后，常微分方程转向更大范围的研究。

1) 级数解和特殊函数

常微分方程适定性理论阶段的主要结果之一是运用幂级数和广义幂级数解法，求出一些重要的二阶线性方程的级数解，并得到极其重要的一些特殊函数。

在着手处理更为复杂的物理现象，特别是在弦振动的研究中，数学家们得到了偏微分方程。用分离变量法解偏微分方程导致了求解常微分方程的一些问题。此外，因为偏微分方程都是以各种不同的坐标系表出的，所以得到的常微分方程是陌生的，并且不能用封闭形式解出。为了求解应用分离变量法与偏微分方程得到的常微分方程，数学家们没有过分忧虑解的存在性和解应具有的形式，而转向使用无穷级数的方法进行求解。应用分离变量法解偏微分方程而得到的常微分方程中最重要的是贝塞尔(Bessel) 方程：

$$x^2y''+xy'+(x^2-n^2)y=0$$

其中，参数 n 和 x 都可以是复数。

对贝塞尔当时的研究来说，n 和 x 都是实数。对此方程解的最早的系统研究是由贝塞尔在研究行星运动时作出的。对每个 n，此方程存在两个独立的基本解，记作 $\mathrm{J}_n(x)$ 和 $\mathrm{N}_n(x)$，分别称为第一类柱贝塞尔函数和第二类柱贝塞尔函数，它们都是特殊函数或广义函数(初等函数之外的函数)。贝塞尔首先给出了积分关系式：

$$\mathrm{J}_n(x)=\frac{q}{2\pi}\int_0^{2\pi}\cos(nu-x\sin u)\mathrm{d}u$$

1818 年贝塞尔证明了 $\mathrm{J}_n(x)$ 有无穷多个零点。1824 年，贝塞尔对整数 n 给出了递推关系式

$$x\mathrm{J}_{n+1}(x)-2n\mathrm{J}_n(x)+x\mathrm{J}_{n-1}(x)=0$$

和其他的关于第一类贝塞尔函数的关系式。

后来又有众多的数学家(研究天体力学的数学家) 独立地得到了贝塞尔函数及其表达式和关系式。

解析理论中其他重要内容还有拉格朗日方程的级数解和拉格朗日多项式方面的结论。1784 年，拉格朗日提出了拉格朗日方程 $(1-x^2)y''+2xy'+\lambda y=0$，给出了幂级数形式的解，得到了拉格朗日多项式。与此同时，厄米(Hermite) 提出了方程 $y''-2xy'+\lambda y=0$，得到了其幂级数解，当 λ 为非负偶数时即为著名的厄米多项式。切比雪夫(Chebyshev) 在研究方程 $(1-x^2)y''-xy'+p^2y=0$ 的解时，得到了切比雪夫多项式。

1821 年，高斯(Gauss) 提出了高斯几何方程

$$x(1-x)y''+[\gamma-(\alpha+\beta+1)]y'-\alpha\beta y=0$$

这个方程及其级数解

$$F(\alpha,\beta,\gamma,x)=1+\frac{\alpha\beta}{1\gamma}x+\frac{\alpha(\alpha+1)\beta(\beta+1)}{12\gamma(\gamma+1)}x^2+\cdots$$

现在早已为人们所熟知了。此级数称为超几何级数，包含了几乎所有的当时已知的初等函数和许多像贝塞尔柱函数、球函数那样的超越函数。除了证明此级数的一些性质外，高

斯还建立了著名的关系式：

$$F(\alpha,\beta,\gamma,1)=\frac{\Gamma(\gamma)\Gamma(\gamma-\alpha-\beta)}{\Gamma(\gamma-\alpha)\Gamma(\gamma-\beta)}$$

这一时期关于常微分方程级数解和特殊函数方面的研究还有很多，这里不再一一介绍。

2) 奇点理论、自守函数

19 世纪中期，常微分方程的研究走上了一个新的历程。存在性定理和施图姆-刘维尔(Sturm-Liouville) 理论都预先假设在考虑解的区域内，微分方程包含解析函数或至少包含连续函数。另一方面，某些已经考虑过的微分方程，如贝塞尔方程、拉格朗日方程、高斯超几何方程，如果表示成具有变系数的线性齐次常微分方程且最高阶导数项系数为 1 时，它们的系数具有奇异性，在奇点的邻域内级数解的形式是特别的，所以数学家们便转而研究奇点邻域内的解，也就是一个或多个系数，在其上奇异的那种点的邻域内的解。对于这个问题，高斯关于超几何级数的理论研究指明了道路，该理论被称为线性常微分方程的黎曼-富克斯(Riemann-Fuchs) 奇点理论，这是 19 世纪常微分方程解析理论中一个非常重要的成果。奇点邻域内的解的研究是由布里奥(Briot) 等起始的，他们关于一阶线性微分方程解的研究结果很快就得到了推广，在这个新领域中，人们的注意力集中于形式为

$$y^{(n)}+p_1(z)y^{(n-1)}+\cdots+p_n(z)y=0$$

的线性常微分方程，其中，$p_i(z)$ 是复变量 z 的单值解析函数(除在孤立奇点外)。此方程之所以受到重视，是因为其解包括所有初等函数甚至某些高等函数。

这方面的重要工作还有布里奥等的由常微分方程出发建立的椭圆函数(特殊的自守函数) 的一般理论，富克斯等的关于一阶非线性微分方程的理论，以及庞加莱(Poincare) 等的关于自守函数理论的研究，使微分方程解析理论臻于顶峰。这样，微分方程和自守函数便建立了密切的联系。

当自守函数理论还处在创立的阶段时，关于天文学方面的研究激起了科学家们对一个二阶常微分方程的兴趣，此方程源于著名的 n 体问题。n 体问题可以用一句话概括出来：在三维空间中给定 n 个质点，如果在它们之间只有万有引力的作用，那么在给定它们的初始位置和速度的条件下，它们会怎样在空间中运动？最简单的例子就是太阳系中太阳、地球和月球的运动。在浩瀚的宇宙中，星球的大小可以忽略不计，所以我们可以把它们看成质点。如果不计太阳系其他星球的影响，那么它们的运动就只是在引力的作用下产生的，所以我们就可以把它们的运动看成一个三体问题。我们知道地球和月球都在进行周期性运动，这样我们才有了年、月和日的概念，所以大家不难想象周期运动可能是三体问题的一种解。

1877 年希尔(Hill，美国数学家) 发表了一篇关于月球近地点运动的具有卓越创见性的论文。1878 年他又发表了一篇关于月球运动的论文，创立了周期系数的线性齐次微分

方程的数学理论。他的一个基本思想是：对月球运动的微分方程确定一个近似于实际观察到的运动的周期解，写出这个周期解的变差方程，便得到了一个带有周期系数的四阶线性常微分方程组。知道了某些积分后，他将此四阶方程组化简为一个二阶线性微分方程：

$$\frac{\mathrm{d}^2 x}{\mathrm{d}t^2}+\theta(t)x=0$$

其中，$\theta(t)$ 是一个以 π 为周期的偶函数。希尔证明了此二阶方程存在周期解，因而证实了月球近地点的运动是周期性的，开创了周期系数方程的研究。

在希尔的证明中，首先将 $\theta(t)$ 展开为傅里叶级数(Fourier series)，然后用待定系数法确定级数解。他的方法用到了无穷行列式和无穷线性方程组，不够严谨，因此一直受人质疑。1885—1886 年，庞加莱证明了希尔的证明方法的收敛性。庞加莱对希尔研究的完善，使希尔的有关课题广为人知。

庞加莱参与了希尔方程的研究，他为行星运动的研究及行星和卫星轨道稳定性微分方程的周期解的研究开辟了新的途径，开创了常微分方程定性研究的新时代。

3. 常微分方程定性理论和稳定性理论阶段：19 世纪末至 20 世纪初

从时间上看，19 世纪末期和 20 世纪初期是常微分方程发展的第三个阶段。这个阶段常微分方程在三个方面有重大发展，都与庞加莱的工作相关。一是微分方程的解析理论，前面已作论述；二是庞加莱的定性理论；三是李雅普诺夫(Lyapunov) 的稳定性理论。

1) *庞加莱的定性理论*

在代数学中，五次代数方程没有一般的根式求解公式这一事实并不防碍施图姆取得用代数方法决定实根个数的成就。类似地，在非线性方程一般不能求“初等解”的事实下，庞加莱独立开创了常微分方程实域定性理论这一新分支。

1881—1886 年，庞加莱在同一大标题下连续发表了四篇论文，开创了常微分方程实域定性理论。他力求通过考察微分方程本身就可以回答关于稳定性等问题的方法，为微分方程定性理论奠定坚实的基础。

1892—1898 年，庞加莱把奇点分为鞍点、结点、焦点和中心四类，讨论了解在各种奇点附近的性态。这一新分支的内容包括奇点附近积分曲线的分布、极限环(即孤立周期解)、奇点的大范围分布、环面上的积分曲线，以及三维空间周期解附近积分曲线的情形等。庞加莱关于常微分方程定性理论的一系列课题，成为动力系统理论的开端。

庞加莱的定性理论在研究思想上成功突破了常微分方程定量求解的束缚，其创新之处体现在以下几个方面：由复域的研究转向实域的研究，由定量研究转向定性研究，由分析研究转向分析和几何方法有机结合的研究，由函数作为对象的研究转向曲线作为对象的研究，由个别解的研究转向解的集体的研究，由解的解析性质的研究转向解所定义的积分曲线的几何拓扑性质的定性研究，由应用等式研究转向应用不等式研究，由局部研究转向全局研究。

常微分方程定性理论另一位主要创始人是数学家本迪克松(Bendixson),从1900年起,他开始从事庞加莱所开创的微分方程轨线的拓扑性质的研究工作,1901年发表了著名论文"由微分方程定义的曲线"(*The curve defined by the differential equation*)。

1926—1927年,伯克霍夫(Birkhoff)以三体问题为背景继承和发展了庞加莱的工作,创立了动力系统理论。到了20世纪30年代,由于新的物理、力学及工程技术和自动控制等问题的推动,使微分方程定性理论中的概念、问题和方法又在新的条件下得到发展。

1937年,庞特里亚金(Pontryagin)等提出了结构稳定性概念,并严格证明了其充要条件,使动力系统的研究向大范围发展。

由于天体力学,特别是"三体问题"的需要,庞加莱总结了一些天文学家的方法,系统地整理在《天体力学的新方法》(*Les Methods Nouvelles de la Mecanique Celeste*)一书中,并加以发展成为摄动理论或小参数理论。

2) 李雅普诺夫的稳定性理论

稳定性理论是常微分方程理论的重要组成部分,主要研究当时间趋于无穷时方程的解的性态。该理论在自然科学、工程技术、社会经济等方面有着广泛的应用。

众所周知,任何一个实际系统总是经受着各种各样的干扰。对于某些系统,微小干扰的影响并不显著,而对另外一些系统,微小干扰对系统的影响可能较显著。受到干扰之后,首先要考虑的就是系统能否稳妥地保持预定的运动或工作状态,这就是系统的稳定性。严格地说,数学模型仅是实际系统的近似刻画,因为在建立数学模型过程中,不得不忽略某些次要因素,或者存在测量误差或计算的舍入误差等。近似的数学模型能否如实地反映客观实际的动态,在某种意义上说,也是一个稳定性问题。

稳定性的概念最早源于力学。一个力学系统具有某种平衡状态,在微小干扰的作用下,这种平衡状态能否保持,就是稳定性的雏形。在静力学方面,早在17世纪,托里拆利(Torricelli)就给出了托里拆利定理:若物体仅受重力作用,则当其重心位置最低时,其平衡是稳定的,当重心位置最高时,其平衡是不稳定的。后来,拉普拉斯证明了太阳系的稳定性,建立了微分方程模型并提出了拉普拉斯方程。1788年,拉格朗日也证明了太阳系的稳定性,建立了力学系统孤立平衡的稳定性定理:当作用于系统的力函数在这一平衡位置有极大值时,平衡是稳定的(该理论奠定了近代力学的基础)。1868年,麦克斯韦(Maxwell)关于离心调速系统的研究及汤姆森(Thomson)等的研究,都没有给出稳定性精确的数学定义。1877年,劳斯(Routh)给出了某些循环运动稳定性的判别法,1895年,赫尔维茨(Hurwitz)也提出了现在的劳斯-赫尔维茨判据。但这些工作都有一定的局限性,没有在理论上解决一般稳定性问题。至于对某些具体问题所建立的非线性微分方程组稳定性的研究,拉格朗日、麦克斯韦、闵可夫斯基(Minkowski)等都曾应用一次近似的线性方程组来代替非线性微分方程组研究稳定性问题,但未能从数学上证明这种代替的合理性。综上所述,稳定性的一般理论迟迟未建立起来。

1892年,李雅普诺夫在其博士学位论文中将庞加莱关于在奇点附近积分曲线随时间变化的定性研究发展至高维一般情形而形成专门的“运动稳定性”分支。庞加莱在平面上引入的“无切线段”的概念被李雅普诺夫推广成高维空间中的“李雅普诺夫函数”的概念。李雅普诺夫第一次给出了运动稳定性精确的数学定义，建立了运动稳定性的一般理论，给出了判定运动稳定性的普遍的数学方法。

1892 年，李雅普诺夫在其博士学位论文中提出了研究稳定性的两种方法。第一种方法是把一般解表示成某种级数的形式，称为李雅普诺夫第一方法；第二种方法是寻找具有某种特性的辅助函数 $V(t,x)$，称为李雅普诺夫第二方法或直接法。

李雅普诺夫第一方法在理论上是比较完整的，但一般推理过程较长，条件也较多，要确定解的幂级数、判定解的收敛性、确定一次近似系统的李雅普诺夫指数的符号与性质等，而把解表示成级数及检验级数的收敛性却并非易事，因此，这一方法在实用上有很大的局限性。李雅普诺夫第二方法或直接法虽然减轻了求解的负担，但构造函数 $V(t,x)$ 却没有一个普遍的方法可循，从而引起了一系列需要解决的理论和技术难题，如 $V(t,x)$ 的存在性和构造方法等。但近年来，李雅普诺夫第二方法得到了长足的发展，成为研究稳定性的基本方法。

1892 年，李雅普诺夫以李雅普诺夫函数为基础首先提出了关于稳定、一致稳定、渐近稳定和不稳定的四个定理(称为李雅普诺夫定理)，这四个定理奠定了运动稳定性理论的基础。自此以后，许多学者对李雅普诺夫第二方法的基本理论进行了深入而广泛的研究。

4. 常微分方程的新纪元:20 世纪中期及以后

20 世纪中期起，常微分方程的发展既深又广，进入了一个新的阶段，包括了四个方面的工作。

第一，由于工程技术的需要而产生新型问题和新的分支，如泛函微分方程、随机微分方程、分数阶微分方程、时标动力学方程等。

第二，由于应用问题需要得出解析形式的解，虽然明知一般非线性问题得不到精确的解析形式的解，但退而要求给出近似的解析形式的解。这方面的研究方法包括 PLK(Poincare-Lighthill-Kuo，庞加莱-莱特希尔-郭永怀) 方法、多尺度法、匹配法、奇摄动法、区域分析法等，以及由于计算机的出现而产生的其他近似的解析形式的解的求法。

第三，电子计算机的出现与发展对于常微分方程研究的推动及由此产生的成果，包括常微分方程的数值求解法(如“刚性”方程的求解法)，常微分方程的数值模拟(如用于洛伦茨方程的定性研究)，常微分方程中若干公式的机器推导(如中心焦点判定公式的机器推导)，等等。常微分方程由于解析解难求而转向定性研究，当定性研究也困难时，又转而用计算机“强攻”，得出一定的数值模拟结果后，为定性研究提供了新信息，这方面的研究与发展正在逐步兴起。

第四，常微分方程理论本身向高维数、抽象化方向发展。这方面的发展包括从普通空间常微分方程向抽象空间常微分方程发展，从具体动力系统向抽象动力系统发展，从实域定性理论向复域定性理论发展，从二维平面上的一维积分曲线的研究向四维空间中二维积分曲面的研究发展，等等。

常微分方程在实际问题中有着广泛的应用。为了弄清楚一个实际系统随时间变化的规律，需要讨论常微分方程解的各种性态，通常有三种主要方法：求方程的解析解（包括级数形式的解）、求方程的数值解、对解的性态进行定性分析。三种方法各有特点和局限性，在常微分方程的研究中，它们相互补充、相辅相成。

第2章

一阶微分方程的初等解法

【学习目标】

(1)理解变量分离方程及可化为变量分离方程的方程类型(齐次微分方程),熟练掌握变量分离方程的解法。

(2)理解一阶线性微分方程的类型,熟练掌握常数变易法及伯努利微分方程的求解。

(3)理解恰当方程的类型,掌握恰当方程的解法及简单积分因子的求法。

(4)理解一阶隐式方程的可积类型,掌握隐式方程的参数解法。

【重难点】 重点是一阶线性微分方程的各类初等解法,难点是积分因子的求法及隐式方程的解法。

【主要内容】 变量分离方程,齐次微分方程及可化为变量分离方程的方程类型,一阶线性微分方程及其常数变易法,伯努利微分方程,恰当方程及其积分因子法,隐式方程。

2.1 变量分离方程与变量变换

2.1.1 变量分离方程

形如

$$\frac{\mathrm{d}y}{\mathrm{d}x}=f(x)g(y)(\text{或}\ M_1(x)N_1(y)\mathrm{d}x+M_2(x)N_2(y)\mathrm{d}y=0) \tag{2.1}$$

的方程,称为变量分离方程,其中函数 $f(x)$ 和 $g(y)$ 分别是 x,y 的连续函数。

如果 $g(y)\neq 0$,方程(2.1)可化为

$$\frac{\mathrm{d}y}{g(y)}=f(x)\mathrm{d}x$$

这样变量就分离开了,对上式两边积分,得到

$$\int\frac{\mathrm{d}y}{g(y)}=\int f(x)\mathrm{d}x+c \tag{2.2}$$

把$\int \frac{\mathrm{d}y}{g(y)}$，$\int f(x)\mathrm{d}x$ 分别理解为$\frac{1}{g(y)}$，$f(x)$ 的某一个原函数，容易验证由式(2.2) 所确定的函数 $y=\varphi(x,c)$ 满足方程(2.1)，因而式(2.2) 是方程(2.1) 的通解。

如果存在 y_0 使 $g(y_0)=0$，可知 $y=y_0$ 也是方程(2.1) 的解，它可能不包含在方程的通解(2.2) 中，必须予以补上。

例 2.1　求解方程$\frac{\mathrm{d}y}{\mathrm{d}x}=-\frac{x}{y}$。

解　将变量分离，得到

$$y\mathrm{d}y=-x\mathrm{d}x$$

两边积分，即得

$$\frac{y^2}{2}=-\frac{x^2}{2}+\frac{c}{2}$$

因而，通解为

$$x^2+y^2=c(c\text{ 是任意的正常数})$$

或解出显式形式：

$$y=\pm\sqrt{c-x^2}$$

例 2.2　解方程 $\frac{\mathrm{d}y}{\mathrm{d}x}=y^2\cos x$，并求满足初始条件 $x=0$ 时，$y=1$ 的特解。

解　将变量分离，得到

$$\frac{\mathrm{d}y}{y^2}=\cos x\mathrm{d}x$$

两边积分，即得

$$-\frac{1}{y}=\sin x+c$$

因而，通解为

$$y=-\frac{1}{\sin x+c}$$

其中，c 是任意的常数。此外，方程还有解 $y=0$。

为确定所求的特解，将 $x=0$，$y=1$ 代入通解中确定常数 c，得到 $c=-1$，因而，所求的特解为

$$y=\frac{1}{1-\sin x}$$

例 2.3　求方程

$$\frac{\mathrm{d}y}{\mathrm{d}x}=P(x)y \tag{2.3}$$

的通解，其中 $P(x)$ 是 x 的连续函数。

解　将变量分离，得到

$$\frac{dy}{y} = P(x)dx$$

两边积分，即得

$$\ln|y| = \int P(x)dx + \tilde{c}$$

其中，$\tilde{c}$ 是任意常数。由对数的定义，即有

$$|y| = e^{\int P(x)dx + \tilde{c}}$$

即

$$y = \pm e^{\tilde{c}} \cdot e^{\int P(x)dx}$$

令 $\pm e^{\tilde{c}} = c$，得到

$$y = ce^{\int P(x)dx} \tag{2.4}$$

此外，$y=0$ 也是方程(2.3)的解，如果在式(2.4)中允许 $c=0$，则解 $y=0$ 也就包含在方程(2.4)中，因而，方程(2.3)的通解为式(2.4)，其中 c 是任意常数。

注：(1) 常数 c 的选取须保证式(2.2)有意义。

(2) 方程的通解不一定是方程的全部解，这是因为有些通解包含了方程的所有解，有些通解不能包含方程的所有解。此时，还应求出不含在通解中的其他解，即将遗漏的解补上。

(3) 微分方程的通解表示的是一簇曲线，而特解表示的是满足特定条件 $y(x_0) = y_0$ 的一个解，即表示的是一条过点 (x_0, y_0) 的曲线。

2.1.2 可化为变量分离方程的方程类型

1. 齐次微分方程

形如

$$\frac{dy}{dx} = g\left(\frac{y}{x}\right) \tag{2.5}$$

的方程，称为齐次微分方程，这里的 $g(u)$ 是 u 的连续函数。

(1) 对方程

$$\frac{dy}{dx} = \frac{M(x,y)}{N(x,y)}$$

其函数 $M(x,y)$ 和 $N(x,y)$ 都是 x 和 y 的 m 次齐次函数，即对 $t>0$ 有

$$M(tx,ty) \equiv t^m M(x,y), \quad N(tx,ty) \equiv t^m N(x,y)$$

事实上，取 $t = \frac{1}{x}$，则方程可改写成形如式(2.5)的方程：

$$\frac{dy}{dx} = \frac{x^m M\left(1, \frac{y}{x}\right)}{x^m N\left(1, \frac{y}{x}\right)} = \frac{M\left(1, \frac{y}{x}\right)}{N\left(1, \frac{y}{x}\right)}$$

(2) 对方程

$$\frac{\mathrm{d}y}{\mathrm{d}x} = f(x,y)$$

其中，右端函数 $f(x,y)$ 是 x 和 y 的零次齐次函数，即对 $t > 0$ 有

$$f(tx,ty) = tf(x,y)$$

则方程也可改写成形如式(2.5) 的方程

$$\frac{\mathrm{d}y}{\mathrm{d}x} = xf\left(1,\frac{y}{x}\right)$$

对齐次方程(2.5)，利用变量变换可化为变量分离方程再求解，令

$$u = \frac{y}{x} \tag{2.6}$$

即 $y = ux$，于是

$$\frac{\mathrm{d}y}{\mathrm{d}x} = x\frac{\mathrm{d}u}{\mathrm{d}x} + u \tag{2.7}$$

将式(2.6)、式(2.7) 代入方程(2.5)，则原方程(2.5) 变为

$$x\frac{\mathrm{d}u}{\mathrm{d}x} + u = g(u)$$

整理后，得到

$$\frac{\mathrm{d}u}{\mathrm{d}x} = \frac{g(u) - u}{x} \tag{2.8}$$

方程(2.8) 是一个变量分离方程，按照分离变量法求解，然后将所求的解代回原变量，所得的解便是原方程(2.5) 的解。

例 2.4　求解方程 $\frac{\mathrm{d}y}{\mathrm{d}x} = \frac{y}{x} + \tan\frac{y}{x}$。

解　这是一个齐次微分方程，以 $\frac{y}{x} = u$，$\frac{\mathrm{d}y}{\mathrm{d}x} = x\frac{\mathrm{d}u}{\mathrm{d}x} + u$，代入原方程，则原方程变为

$$x\frac{\mathrm{d}u}{\mathrm{d}x} + u = u + \tan u$$

即

$$\frac{\mathrm{d}u}{\mathrm{d}x} = \frac{\tan u}{x} \tag{2.9}$$

分离变量，即有

$$\cot u\mathrm{d}u = \frac{\mathrm{d}x}{x}$$

两边积分，得到

$$\ln|\sin u| = \ln|x| + \tilde{c}$$

其中，$\tilde{c}$ 是任意的常数。整理后，得到

$$\sin u = cx \tag{2.10}$$

此外，方程(2.9)还有解 $\tan u=0$，即 $\sin u=0$。如果式(2.10)中允许 $c=0$，则 $\sin u=0$ 就包含在式(2.10)中，这就是说，方程(2.9)的通解为式(2.10)。

代回原来的变量，得到原方程的通解为

$$\sin\frac{y}{x}=cx$$

例 2.5 求解方程 $x\frac{\mathrm{d}y}{\mathrm{d}x}+2\sqrt{xy}=y(x<0)$。

解 将原方程改写为

$$\frac{\mathrm{d}y}{\mathrm{d}x}=2\sqrt{\frac{y}{x}}+\frac{y}{x}(x<0)$$

这是齐次微分方程，以 $\frac{y}{x}=u$，$\frac{\mathrm{d}y}{\mathrm{d}x}=x\frac{\mathrm{d}u}{\mathrm{d}x}+u$ 代入，则原方程变为

$$x\frac{\mathrm{d}u}{\mathrm{d}x}=2\sqrt{u} \tag{2.11}$$

分离变量，得到

$$\frac{\mathrm{d}u}{2\sqrt{u}}=\frac{\mathrm{d}x}{x}$$

两边积分，得到方程(2.11)的通解为

$$\sqrt{u}=\ln(-x)+c$$

即

$$u=[\ln(-x)+c]^2(\ln(-x)+c>0) \tag{2.12}$$

其中，c 是任意常数。此外，方程(2.11)还有解 $u=0$[此解不包含在通解(2.12)中]。

代回原来的变量，即得原方程的通解

$$y=x[\ln(-x)+c]^2(\ln(-x)+c>0)$$

及解 $y=0$。

原方程的通解还可表示为

$$y=\begin{cases}x[\ln(-x)+c]^2, \ln(-x)+c>0\\0\end{cases}$$

其定义于 x 轴整个负半轴上。

注：(1) 齐次微分方程 $\frac{\mathrm{d}y}{\mathrm{d}x}=g\left(\frac{y}{x}\right)$ 的求解方法的关键一步是令 $u=\frac{y}{x}$ 后，解出 $y=ux$，再对两边求关于 x 的导数得 $\frac{\mathrm{d}y}{\mathrm{d}x}=u+x\frac{\mathrm{d}u}{\mathrm{d}x}$，最后将其代入齐次微分方程使原方程变为关于 u,x 的可分离方程。

(2) 齐次微分方程也可以通过变换 $v=\frac{x}{y}$ 而化为变量分离方程，这时 $x=vy$，再对两边求关于 y 的导数得 $\frac{\mathrm{d}x}{\mathrm{d}y}=v+y\frac{\mathrm{d}v}{\mathrm{d}y}$，将其代入齐次微分方程 $\frac{\mathrm{d}x}{\mathrm{d}y}=f\left(\frac{x}{y}\right)$ 使原方程变为关

于 v,y 的可分离方程。

小结：这部分的主要内容是一阶微分方程的分离变量法和齐次微分方程 $\frac{dy}{dx}=g\left(\frac{y}{x}\right)$ 的解法，而这一齐次微分方程通过变量变换仍然可化为可分离方程，因此，一定要熟练掌握可分离方程的解法。

2. 可化为齐次微分方程的方程

形如

$$\frac{dy}{dx}=\frac{a_1x+b_1y+c_1}{a_2x+b_2y+c_2} \tag{2.13}$$

的方程经变量变换化为变量分离方程，这里的 a_1,a_2,b_1,b_2,c_1,c_2 均为常数。该变量变换分以下三种情形来讨论。

(1)$c_1=c_2=0$ 情形。这时方程(2.13) 属齐次微分方程，有

$$\frac{dy}{dx}=\frac{a_1x+b_1y}{a_2x+b_2y}=g\left(\frac{y}{x}\right)$$

此时，令 $u=\frac{y}{x}$，即可将方程(2.13) 化为变量分离方程。

(2)$\begin{vmatrix} a_1 & b_1 \\ a_2 & b_2 \end{vmatrix}=0$，即$\frac{a_1}{a_2}=\frac{b_1}{b_2}$ 的情形。设$\frac{a_1}{a_2}=\frac{b_1}{b_2}=k$，则方程(2.13) 可写为

$$\frac{dy}{dx}=\frac{k(a_2x+b_2y)+c_1}{(a_2x+b_2y)+c_2}=f(a_2x+b_2y)$$

令 $a_2x+b_2y=u$，则以上方程化为

$$\frac{du}{dx}=a_2+b_2f(u)$$

这是一个变量分离方程。

(3)$\begin{vmatrix} a_1 & b_1 \\ a_2 & b_2 \end{vmatrix}\neq 0$，$c_1,c_2$ 不全为零的情形。这时方程(2.13) 右端的分子、分母都是 x，y 的一次式，因此

$$\begin{cases} a_1x+b_1y+c_1=0 \\ a_2x+b_2y+c_2=0 \end{cases} \tag{2.14}$$

表示的是 xOy 平面上两条相交的直线，设交点为(α,β)。

显然，$\alpha\neq 0$ 或 $\beta\neq 0$，否则必有 $c_1=c_2=0$，这正是情形(1) 的情况(只需进行坐标平移，将坐标原点(0,0) 移至(α,β) 就行了)。

若令

$$\begin{cases} X=x-\alpha \\ Y=y-\beta \end{cases} \tag{2.15}$$

则式(2.14) 化为

$$\begin{cases} a_1X+b_1Y=0 \\ a_2X+b_2Y=0 \end{cases}$$

从而方程(2.13)变为

$$\frac{dY}{dX}=\frac{a_1X+b_1Y}{a_2X+b_2Y}=g\left(\frac{Y}{X}\right) \tag{2.16}$$

因此,得到情形(3)求解的一般步骤如下:

(1) 解联立代数方程(2.14),设其解为 $x=\alpha, y=\beta$;

(2) 作式(2.15)的变量变换,将方程(2.13)化为齐次微分方程(2.16);

(3) 再经变换 $u=\dfrac{Y}{X}$ 将方程(2.16)化为变量分离方程;

(4) 求解所得的变量分离方程,最后代回原变量可得原方程(2.13)的解。

上述解题的方法和步骤也适用于比方程(2.13)更一般的方程类型:

$$\frac{dy}{dx}=f\left(\frac{a_1x+b_1y+c_1}{a_2x+b_2y+c_2}\right)$$

此外,诸如

$$\frac{dy}{dx}=f(ax+by+c)$$

$$yf(xy)dx+xg(xy)dy=0$$

$$x^2\frac{dy}{dx}=f(xy)$$

$$\frac{dy}{dx}=xf\left(\frac{y}{x^2}\right)$$

以及

$$M(x,y)(xdx+ydy)+N(x,y)(xdy-ydx)=0$$

等一些方程类型,均可通过适当的变量变换化为变量分离方程。(其中,M,N 分别为 x,y 的齐次函数,阶次可以不相同。)

例 2.6　求解方程

$$\frac{dy}{dx}=\frac{x-y+1}{x+y-3} \tag{2.17}$$

解　解方程组 $\begin{cases} x-y+1=0 \\ x+y-3=0 \end{cases}$ 得 $x=1, y=2$。令

$$\begin{cases} x=X+1 \\ y=Y+2 \end{cases}$$

并代入方程(2.17),则有

$$\frac{dY}{dX}=\frac{X-Y}{X+Y} \tag{2.18}$$

再令

$$u = \frac{Y}{X} \quad 即 \quad Y = uX$$

则方程(2.18)化为

$$\frac{dX}{X} = \frac{1+u}{1-2u-u^2}du$$

两边积分,得

$$\ln X^2 = -\ln|u^2+2u-1| + \tilde{c}$$

因此有

$$X^2(u^2+2u-1) = \pm e^{\tilde{c}}$$

记 $\pm e^{\tilde{c}} = c_1$,并代回原变量,即得

$$Y^2 + 2XY - X^2 = c_1$$

$$(y-2)^2 + 2(x-1)(y-2) - (x-1)^2 = c_1$$

此外,易验证

$$u^2 + 2u - 1 = 0$$

即

$$Y^2 + 2XY - X^2 = 0$$

也就是方程(2.18)的解,因此方程(2.17)的通解为

$$y^2 + 2xy - x^2 - 6y - 2x = c$$

其中,c 为任意的常数。

习题 2.1

1. 求解方程 $\frac{dy}{dx} = 2xy$,并求出满足初始条件 $x=0, y=1$ 的特解。

2. 求解方程 $y^2dx + (x+1)dy = 0$,并求出满足初始条件 $x=0, y=1$ 的特解。

3. 求解下列方程。

(1) $\frac{dy}{dx} = \frac{1+y^2}{xy+x^3y}$

(2) $(1+x)ydx + (1-y)xdy = 0$

(3) $(y+x)dy + (x-y)dx = 0$

(4) $x\frac{dy}{dx} - y + \sqrt{x^2-y^2} = 0$

(5) $\tan y dx - \cot x dy = 0$

(6) $\frac{dy}{dx} + \frac{e^{y^2+3x}}{y} = 0$

(7) $x(\ln x - \ln y)dy - ydx = 0$

(8) $\frac{dy}{dx} = e^{x-y}$

(9) $\frac{dy}{dx} = (x+y)^2$

(10) $\frac{dy}{dx} = \frac{1}{(x+y)^2}$

(11) $\frac{dy}{dx} = \frac{2x-y+1}{x-2y+1}$

(12) $\frac{dy}{dx} = \frac{x-y+5}{x-y-2}$

(13) $\frac{dy}{dx} = (x+1)^2 + (4y+1)^2 + 8xy + 1$

4. 证明方程$\frac{x}{y}\frac{dy}{dx} = f(xy)$经变换$xy = u$可化为变量分离方程，并由此求解下列方程：

(1) $y(1+x^2y^2)dx = xdy$

(2) $\frac{x}{y}\frac{dy}{dx} = \frac{2+x^2y^2}{2-x^2y^2}$

5. 求一曲线，使其切线坐标轴间的部分被切点平分。

6. 求曲线上任意一点的切线与该点的径向夹角为 0 的曲线方程，其中切线倾角 $\alpha = \frac{\pi}{4}$。

7. 证明曲线上的切线的斜率与切点的横坐标成正比的曲线是抛物线。

2.2 线性微分方程与常数变易法

2.2.1 一阶线性微分方程

$$a(x)\frac{dy}{dx} + b(x)y + c(x) = 0$$

在 $a(x) \neq 0$ 的区间上可以写成

$$\frac{dy}{dx} = P(x)y + Q(x) \tag{2.19}$$

对于 $a(x)$ 有零点的情形分别在 $a(x) \neq 0$ 的相应区间上讨论。这里假设 $P(x)$，$Q(x)$ 在考虑的区间上是 x 的连续函数。

若 $Q(x) = 0$，式(2.19) 变为

$$\frac{dy}{dx} = P(x)y \tag{2.20}$$

称其为一阶齐次线性微分方程。

若 $Q(x) \neq 0$，式(2.19) 称为一阶非齐次线性微分方程。

2.2.2　常数变易法

式(2.20)是变量分离方程,已在例 2.3 中求得其通解为

$$y = c\mathrm{e}^{\int P(x)\mathrm{d}x} \tag{2.21}$$

其中,c 是任意的常数。

下面讨论一阶非齐次线性微分方程(2.19)的求解方法。

方程(2.20)与方程(2.19)两者既有联系又有区别,假设它们的解也有一定的联系。在式(2.21)中 c 恒为常数时,其不可能是方程(2.19)的解,要使方程(2.19)具有形如式(2.21)的解,那么 c 不再是常数,而是 x 的待定函数 $c(x)$,为此令

$$y = c(x)\mathrm{e}^{\int P(x)\mathrm{d}x} \tag{2.22}$$

两边微分,得到

$$\frac{\mathrm{d}y}{\mathrm{d}x} = \frac{\mathrm{d}c(x)}{\mathrm{d}x}\mathrm{e}^{\int P(x)\mathrm{d}x} + c(x)P(x)\mathrm{e}^{\int P(x)\mathrm{d}x} \tag{2.23}$$

将式(2.22)、式(2.23)代入方程(2.19),得到

$$\frac{\mathrm{d}c(x)}{\mathrm{d}x}\mathrm{e}^{\int P(x)\mathrm{d}x} + c(x)P(x)\mathrm{e}^{\int P(x)\mathrm{d}x} = P(x)c(x)\mathrm{e}^{\int P(x)\mathrm{d}x} + Q(x)$$

即

$$\frac{\mathrm{d}c(x)}{\mathrm{d}x} = Q(x)\mathrm{e}^{-\int P(x)\mathrm{d}x}$$

积分后得到

$$c(x) = \int Q(x)\mathrm{e}^{-\int P(x)\mathrm{d}x}\mathrm{d}x + \tilde{c} \tag{2.24}$$

其中,$\tilde{c}$ 是任意的常数。将式(2.24)代入式(2.22),得到

$$\begin{aligned} y &= \mathrm{e}^{\int P(x)\mathrm{d}x}\left(\int Q(x)\mathrm{e}^{-\int P(x)\mathrm{d}x}\mathrm{d}x + \tilde{c}\right) \\ &= \tilde{c}\mathrm{e}^{\int P(x)\mathrm{d}x} + \mathrm{e}^{\int P(x)\mathrm{d}x}\int Q(x)\mathrm{e}^{-\int P(x)\mathrm{d}x}\mathrm{d}x \end{aligned} \tag{2.25}$$

这就是方程(2.19)的通解。

这种将常数变易为待定函数的方法,通常称为常数变易法。实际上常数变易法也是一种变量变换的方法,通过变换式(2.22)可将方程(2.19)化为变量分离方程。

注:非齐次线性微分方程的通解是其对应的齐次线性微分方程的通解与其某个特解之和。

例 2.7　求方程 $(x+1)\dfrac{\mathrm{d}y}{\mathrm{d}x} - ny = \mathrm{e}^x (x+1)^{n+1}$ 的通解,这里的 n 为常数。

解　将原方程改写为

$$\frac{\mathrm{d}y}{\mathrm{d}x} - \frac{n}{x+1}y = \mathrm{e}^x (x+1)^n \tag{2.26}$$

先求对应的齐次线性方程

$$\frac{dy}{dx}-\frac{n}{x+1}y=0$$

的通解,得

$$y=c(x+1)^n$$

令

$$y=c(x)(x+1)^n \tag{2.27}$$

微分之,得到

$$\frac{dy}{dx}=\frac{dc(x)}{dx}(x+1)^n+n(x+1)^{n-1}c(x) \tag{2.28}$$

将式(2.27)、式(2.28)代入方程(2.26),再积分,得

$$c(x)=e^x+\tilde{c}$$

将其代入式(2.27),即得原方程的通解

$$y=(x+1)^n(e^x+\tilde{c})$$

其中,$\tilde{c}$ 是任意的常数。

例 2.8 求方程$\frac{dy}{dx}=\frac{y}{2x-y^2}$的通解。

解 原方程改写为

$$\frac{dx}{dy}=\frac{2}{y}x-y \tag{2.29}$$

将 x 看作未知函数,将 y 看作自变量,这样,对于 x 及$\frac{dx}{dy}$来说,方程(2.29)就是一个线性微分方程了。

先求齐次线性微分方程

$$\frac{dx}{dy}=\frac{2}{y}x$$

的通解,为

$$x=cy^2 \tag{2.30}$$

令 $x=c(y)y^2$,于是有

$$\frac{dx}{dy}=\frac{dc(y)}{dy}y^2+2c(y)y$$

代入方程(2.29),得到

$$c(y)=-\ln|y|+\tilde{c}$$

从而,原方程的通解为

$$x=y^2(\tilde{c}-\ln|y|)$$

其中,$\tilde{c}$ 是任意的常数,另外 $y=0$ 也是方程的解。

特别地,初值问题

$$\begin{cases} \dfrac{dy}{dx} = P(x)y + Q(x) \\ y(x_0) = y_0 \end{cases}$$

的解为

$$y = \tilde{c}e^{\int_{x_0}^{x} P(\tau)d\tau} + e^{\int_{x_0}^{x} P(\tau)d\tau}\int_{x_0}^{x} Q(s)e^{-\int_{x_0}^{s} P(\tau)d\tau}ds$$

例 2.9　试证：

(1) 一阶非齐次线性微分方程(2.19) 的任两解之差必为相应的齐次线性微分方程(2.20) 的解；

(2) 若 $y = y(x)$ 是方程(2.20) 的非零解，而 $y = \tilde{y}(x)$ 是方程(2.19) 的解，则方程(2.19) 的通解可表示为 $y = cy(x) + \tilde{y}(x)$，其中 c 为任意常数。

(3) 方程(2.20) 任一解的常数倍或两解之和(或差) 仍是方程(2.20) 的解。

证　(1) 设 y_1, y_2 是非齐次线性微分方程的两个不同的解，则应满足方程使

$$\frac{dy_1}{dx} = Py_1 + Q(x) \quad ①$$

$$\frac{dy_2}{dx} = Py_2 + Q(x) \quad ②$$

式 ① － 式 ② 有

$$\frac{d(y_1 - y_2)}{dx} = P(y_1 - y_2)$$

说明非齐次线性微分方程任意两个解的差 $y_1 - y_2$ 是对应的齐次线性微分方程的解。

(2) 因为

$$\frac{d(cy(x) + \tilde{y}(x))}{dx} = c\frac{dy(x)}{dx} + \frac{d\tilde{y}(x)}{dx} = P(cy) + P\tilde{y} + Q(x) = P(cy + \tilde{y}) + Q(x)$$

故结论成立。

(3) 因为

$$\frac{d(cy)}{dx} = P(cy), \quad \frac{d(y_1 + y_2)}{dx} = P(y_1 + y_2), \quad \frac{d(y_1 - y_2)}{dx} = P(y_1 - y_2)$$

故结论成立。

2.2.3　伯努利微分方程

形如

$$\frac{dy}{dx} = P(x)y + Q(x)y^n \ (n \neq 0, 1) \tag{2.31}$$

的微分方程，称为伯努利微分方程(Bernoulli differential equation)，这里 $P(x)$，$Q(x)$ 为 x 的连续函数。利用变量变换可将伯努利微分方程化为线性方程来求解。事实上，对于 $y \neq 0$，用 y^{-n} 乘方程(2.31) 两边，得到

$$y^{-n}\frac{\mathrm{d}y}{\mathrm{d}x}=y^{1-n}P(x)+Q(x) \tag{2.32}$$

引入变量变换

$$z=y^{1-n} \tag{2.33}$$

从而

$$\frac{\mathrm{d}z}{\mathrm{d}x}=(1-n)y^{-n}\frac{\mathrm{d}y}{\mathrm{d}x} \tag{2.34}$$

将式(2.33)、式(2.34)代入方程(2.32),得到

$$\frac{\mathrm{d}z}{\mathrm{d}x}=(1-n)P(x)z+(1-n)Q(x) \tag{2.35}$$

这是一个线性微分方程,用上面介绍的方法求得其通解,然后再代回原来的变量,便得到方程(2.31)的通解。此外,当 $n>0$ 时,方程还有解 $y=0$。

例 2.10 求方程 $\frac{\mathrm{d}y}{\mathrm{d}x}=6\frac{y}{x}-xy^2$ 的通解。

解 这是 $n=2$ 时的伯努利微分方程,令 $z=y^{-1}$,得

$$\frac{\mathrm{d}z}{\mathrm{d}x}=-y^{-2}\frac{\mathrm{d}y}{\mathrm{d}x}$$

代入原方程得到

$$\frac{\mathrm{d}z}{\mathrm{d}x}=-\frac{6}{x}z+x$$

这是一个线性微分方程,求得其通解为

$$z=\frac{c}{x^6}+\frac{x^2}{8}$$

代回原来的变量 y,得到

$$\frac{1}{y}=\frac{c}{x^6}+\frac{x^2}{8}$$

或

$$\frac{x^6}{y}-\frac{x^8}{8}=c$$

此即原方程的通解。此外,原方程还有解 $y=0$。

例 2.11 求方程 $\frac{\mathrm{d}y}{\mathrm{d}x}=\frac{1}{xy+x^3y^3}$ 的通解。

解 将原方程改写为

$$\frac{\mathrm{d}x}{\mathrm{d}y}=yx+y^3x^3$$

这是一个自变量为 y,因变量为 x 的伯努利微分方程,解法同上。

例 2.12 求方程 $\frac{\mathrm{d}y}{\mathrm{d}x}=\frac{\mathrm{e}^y+3x}{x^2}$ 的通解。

解　这个方程只要作一个变量变换，令 $u=e^y$，$\frac{du}{dx}=e^y\frac{dy}{dx}$，则可将原方程改写为

$$\frac{du}{dx}=\frac{3x}{x^2}u+\frac{1}{x^2}u^2$$

此即伯努利微分方程，解法同上。

2.2.4　小结

本节主要讨论了一阶线性微分方程的解法，其核心思想是常数变易法，即将非齐次线性微分方程对应的齐次线性微分方程解的常数变易为待定函数，并将变易后的解函数代入非齐次线性微分方程，求出待定函数 $c(x)$，进而求出非齐次线性微分方程的解。另外，还讨论了伯努利微分方程，求解过程：先变量变换将原方程化为非齐次线性微分方程，再进行求解。

习题 2.2

1. 求解下列方程。

(1) $\frac{dy}{dx}=y+\sin x$

(2) $\frac{dx}{dt}+3x=e^{2t}$

(3) $\frac{ds}{dt}=-s\cos t+\frac{1}{2}\sin 2t$

(4) $\frac{dy}{dx}-\frac{x}{n}y=e^x x^n$，$n$ 为常数

(5) $\frac{dy}{dx}+\frac{1-2x}{x^2}y-1=0$

(6) $\frac{dy}{dx}=\frac{x^4+x^3}{xy^2}$

(7) $\frac{dy}{dx}-\frac{2y}{x+1}=(x+1)^3$

(8) $\frac{dy}{dx}=\frac{y}{x+y^3}$

(9) $\frac{dy}{dx}=\frac{ay}{x}+\frac{x+1}{x}$，$a$ 为常数

(10) $x\frac{dy}{dx}+y=x^3$

(11) $\frac{dy}{dx}+xy=x^3y^3$

(12) $(y\ln x-2)y\,dx=x\,dy$

(13) $2xy\mathrm{d}y = (2y^2 - x)\mathrm{d}x$

(14) $\dfrac{\mathrm{d}y}{\mathrm{d}x} = \dfrac{\mathrm{e}^y + 3x}{x^2}$

(15) $\dfrac{\mathrm{d}y}{\mathrm{d}x} = \dfrac{1}{xy + x^3y^3}$

(16) $y = \mathrm{e}^x + \int_0^x y(t)\mathrm{d}t$

(17) $(x^2 - 1)y' - xy + 1 = 0$

(18) $y'\sin x\cos x - y - \sin^3 x = 0$

2. 设函数 $\varphi(t)$ 在 $(-\infty, +\infty)$ 上连续，$\varphi'(0)$ 存在且满足关系式 $\varphi(t+s) = \varphi(t)\varphi(s)$，试求此函数。

3. 试建立分别具有下列性质的曲线所满足的微分方程并求解：

(1) 曲线上任一点的切线的纵截距等于切点横坐标的二次方；

(2) 曲线上任一点的切线的纵截距是切点横坐标和纵坐标的等差中项。

2.3 恰当方程与积分因子

2.3.1 恰当方程的定义

将一阶微分方程

$$\frac{\mathrm{d}y}{\mathrm{d}x} = f(x,y)$$

写成微分的形式：

$$f(x,y)\mathrm{d}x - \mathrm{d}y = 0$$

将 x,y 平等看待，则对称形式的一阶微分方程的一般式为

$$M(x,y)\mathrm{d}x + N(x,y)\mathrm{d}y = 0 \tag{2.36}$$

假设 $M(x,y)$，$N(x,y)$ 在某区域 G 内都是 x,y 的连续函数，而且具有连续的一阶偏导数。

如果存在可微函数 $u(x,y)$，使得

$$\mathrm{d}u = M(x,y)\mathrm{d}x + N(x,y)\mathrm{d}y \tag{2.37}$$

即

$$\frac{\partial u}{\partial x} = M(x,y), \quad \frac{\partial u}{\partial y} = N(x,y) \tag{2.38}$$

则称方程(2.36)为恰当方程，或称全微分方程。

在上述情形，方程(2.36)可写成 $\mathrm{d}u(x,y) \equiv 0$，于是

$$u(x,y) \equiv C$$

就是方程(2.36)的隐式通解，这里 C 是任意常数(应使函数有意义)。

2.3.2　恰当方程的判定准则

定理 2.1　设 $M(x,y)$，$N(x,y)$ 在某区域 G 内连续、可微，则方程(2.36)是恰当方程的充要条件是

$$\frac{\partial M}{\partial y}=\frac{\partial N}{\partial x},\quad (x,y)\in G \tag{2.39}$$

而且当式(2.39)成立时，相应的原函数可取为

$$u(x,y)=\int_{x_0}^{x}M(s,y_0)\mathrm{d}s+\int_{y_0}^{y}N(x,t)\mathrm{d}t \tag{2.40}$$

或者也可取为

$$u(x,y)=\int_{y_0}^{y}N(x_0,t)\mathrm{d}t+\int_{x_0}^{x}M(s,y)\mathrm{d}s \tag{2.41}$$

其中，$(x_0,y_0)\in G$ 是任意取定的一点。

证明　先证必要性。因为式(2.36)是恰当方程，则有可微函数 $u(x,y)$ 满足式(2.38)，又知 $M(x,y)$，$N(x,y)$ 是连续、可微的，从而有

$$\frac{\partial M}{\partial y}=\frac{\partial^2 u}{\partial y\partial x}=\frac{\partial^2 u}{\partial x\partial y}=\frac{\partial N}{\partial x}$$

下面证明定理的充分性，即由条件式(2.39)，寻找函数 $u(x,y)$，使其符合式(2.38)。从式(2.40)可知

$$\begin{aligned}
\frac{\partial u}{\partial y}&=N(x,y)\\
\frac{\partial u}{\partial x}&=M(x,y_0)+\frac{\partial}{\partial x}\int_{y_0}^{y}N(x,t)\mathrm{d}t\\
&=M(x,y_0)+\int_{y_0}^{y}N_x(x,t)\mathrm{d}t\\
&=M(x,y_0)+\int_{y_0}^{y}M_y(x,t)\mathrm{d}t=M(x,y)
\end{aligned}$$

即式(2.38)成立，同理也可从式(2.41)推出式(2.38)。

例 2.13　解方程

$$xy\mathrm{d}x+\left(\frac{x^2}{2}+\frac{1}{y}\right)\mathrm{d}y=0 \tag{2.42}$$

解　这里 $M=xy$，$N=\left(\frac{x^2}{2}+\frac{1}{y}\right)$，则 $M_y=x=N_x$，所以方程(2.42)是恰当方程。因为 N 于 $y=0$ 处无意义，所以应分别在 $y>0$ 和 $y<0$ 区域上应用定理 2.1，按任意一条途径去求相应的原函数 $u(x,y)$。

先选取 $(x_0,y_0)=(0,1)$，代入式(2.40)有

$$u=\int_0^x x\mathrm{d}x+\int_1^y\left(\frac{x^2}{2}+\frac{1}{y}\right)\mathrm{d}y=\frac{x^2}{2}y+\ln y$$

再选取$(x_0, y_0) = (0, -1)$，代入式(2.40)有

$$u = \int_0^x (-x)\mathrm{d}x + \int_{-1}^y \left(\frac{x^2}{2} + \frac{1}{y}\right)\mathrm{d}y = \frac{x^2}{2}y + \ln(-y)$$

可见不论 $y > 0$ 和 $y < 0$，都有

$$u = \frac{x^2}{2}y + \ln|y|$$

故方程的通解为$\frac{x^2}{2}y + \ln|y| = C$。

2.3.3 恰当方程的解法

定理 2.1 已给出恰当方程的一般解法，下面以例 2.13 为例给出恰当方程的另两种常用解法。

解法 1 已经验证方程为恰当方程，从 $u_x = M(x,y)$ 出发，有

$$u(x,y) \equiv \int M(x,y)\mathrm{d}x + \varphi(y) = \frac{x^2}{2}y + \varphi(y) \tag{2.43}$$

其中，$\varphi(y)$ 为待定函数。再利用 $u_y = N(x,y)$，有

$$\frac{x^2}{2} + \varphi'(y) = \frac{x^2}{2} + \frac{1}{y}$$

从而 $\varphi'(y) = \frac{1}{y}$，于是有

$$\varphi(y) = \ln|y|$$

只需要求出一个 $u(x,y)$，因而省略了积分常数，将其代入式(2.43)便得方程的通解为

$$u = \frac{x^2}{2}y + \ln|y| = C$$

解法 2 分项组合的方法。将方程(2.42)重新组合变为

$$\left(xy\mathrm{d}x + \frac{x^2}{2}\mathrm{d}y\right) + \frac{1}{y}\mathrm{d}y = 0$$

于是

$$\mathrm{d}\left(\frac{x^2}{2}y\right) + \mathrm{d}\ln|y| = 0$$

从而得到方程的通解为

$$\frac{x^2}{2}y + \ln|y| = C$$

2.3.4 积分因子的定义和判别

对于微分形式的微分方程

$$M(x,y)\mathrm{d}x + N(x,y)\mathrm{d}y = 0 \tag{2.44}$$

如果方程(2.44)不是恰当方程，而存在连续、可微的函数 $\mu = \mu(x,y) \neq 0$，使得

$$\mu M(x,y)\mathrm{d}x + \mu N(x,y)\mathrm{d}y = 0 \tag{2.45}$$

为一恰当方程，即存在函数 $v(x,y)$，使

$$\mu M(x,y)\mathrm{d}x + \mu N(x,y)\mathrm{d}y \equiv \mathrm{d}v$$

则称 $\mu(x,y)$ 是方程(2.44)的积分因子。此时，$v(x,y)=C$ 是方程(2.45)的通解，因而也就是方程(2.44)的通解。

如果函数 $M(x,y)$，$N(x,y)$ 和 $\mu(x,y)$ 都是连续、可微的，则由恰当方程的判别准则知道，$\mu(x,y)$ 是方程(2.44)积分因子的充要条件是

$$\frac{\partial \mu M}{\partial y} = \frac{\partial \mu N}{\partial x}$$

即

$$N\frac{\partial \mu}{\partial x} - M\frac{\partial \mu}{\partial y} = \left(\frac{\partial M}{\partial y} - \frac{\partial N}{\partial x}\right)\mu \tag{2.46}$$

2.3.5　积分因子的求法

方程(2.46)的非零解总是存在的，但这是一个以 μ 为未知函数的一阶线性偏微分方程，求解很困难，我们只求某些特殊情形的积分因子。

定理 2.2　设 $M=M(x,y)$，$N=N(x,y)$ 和 $\varphi=\varphi(x,y)$ 在某区域内都是连续可微的，则方程(2.44)有形如 $\mu=\mu(\varphi(x,y))$ 的积分因子的充要条件是

$$\frac{M_y(x,y)-N_x(x,y)}{N(x,y)\varphi_x(x,y)-M(x,y)\varphi_y(x,y)} \tag{2.47}$$

仅是 $\varphi(x,y)$ 的函数。此外，如果式(2.47)仅是 $\varphi(x,y)$ 的函数 $f=f(\varphi(x,y))$，而 $G(u)=\int f(u)\mathrm{d}u$，则式

$$\mu = \mathrm{e}^{G(\varphi(x,y))} \tag{2.48}$$

就是方程(2.44)的积分因子。

证明　如果方程(2.44)有积分因子 $\mu=\mu(\varphi)$，则由式(2.46)进一步知

$$\frac{\mathrm{d}\mu}{\mathrm{d}\varphi}\left(N\frac{\partial \varphi}{\partial x} - M\frac{\partial \varphi}{\partial y}\right) = \left(\frac{\partial M}{\partial y} - \frac{\partial N}{\partial x}\right)\mu$$

即

$$\frac{\mathrm{d}\mu}{\mu} = \frac{M_y - N_x}{N\varphi_x - M\varphi_y}\mathrm{d}\varphi$$

由 $\mu=\mu(\varphi)$ 可知上式左端是 φ 的函数，可见右端 $\dfrac{M_y - N_x}{N\varphi_x - M\varphi_y}$ 也是 φ 的函数，即

$$\frac{M_y - N_x}{N\varphi_x - M\varphi_y} = f(\varphi)$$

于是，有

$$\frac{\mathrm{d}\mu}{\mu} = f(\varphi)\mathrm{d}\varphi$$

从而 $\mu = e^{\int f(\varphi)d\varphi} = e^{G(\varphi)}$。

总之，如果式(2.47) 仅是 φ 的函数，即 $\dfrac{M_y - N_x}{N\varphi_x - M\varphi_y} = f(\varphi)$，则式(2.48) 是方程(2.46) 的解。

事实上，因为

$$N\frac{\partial\mu}{\partial x} - M\frac{\partial\mu}{\partial y} = (N\varphi_x - M\varphi_y)f(\varphi)e^{G(\varphi)} = (M_y - N_x)\mu$$

因此，式(2.48) 的确是方程(2.44) 的积分因子。

为了方便应用定理 2.2，现就若干特殊情形列简表 2.1 如下。

表 2.1　几种特殊情形列表

函数类型	条件	积分因子
$\mu(x)$	$\dfrac{M_y - N_x}{N} \equiv f(x)$	$e^{\int f(x)dx}$
$\mu(y)$	$\dfrac{M_y - N_x}{-M} \equiv f(y)$	$e^{\int f(y)dy}$
$\mu(x^\alpha y^\beta)$	$\dfrac{M_y - N_x}{\alpha x^{-1}N - \beta y^{-1}M} \cdot \dfrac{1}{x^\alpha y^\beta} \equiv f(x^\alpha y^\beta)$	$e^{\int f(u)du}\Big\|_{u=x^\alpha y^\beta}$
$\mu(\varphi(x,y))$	$\dfrac{M_y - N_x}{N\varphi_x - M\varphi_y} \equiv f(\varphi(x,y))$	$e^{\int f(u)du}\Big\|_{u=\varphi(x,y)}$

例 2.14　解方程 $(y^2 - 3xy + 1)dx + (xy - x^2)dy = 0$。

解　这里 $M = y^2 - 3xy + 1, N = xy - x^2$，注意

$$M_y - N_x = y - x$$

所以原方程不是恰当的，但是

$$\frac{M_y - N_x}{N} = \frac{1}{x}$$

仅依赖于 x，因此有积分因子

$$\mu \equiv e^{\int\frac{1}{x}dx} = x$$

原方程两边同乘以因子 $\mu = x$ 得到

$$(xy^2 - 3x^2y + x)dx + (x^2y - x^3)dy = 0$$

从而可得隐式通解

$$u \equiv \frac{1}{2}x^2y^2 - x^3y + \frac{1}{2}x^2 = C$$

例 2.15　解方程 $(xy + y^2)dx + (xy + y + 1)dy = 0$。

解　这里 $M = xy + y^2, N = xy + y + 1$，原方程不是恰当的，但是

$$\frac{M_y - N_x}{-M} = -\frac{1}{y}$$

有仅依赖于 y 的积分因子

$$\mu \equiv e^{-\int \frac{1}{y} dy} = \frac{1}{y}$$

原方程两边乘以积分因子 $\mu = \frac{1}{y}$ 得到

$$(x+y)dx + \left(x+1+\frac{1}{y}\right)dy = 0$$

从而可得隐式通解

$$u \equiv \frac{1}{2}x^2 + xy + y + \ln|y| = C$$

另外，还有特解 $y=0$，其是积分因子乘方程时丢失的解。

例 2.16 解方程 $(y^2+2x^2y)dx + (xy+x^3)dy = 0$。

解 这里 $M = y^2 + 2x^2y, N = xy + x^3$，原方程不是恰当方程。设想方程有积分因子 $\mu = \mu(x^\alpha y^\beta)$，其中 α,β 是待定实数，于是

$$\frac{M_y - N_x}{\alpha x^{-1}N - \beta y^{-1}M} \cdot \frac{1}{x^\alpha y^\beta} = \frac{y - x^2}{(\alpha-\beta)y + (\alpha-2\beta)x^2} \cdot \frac{1}{x^\alpha y^\beta} = \frac{1}{x^\alpha y^\beta}$$

只须取 $\alpha = 3, \beta = 2$，可由表 2.1 知原方程有积分因子

$$\mu = x^3y^2$$

从而容易求得其通解为

$$u \equiv x^4y^4 + \frac{1}{3}x^6y^3 = C$$

2.3.6 积分因子的其他求法

以例 2.16 为例，方程的积分因子也可以这样来求，即把原方程改写为如下两组和的形式：

$$(y^2dx + xydy) + (2x^2ydx + x^3dy) = 0$$

前一组有积分因子 $\mu_1 = \frac{1}{y}$，并且

$$\frac{1}{y}(y^2dx + xydy) = d(xy)$$

后一组有积分因子 $\mu_2 = \frac{1}{x}$，并且

$$\frac{1}{x}(2x^2ydx + x^3dy) = d(x^2y)$$

设想原方程有积分因子

$$\mu = \frac{1}{y}(xy)^\alpha = \frac{1}{x}(x^2y)^\beta$$

其中，α,β 是待定实数。容易看出只须 $\alpha = 3, \beta = 2$，便可同例 2.16 一样求得原方程的

通解。

例 2.17 解方程 $M_1(x)M_2(y)\mathrm{d}x + N_1(x)N_2(y)\mathrm{d}y = 0$,其中 M_1, M_2, N_1, N_2 均为连续函数。

解 这里 $M = M_1(x)M_2(y), N = N_1(x)N_2(y)$,写成微商形式原方程可变为变量分离方程,若有 y_0 使得 $M_2(y_0) = 0$,则 $y = y_0$ 是此方程的解;若有 x_0 使得 $N_1(x_0) = 0$,则 $x = x_0$ 是此方程的解;若 $M_2(y)N_1(x) \neq 0$,则有积分因子

$$\mu = \frac{1}{M_2(y)N_1(x)}$$

并且通解为

$$u \equiv \int \frac{M_1(x)}{N_1(x)}\mathrm{d}x + \int \frac{N_2(y)}{M_2(y)}\mathrm{d}y$$

例 2.18 试用积分因子法解线性方程(2.19)。

解 将方程(2.19)改写为微分方程

$$[P(x)y + Q(x)]\mathrm{d}x - \mathrm{d}y = 0 \tag{2.49}$$

这里 $M = P(x)y + Q(x), N = -1$,而

$$\frac{\dfrac{\partial M}{\partial y} - \dfrac{\partial N}{\partial x}}{N} = -P(x)$$

则线性方程只有与 x 有关的积分因子

$$\mu = \mathrm{e}^{-\int P(x)\mathrm{d}x}$$

方程(2.49)两边同乘以 $\mu = \mathrm{e}^{-\int P(x)\mathrm{d}x}$,得

$$P(x)\mathrm{e}^{-\int P(x)\mathrm{d}x} y\,\mathrm{d}x - \mathrm{e}^{-\int P(x)\mathrm{d}x}\mathrm{d}y + Q(x)\mathrm{e}^{-\int P(x)\mathrm{d}x}\mathrm{d}x = 0 \tag{2.50}$$

方程(2.50)为恰当方程,利用分项分组法可得

$$\mathrm{d}(y\mathrm{e}^{-\int P(x)\mathrm{d}x}) - Q(x)\mathrm{e}^{-\int P(x)\mathrm{d}x}\mathrm{d}x = 0$$

因此其通解为

$$y\mathrm{e}^{-\int P(x)\mathrm{d}x} - \int Q(x)\mathrm{e}^{-\int P(x)\mathrm{d}x}\mathrm{d}x = c$$

即

$$y = \mathrm{e}^{\int P(x)\mathrm{d}x}\left[\int Q(x)\mathrm{e}^{-\int P(x)\mathrm{d}x}\mathrm{d}x + c\right]$$

与前面所求得的结果一样。

注:积分因子一般不容易求得,可以先从求特殊形式的积分因子开始,或者通过观察法进行分项分组以求得积分因子。

习题 2.3

1. 验证下列方程是否是恰当方程,并求出方程的解。

(1) $(x^2+y)\mathrm{d}x+(x-2y)\mathrm{d}y=0$

(2) $(y-3x^2)\mathrm{d}x-(4y-x)\mathrm{d}y=0$

(3) $\left[\dfrac{y^2}{(x-y)^2}-\dfrac{1}{x}\right]\mathrm{d}x+\left[\dfrac{1}{y}-\dfrac{x^2}{(x-y)^2}\right]\mathrm{d}y=0$

(4) $2(3xy^2+2x^3)\mathrm{d}x+3(2x^2y+y^2)\mathrm{d}y=0$

(5) $\left(\dfrac{1}{y}\sin\dfrac{x}{y}-\dfrac{y}{x^2}\cos\dfrac{y}{x}+1\right)\mathrm{d}x+\left(\dfrac{1}{x}\cos\dfrac{y}{x}-\dfrac{x}{y^2}\sin\dfrac{x}{y}+\dfrac{1}{y^2}\right)\mathrm{d}y=0$

(6) $2x(y\mathrm{e}^{x^2}-1)\mathrm{d}x+\mathrm{e}^{x^2}\mathrm{d}y=0$

(7) $(\mathrm{e}^x+3y^2)\mathrm{d}x+2xy\mathrm{d}y=0$

(8) $2xy\mathrm{d}x+(x^2+1)\mathrm{d}y=0$

(9) $y\mathrm{d}x-x\mathrm{d}y=(x^2+y^2)\mathrm{d}x$

(10) $y\mathrm{d}x-(x+y^3)\mathrm{d}y=0$

(11) $(y-1-xy)\mathrm{d}x+x\mathrm{d}y=0$

(12) $(y-x^2)\mathrm{d}x-x\mathrm{d}y=0$

(13) $(x+2y)\mathrm{d}x+x\mathrm{d}y=0$

(14) $[x\cos(x+y)+\sin(x+y)]\mathrm{d}x+x\cos(x+y)\mathrm{d}y=0$

(15) $(y\cos x-x\sin x)\mathrm{d}x+(y\sin x+x\cos x)\mathrm{d}y=0$

(16) $x(4y\mathrm{d}x+2x\mathrm{d}y)+y^3(3y\mathrm{d}x+5x\mathrm{d}y)=0$

2. 试导出方程 $M(x,y)\mathrm{d}x+N(x,y)\mathrm{d}y=0$ 具有形为 $\mu(xy)$ 和 $\mu(x+y)$ 的积分因子的充要条件。

3. 设 $f(x,y)$ 及 $\dfrac{\partial f}{\partial y}$ 连续，试证方程 $\mathrm{d}y-f(x,y)\mathrm{d}x=0$ 为线性方程的充要条件是其有仅依赖于 x 的积分因子。

4. 设函数 $f(u)$，$g(u)$ 连续、可微且 $f(u)\neq g(u)$，试证方程 $yf(xy)\mathrm{d}x+xg(xy)\mathrm{d}y=0$ 有积分因子 $u=\{xy[f(xy)-g(xy)]\}^{-1}$。

5. 假设方程(2.36)中的函数 $M(x,y)$，$N(x,y)$ 满足关系式 $\dfrac{\partial M}{\partial y}-\dfrac{\partial N}{\partial x}=Nf(x)-Mg(y)$，其中 $f(x)$，$g(y)$ 分别为 x 和 y 的连续函数，试证方程(2.36)有积分因子

$$u=\exp\left(\int f(x)\mathrm{d}x+\int g(y)\mathrm{d}y\right)$$

6. 设 $\mu(x,y)$ 是方程 $M(x,y)\mathrm{d}x+N(x,y)\mathrm{d}y=0$ 的积分因子，从而求得可微函数 $U(x,y)$，使得 $\mathrm{d}U=\mu(M\mathrm{d}x+N\mathrm{d}y)$。试证 $\tilde{\mu}(x,y)$ 也是方程 $M(x,y)\mathrm{d}x+N(x,y)\mathrm{d}y=0$ 的积分因子的充要条件是 $\tilde{\mu}(x,y)=\mu\varphi(U)$，其中 $\tilde{\varphi}$ 是 t 的可微函数。

7. 设 $\mu_1(x,y)$，$\mu_2(x,y)$ 是方程 $M(x,y)\mathrm{d}x+N(x,y)\mathrm{d}y=0$ 的两个积分因子，且 $\dfrac{\mu_1}{\mu_2}\neq$ 常数，求证 $\dfrac{\mu_1}{\mu_2}=c$（任意常数）是方程 $M(x,y)\mathrm{d}x+N(x,y)\mathrm{d}y=0$ 的通解。

2.4　一阶隐式方程与参数表示

本节内容框架如图 2.1 所示。

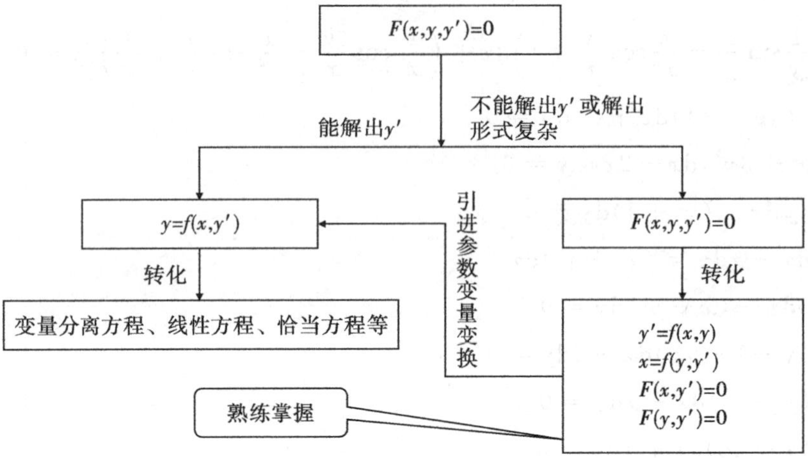

图 2.1　内容框架图

2.4.1　能解出 y(或 x) 的方程

(1) 形如

$$y=f\left(x,\frac{\mathrm{d}y}{\mathrm{d}x}\right) \tag{2.51}$$

的方程，这里假设函数 $f\left(x,\frac{\mathrm{d}y}{\mathrm{d}x}\right)$ 有连续的偏导数。

解法思路：引进参数 $\frac{\mathrm{d}y}{\mathrm{d}x}=p$，则原方程(2.51) 化为

$$y=f(x,p) \tag{2.52}$$

式(2.52) 两边关于 x 求导，并把 $p=\frac{\mathrm{d}y}{\mathrm{d}x}$ 代入方程(2.51)，可得

$$p=\frac{\partial f}{\partial x}+\frac{\partial f}{\partial p}\frac{\mathrm{d}p}{\mathrm{d}x} \tag{2.53}$$

则

$$\frac{\mathrm{d}p}{\mathrm{d}x}=\frac{p-\frac{\partial f}{\partial x}}{\frac{\partial f}{\partial p}}$$

即是关于 x 和 p 的显式方程。

(i) 若已得出方程(2.53) 的通解形式为 $y=f(x,\varphi(x,c))$，将 $p=\varphi(x,c)$ 代入方程(2.52) 则得 $y=f(x,p)$，此即(2.51) 的通解。

(ii) 若得出方程(2.53)的通解形式为 $x=\psi(p,c)$，则原方程有参数形式的通解

$$\begin{cases} x=\psi(p,c) \\ y=f(\psi(p,c),p) \end{cases}$$

(iii) 若求得方程(2.53)的通解 $\Phi(x,p,c)=0$，则原方程有参数形式的通解

$$\begin{cases} \Phi(x,p,c)=0 \\ y=f(x,p) \end{cases}$$

其中，p 是参数；c 为任意常数。

(2) 形如

$$x=f\left(y,\frac{\mathrm{d}y}{\mathrm{d}x}\right) \tag{2.54}$$

的方程。

解法思路：令 $\frac{\mathrm{d}y}{\mathrm{d}x}=p$，则

$$x=f(y,p) \tag{2.55}$$

式(2.55)两边对 y 求导得

$$\frac{1}{p}=\frac{\partial f}{\partial y}+\frac{\partial f}{\partial p}\frac{\mathrm{d}p}{\mathrm{d}y} \tag{2.56}$$

即得

$$\frac{\mathrm{d}p}{\mathrm{d}y}=\frac{\frac{1}{p}-\frac{\partial f}{\partial y}}{\frac{\partial f}{\partial p}}$$

若求得 $p=\psi(y,c)$，则方程(2.54)的通解为 $x=f(y,\psi(y,c))$；

若求得 $\Phi(y,p,c)=0$，则方程(2.54)的通解为 $\begin{cases} x=f(y,p) \\ \Phi(y,p,c)=0 \end{cases}$。

例 2.19　求解方程 $\left(\frac{\mathrm{d}y}{\mathrm{d}x}\right)^3+2x\frac{\mathrm{d}y}{\mathrm{d}x}-y=0$。

解法 1　令 $\frac{\mathrm{d}y}{\mathrm{d}x}=p$，解出 y 得

$$y=p^3+2xp$$

上式两边对 x 求导，得

$$p=3p^2\frac{\mathrm{d}p}{\mathrm{d}x}+2x\frac{\mathrm{d}p}{\mathrm{d}x}+2p$$

即

$$3p^2\mathrm{d}p+2x\mathrm{d}p+p\mathrm{d}x=0$$

当 $p\neq 0$ 时，上式乘以 p，得

$$3p^3\mathrm{d}p+2xp\mathrm{d}p+p^2\mathrm{d}x=0$$

积分，得

$$\frac{3p^4}{4}+xp^2=c$$

解出 x,得

$$x=\frac{c-\frac{3}{4}p^4}{p^2}$$

将其代入 $y=p^3+2xp$,得

$$y=p^3+\frac{2\left(c-\frac{3}{4}p^4\right)}{p}$$

因此,方程参数形式的通解为

$$\begin{cases}x=\dfrac{c}{p^2}-\dfrac{3}{4}p^2\\ y=\dfrac{2c}{p}-\dfrac{1}{2}p^3\end{cases}\qquad(p\neq 0)$$

当 $p=0$ 时,由 $y=p^3+2xp$ 可知,$y=0$ 也是方程的解。

解法 2 解出 x,并令$\frac{\mathrm{d}y}{\mathrm{d}x}=p$,得

$$x=\frac{y-p^3}{2p}\qquad(p\neq 0)$$

上式两边对 y 求导,得

$$\frac{1}{p}=\frac{p\left(1-3p^2\dfrac{\mathrm{d}p}{\mathrm{d}y}\right)-(y-p^3)\dfrac{\mathrm{d}p}{\mathrm{d}y}}{2p^2}$$

即

$$p\mathrm{d}y+y\mathrm{d}p+2p^3\mathrm{d}p=0$$

计算可得

$$y=\frac{c-p^4}{2p},\quad 2yp+p^4=c$$

$$x=\frac{\dfrac{c-p^4}{2p}-p^3}{2p}=\frac{c-3p^4}{4p^2}$$

所以,方程的通解为

$$\begin{cases}x=\dfrac{c}{4p^2}-\dfrac{3}{4}p^2\\ y=\dfrac{c}{2p}-\dfrac{p^3}{2}\end{cases}\qquad(p\neq 0)$$

此外,还有解 $y=0$。

例 2.20 求解方程 $y=\left(\frac{\mathrm{d}y}{\mathrm{d}x}\right)^2-x\frac{\mathrm{d}y}{\mathrm{d}x}+\frac{x^2}{2}$。

解　令$\frac{\mathrm{d}y}{\mathrm{d}x}=p$,得

$$y=p^2-xp+\frac{x^2}{2}$$

上式两边对 x 求导,得

$$p=2p\frac{\mathrm{d}p}{\mathrm{d}x}-x\frac{\mathrm{d}p}{\mathrm{d}x}-p+x$$

或

$$\left(\frac{\mathrm{d}p}{\mathrm{d}x}-1\right)(2p-x)=0$$

得$\frac{\mathrm{d}p}{\mathrm{d}x}-1=0$,把解 $p=x+c$ 代入

$$y=p^2-xp+\frac{x^2}{2}$$

得方程的通解

$$y=\frac{x^2}{2}+cx+c^2$$

再由 $2p-x=0$,得

$$p=\frac{x}{2}$$

将其代入 $y=p^2-xp+\frac{x^2}{2}$,又得方程的一个解 $y=\frac{x^2}{4}$。

注意:此解与通解 $y=\frac{x^2}{2}+cx+c^2$ 中的每一条积分曲线均相切(见图 2.2),这样的解我们称之为奇解,下一章将给出奇解的确切含义。

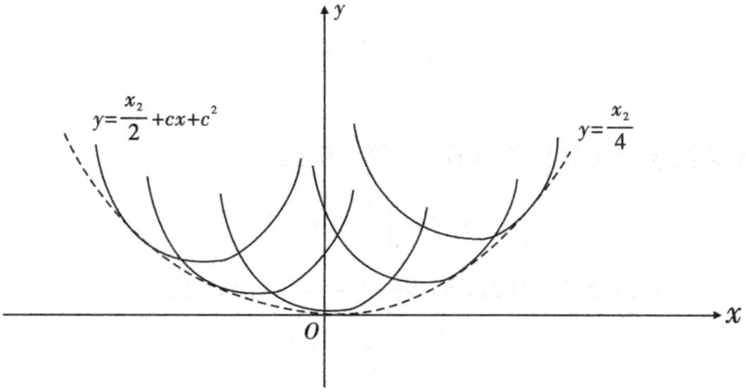

图 2.2　题 2.20 图

2.4.2　不显含 y(或 x) 的方程

(1) 形如

$$F(x,y')=0 \tag{2.57}$$

的方程。

解法　引入变换 $x=\varphi(t)$，从方程(2.57)得到

$$y'=\frac{\mathrm{d}y}{\mathrm{d}x}=\psi(t)$$

或者引入变换 $y'=\psi(t)$，从方程(2.57)得到 $x=\varphi(t)$，则有

$$\mathrm{d}y=\psi(t)\mathrm{d}x=\psi(t)\varphi'(t)\mathrm{d}t$$

$$\int\mathrm{d}y=\int\psi(t)\varphi'(t)\mathrm{d}t$$

$$y=\int\psi(t)\varphi'(t)\mathrm{d}t+c$$

则方程参数形式的通解为

$$\begin{cases}x=\varphi(t)\\ y=\int\psi(t)\varphi'(t)\mathrm{d}t+c\end{cases}$$

特殊情形：令 $y'=\dfrac{\mathrm{d}y}{\mathrm{d}x}=p$，则有

$$x=\varphi(p)$$

$$\mathrm{d}y=p\mathrm{d}x=p\varphi'(p)\mathrm{d}p$$

$$y=\int p\varphi'(p)\mathrm{d}p+c$$

可得方程(2.57)的通解为

$$\begin{cases}x=\varphi(p)\\ y=\int p\varphi'(p)\mathrm{d}p+c\end{cases}$$

(2) 形如

$$F(y,y')=0\tag{2.58}$$

的方程。

解法　引入变换 $y=\varphi(t)$，从方程(2.58)得到

$$y'=\frac{\mathrm{d}y}{\mathrm{d}x}=\psi(t)$$

或者引入变换 $y'=\psi(t)$，从方程(2.58)得到 $y=\varphi(t)$，则有

$$\mathrm{d}y=\psi(t)\mathrm{d}x$$

$$\mathrm{d}x=\frac{1}{\psi(t)}\mathrm{d}y=\frac{1}{\psi(t)}\varphi'(t)\mathrm{d}t$$

$$x=\int\frac{\varphi'(t)}{\psi(t)}\mathrm{d}t+c$$

则方程参数形式的通解为

$$\begin{cases}x=\int\dfrac{\varphi'(t)}{\psi(t)}\mathrm{d}t+c\\ y=\varphi(t)\end{cases}$$

若 $F(y,0)=0$ 有实根 $y=k$,则 $y=k$ 也是方程的解。

特殊情形:令 $y'=\frac{\mathrm{d}y}{\mathrm{d}x}=p$,则有

$$y=\varphi(p)$$

$$\mathrm{d}x=\frac{1}{p}\mathrm{d}y=\frac{1}{p}\varphi'(p)\mathrm{d}p$$

$$x=\int\frac{1}{p}\varphi'(p)\mathrm{d}p+c$$

可得方程(2.58)的通解为

$$\begin{cases}x=\int\frac{\varphi'(p)}{p}\mathrm{d}p+c\\ y=\varphi(p)\end{cases}$$

若 $F(y,0)=0$ 有实根 $y=k$,则 $y=k$ 也是方程的解。

例 2.21　求解方程 $x^3+y'^3-3xy'=0$,其中 $y'=\frac{\mathrm{d}y}{\mathrm{d}x}$。

解　令 $y'=p=tx$,则由方程得 $x=\frac{3t}{1+t^3}$,从而

$$p=\frac{3t^2}{1+t^3}$$

于是

$$\mathrm{d}y=\frac{3t^2}{1+t^3}\mathrm{d}x=\frac{9(1-2t^3)t^2}{(1+t^3)^3}\mathrm{d}t$$

积分得到

$$y=\int\frac{9(1-2t^3)t^2}{(1+t^3)^3}\mathrm{d}t=\frac{3}{2}\frac{1+4t^3}{(1+t^3)^2}+c$$

则原方程的通解为

$$\begin{cases}x=\frac{3t}{1+t^3}\\ y=\frac{3(1+4t^3)}{2(1+t^3)^2}+c\end{cases}$$

例 2.22　求解方程 $y^2(1-y')=(2-y')^2$。

解　令 $2-y'=yt$,把 $y'=2-yt$ 代入原微分方程得

$$y^2(yt-1)=y^2t^2$$

由此得 $y=\frac{1}{t}+t$,且

$$y'=1-t^2$$

$$\mathrm{d}x=\frac{\mathrm{d}y}{y'}=\frac{1}{1-t^2}\mathrm{d}\left(\frac{1}{t}+t\right)=-\frac{1}{t^2}\mathrm{d}t,\quad x=\frac{1}{t}+c$$

原方程参数形式的通解为

$$\begin{cases} x = \dfrac{1}{t} + c \\ y = \dfrac{1}{t} + t \end{cases}$$

此外，$y = \pm 2$ 也是原方程的解。

例 2.23　求解方程[克莱罗微分方程(Clairaut differential equation)]$y = xy' + \varphi(y')$，$y' = \dfrac{\mathrm{d}y}{\mathrm{d}x} = p$，注意观察方程的解的特点。

解

$$p = p + xp' + \varphi'(p)p'$$

$$(x + \varphi'(p))p' = 0$$

由 $p' = 0$ 可得 $p = c$，则原方程的通解为

$$y = cx + \varphi(c)$$

由 $x = -\varphi'(p)$，得奇解为

$$\begin{cases} x = -\varphi'(p) \\ y = -\varphi'(p)p + \varphi(p) \end{cases}$$

2.4.3　利用变量变换的微分方程积分法

如果 $F(x, y, y') = 0$ 关于 x、y、y' 都不易解出，或者虽能解出，但积分计算比较复杂。这种情况下，除了引用适当的参数外，还可以先进行适当的变量变换以后再求解，这种方法称为利用变量变换的微分方程积分法。但是，如何选择适当的变量来变换，没有一定的规律，需要在大量的练习中积累经验。

例 2.24　求解方程 $(y')^2\cos^2 y + y'\sin x\cos x\cos y - \sin y\cos^2 x = 0$。

解　令 $\sin y = u$，$\sin x = v$，则有

$$\mathrm{d}u = \cos y\mathrm{d}y,\quad \mathrm{d}v = \cos x\mathrm{d}x,\quad y' = \frac{\cos x}{\cos y}\frac{\mathrm{d}u}{\mathrm{d}v}$$

代入原方程，得

$$\left(\frac{\mathrm{d}u}{\mathrm{d}v}\right)^2 + v\frac{\mathrm{d}u}{\mathrm{d}v} - u = 0$$

即 $u = v\dfrac{\mathrm{d}u}{\mathrm{d}v} + \left(\dfrac{\mathrm{d}u}{\mathrm{d}v}\right)^2$ 为克莱罗微分方程，其通解和奇解分别为

$$u = c^2 + vc,\quad u = -\frac{v^2}{2}$$

则原方程的通解为

$$\sin y = c^2 + c\sin x$$

奇解为

$$\sin y = -\frac{\sin^2 x}{2}$$

例 2.25　求方程$(xy'-y)(yy'+x)=2y'$的通解。

解　令$y^2=u, x^2=v$,则有$du=2ydy, dv=2xdx$,则

$$y'=\frac{x}{y}\frac{du}{dv}$$

代入原方程,得

$$\left(v\frac{du}{dv}-u\right)\left(\frac{du}{dv}+1\right)=2\frac{du}{dv}$$

令$\frac{du}{dv}=p$,则

$$vp^2-up+vp-u=2p$$

即$u=vp-\frac{2p}{1+p}$为克莱罗微分方程,其通解和奇解分别为

$$u=cv-\frac{2c}{1+c}, \quad \begin{cases} v=\frac{2}{(1+p)^2} \\ u=\frac{2p^2}{(1+p)^2} \end{cases}$$

则原方程的通解为

$$y^2=cx^2-\frac{2c}{1+c}$$

奇解为

$$\begin{cases} x^2=\frac{2}{(1+p)^2} \\ y^2=\frac{2p^2}{(1+p)^2} \end{cases}$$

习题 2.4

1. 求解下列方程。

(1)$xy'^3=1+y'$

(2)$y'^3-x^3(1-y')=0$

(3)$y=y'^2e^{y'}$

(4)$y(1+y'^2)=2a$,a为常数

(5)$x^2+y'^2=1$

(6)$y^2(y'-1)=(2-y')^2$

第 3 章

一阶微分方程解的存在定理

【学习目标】

(1)理解解的存在唯一性定理的条件、结论及证明思路,掌握逐次逼近法,熟练近似解的误差估计式。

(2)了解解的延拓定理及延拓条件。

(3)理解解对初值的连续性、可微性定理的条件和结论。

【重难点】 重点是解的存在唯一性定理的证明,难点是解对初值的连续性、可微性定理的证明。

【主要内容】 解的存在唯一性定理的条件、结论及证明思路,解的延拓概念及延拓条件,解对初值的连续性、可微性定理及证明。

3.1 解的存在唯一性定理和逐次逼近法

常微分方程来源于生产实践,研究常微分方程的目的就在于掌握其所反映的客观规律,能动地解释出现的各种现象并预测未来的可能情况。本书第 2 章介绍了一阶常微分方程初等解法的几种类型,但是,大量的一阶方程一般不能用初等解法求出其通解。而实际问题中所需要的往往是要求出满足某种初始条件的解,因此初值问题的研究就显得十分重要。从前面的学习中我们了解到初值问题的解不一定是唯一的,其必须满足一定的条件才能保证初值问题解的存在性与唯一性,而讨论初值问题解的存在性与唯一性在常微分方程的研究中占有很重要的地位,是近代常微分方程定性理论、稳定性理论及其他理论的基础。

例如,方程

$$\frac{\mathrm{d}y}{\mathrm{d}x}=2\sqrt{y}$$

过点(0,0)的解就是不唯一的,易知 $y=0$ 是方程过点(0,0)的解。此外,容易验证 $y=x^2$ 或更一般地

$$y=\begin{cases}0, & 0\leqslant x\leqslant c\\(x-c)^2, & c<x\leqslant 1\end{cases}$$

都是方程过点(0,0)而且定义在区间[0,1]上的解，其中c是满足$0<c<1$的任意常数。

解的存在唯一性定理能够很好地解释上述问题，其明确地肯定了方程的解在一定条件下的存在性和唯一性。另外，由于能得到精确解的微分方程为数不多，微分方程的近似解法具有重要的意义，而解的存在唯一性是进行近似计算的前提，如果解本身不存在，则近似求解就失去了意义；如果解的存在不唯一，则不能确定所求的是哪个解。因此，解的存在唯一性定理保证了所求解的存在性和唯一性。

3.1.1　存在性与唯一性定理

1. 显式一阶微分方程情况

显式一阶微分方程

$$\frac{\mathrm{d}y}{\mathrm{d}x}=f(x,y) \tag{3.1}$$

其中，$f(x,y)$在矩形域

$$R:\ |x-x_0|\leqslant a,\ |y-y_0|\leqslant b \tag{3.2}$$

上连续。

定理 3.1　如果函数$f(x,y)$满足以下条件：① 在R上连续，② 在R上关于变量y满足利普希茨条件(Lipschitz condition)，即存在常数$L>0$，使R上的任意一对点(x,y_1)，(x,y_2)均有不等式$|f(x,y_1)-f(x,y_2)|\leqslant L|y_1-y_2|$成立。则方程(3.1)存在唯一的解$y=\varphi(x)$，其在区间$[x_0-h,x_0+h]$上连续，而且满足初始条件

$$\varphi(x_0)=y_0 \tag{3.3}$$

其中，$h=\min\left(a,\dfrac{b}{M}\right)$，$M=\max\limits_{(x,y)\in R}|f(x,y)|$，$L$称为利普希茨常数。

证明思路：

(1) 求解初值问题(3.1)的解等价于求积分方程

$$y=y_0+\int_{x_0}^{x}f(x,y)\mathrm{d}x$$

的连续解。

(2) 构造近似解函数序列$\{\varphi_n(x)\}$：

任取一个连续函数$\varphi_0(x)$，使得$|\varphi_0(x)-y_0|\leqslant b$，替代上述积分方程右端的$y$，得到

$$\varphi_1(x)=y_0+\int_{x_0}^{x}f(x,\varphi_0(x))\mathrm{d}x$$

如果$\varphi_1(x)\equiv\varphi_0(x)$，那么$\varphi_0(x)$是积分方程的解，否则，又用$\varphi_1(x)$替代积分方程右端的$y$，得到

$$\varphi_2(x)=y_0+\int_{x_0}^{x}f(x,\varphi_1(x))\mathrm{d}x$$

如果 $\varphi_2(x) \equiv \varphi_1(x)$，那么 $\varphi_1(x)$ 是积分方程的解，否则，继续替代得到

$$\varphi_n(x) = y_0 + \int_{x_0}^{x} f(x, \varphi_{n-1}(x))\mathrm{d}x \tag{3.4}$$

于是得到函数序列$\{\varphi_n(x)\}$。

(3) 函数序列$\{\varphi_n(x)\}$ 在区间$[x_0, x_0 + h]$ 上一致收敛于 $\varphi(x)$，即

$$\lim_{n\to\infty}\varphi_n(x) = \varphi(x)$$

存在，对式(3.4) 取极限，得到

$$\lim_{n\to\infty}\varphi_n(x) = y_0 + \lim_{n\to\infty}\int_{x_0}^{x} f(x, \varphi_{n-1}(x))\mathrm{d}x$$

$$= y_0 + \int_{x_0}^{x} f(x, \varphi(x))\mathrm{d}x$$

即 $\varphi(x) = y_0 + \int_{x_0}^{x} f(x, \varphi(x))\mathrm{d}x$。

(4)$\varphi(x)$ 是积分方程 $y = y_0 + \int_{x_0}^{x} f(x, y)\mathrm{d}x$ 在$[x_0, x_0 + h]$ 上的连续解。

这种一步一步求出方程解的方法称为**皮卡逐次逼近法**。在定理 3.1 的假设条件下，分五个命题来证明该定理。

为了讨论方便，只考虑区间$[x_0, x_0 + h]$，区间$[x_0 - h, x_0]$ 上的讨论完全类似。

命题 1 设 $y = \varphi(x)$ 是方程(3.1) 定义于区间$[x_0, x_0 + h]$ 上，满足初始条件

$$\varphi(x_0) = y_0 \tag{3.5}$$

的解，则 $y = \varphi(x)$ 是积分方程

$$y = y_0 + \int_{x_0}^{x} f(x, y)\mathrm{d}x \tag{3.6}$$

的定义于$[x_0, x_0 + h]$ 上的连续解。反之亦然。

证明 因为 $y = \varphi(x)$ 是方程(3.1) 满足 $\varphi(x_0) = y_0$ 的解，于是有

$$\frac{\mathrm{d}\varphi(x)}{\mathrm{d}x} = f(x, \varphi(x))$$

两边取 x_0 到 x 的积分得到

$$\varphi(x) - \varphi(x_0) = \int_{x_0}^{x} f(x, \varphi(x))\mathrm{d}x, \quad x_0 \leqslant x \leqslant x_0 + h$$

即有

$$\varphi(x) = y_0 + \int_{x_0}^{x} f(x, \varphi(x))\mathrm{d}x, \quad x_0 \leqslant x \leqslant x_0 + h$$

所以 $y = \varphi(x)$ 是积分方程 $y = y_0 + \int_{x_0}^{x} f(x, y)\mathrm{d}x$ 定义在区间$[x_0, x_0 + h]$ 上的连续解。

反之，如果 $y = \varphi(x)$ 是积分方程(3.6) 上的连续解，则

$$\varphi(x) = y_0 + \int_{x_0}^{x} f(x, \varphi(x))\mathrm{d}x, \quad x_0 \leqslant x \leqslant x_0 + h \tag{3.7}$$

由于 $f(x, y)$ 在 R 上连续，从而 $f(x, \varphi(x))$ 连续，式(3.7) 两边对 x 求导，可得

$$\frac{\mathrm{d}\varphi(x)}{\mathrm{d}x} = f(x,\varphi(x))\text{，且 }\varphi(x_0) = y_0$$

故 $y = \varphi(x)$ 是方程(3.1) 定义在区间 $[x_0, x_0 + h]$ 上，且满足初始条件 $\varphi(x_0) = y_0$ 的解。

构造皮卡(Picard) 的逐次逼近函数序列 $\{\varphi_n(x)\}$：

$$\begin{cases} \varphi_0(x) = y_0 \\ \varphi_n(x) = y_0 + \int_{x_0}^{x} f(\xi, \varphi_{n-1}(\xi))\mathrm{d}\xi, x_0 \leqslant x \leqslant x_0 + h(n = 1, 2, \cdots) \end{cases} \tag{3.8}$$

命题 2　对于所有的 n，式(3.8) 中的函数 $\varphi_n(x)$ 在 $[x_0, x_0 + h]$ 上有定义、连续且满足不等式

$$|\varphi_n(x) - y_0| \leqslant b \tag{3.9}$$

证明　用数学归纳法证明。当 $n = 1$ 时，$\varphi_1(x) = y_0 + \int_{x_0}^{x} f(\xi, y_0)\mathrm{d}\xi$，显然 $\varphi_1(x)$ 在 $[x_0, x_0 + h]$ 上有定义、连续且有

$$|\varphi_1(x) - y_0| = \left|\int_{x_0}^{x} f(\xi, y_0)\mathrm{d}\xi\right| \leqslant \int_{x_0}^{x} |f(\xi, y_0)|\mathrm{d}\xi \leqslant M(x - x_0) \leqslant Mh \leqslant b$$

即命题成立。

假设 $n = k$ 时命题 2 成立，也就是式(3.8) 在 $[x_0, x_0 + h]$ 上有定义、连续且满足不等式

$$|\varphi_k(x) - y_0| \leqslant b$$

当 $n = k + 1$ 时，

$$\varphi_{k+1}(x) = y_0 + \int_{x_0}^{x} f(\xi, \varphi_k(\xi))\mathrm{d}\xi$$

由于 $f(x,y)$ 在 R 上连续，从而 $f(x, \varphi_k(x))$ 在 $[x_0, x_0 + h]$ 上连续，于是得知 $\varphi_{k+1}(x)$ 在 $[x_0, x_0 + h]$ 上有定义、连续，而且有

$$|\varphi_{k+1}(x) - y_0| \leqslant \int_{x_0}^{x} |f(\xi, \varphi_k(\xi))|\mathrm{d}\xi \leqslant M(x - x_0) \leqslant Mh \leqslant b$$

即命题 2 在 $n = k + 1$ 时也成立，则由数学归纳法知对其所有的 n 均成立。

命题 3　函数序列 $\{\varphi_n(x)\}$ 在 $[x_0, x_0 + h]$ 上是一致收敛的。记 $\lim\limits_{n\to\infty}\varphi_n(x) = \varphi(x)$，$x_0 \leqslant x \leqslant x_0 + h$。

证明　构造函数项级数

$$\varphi_0(x) + \sum_{k=1}^{\infty}[\varphi_k(x) - \varphi_{k-1}(x)], \quad x_0 \leqslant x \leqslant x_0 + h \tag{3.10}$$

其部分和为

$$S_n(x) = \varphi_0(x) + \sum_{k=1}^{n}[\varphi_k(x) - \varphi_{k-1}(x)] = \varphi_n(x)$$

于是 $\{\varphi_n(x)\}$ 的一致收敛性与级数(3.10) 的一致收敛性等价，为此，对级数(3.10) 的通项进行估计：

$$\begin{cases} |\varphi_1(x)-\varphi_0(x)|\leqslant\int_{x_0}^{x}|f(\xi,\varphi_0(\xi))|\mathrm{d}\xi\leqslant M(x-x_0) \\ |\varphi_2(x)-\varphi_1(x)|\leqslant\int_{x_0}^{x}|f(\xi,\varphi_1(\xi))-f(\xi,\varphi_0(\xi))|\mathrm{d}\xi \end{cases} \tag{3.11}$$

由利普希茨条件得知

$$|\varphi_2(x)-\varphi_1(x)|\leqslant L\int_{x_0}^{x}|\varphi_1(\xi)-\varphi_0(\xi)|\mathrm{d}\xi\leqslant L\int_{x_0}^{x}M(\xi-x_0)\mathrm{d}\xi\leqslant\frac{ML}{2!}(x-x_0)^2$$

设对于正整数 n,有不等式

$$|\varphi_n(x)-\varphi_{n-1}(x)|\leqslant\frac{ML^{n-1}}{n!}(x-x_0)^n$$

成立,则由利普希茨条件得知,当 $x_0\leqslant x\leqslant x_0+h$ 时,有

$$\begin{aligned} |\varphi_{n+1}(x)-\varphi_n(x)| &\leqslant\int_{x_0}^{x}|f(\xi,\varphi_n(\xi))-f(\xi,\varphi_{n-1}(\xi))|\mathrm{d}\xi \\ &\leqslant L\int_{x_0}^{x}|\varphi_n(\xi)-\varphi_{n-1}(\xi)|\mathrm{d}\xi \\ &\leqslant\frac{ML^n}{n!}\int_{x_0}^{x}(\xi-x_0)^n\mathrm{d}\xi \\ &=\frac{ML^n}{(n+1)!}(x-x_0)^{n+1} \end{aligned}$$

于是由数学归纳法可知,对所有正整数 k,有

$$|\varphi_k(x)-\varphi_{k-1}(x)|\leqslant\frac{ML^{k-1}}{k!}(x-x_0)^k\leqslant\frac{ML^{k-1}}{k!}h^k,\quad x_0\leqslant x\leqslant x_0+h \tag{3.12}$$

由正项级数 $\sum\limits_{k=1}^{\infty}ML^{k-1}\dfrac{h^k}{k!}$ 的收敛性,再利用魏尔斯特拉斯(Weierstrass)判别法,级数(3.10)在 $[x_0,x_0+h]$ 上一致收敛,因此,序列 $\{\varphi_n(x)\}$ 在 $[x_0,x_0+h]$ 上一致收敛。

设 $\lim\limits_{n\to\infty}\varphi_n(x)=\varphi(x)$,则 $\varphi(x)$ 也在 $[x_0,x_0+h]$ 上连续,且 $|\varphi(x)-y_0|\leqslant b$。

命题 4 $\varphi(x)$ 是积分方程(3.6)的定义在 $[x_0,x_0+h]$ 上的连续解。

证明 由利普希茨条件

$$|f(x,\varphi_n(x))-f(x,\varphi(x))|\leqslant L|\varphi_n(x)-\varphi(x)|$$

及 $\{\varphi_n(x)\}$ 在 $[x_0,x_0+h]$ 上一致收敛于 $\varphi(x)$,可知 $f(x,\varphi_n(x))$ 在 $[x_0,x_0+h]$ 上一致收敛于 $f(x,\varphi(x))$。因此

$$\begin{aligned} \lim_{n\to\infty}\varphi_n(x) &= y_0+\lim_{n\to\infty}\int_{x_0}^{x}f(\xi,\varphi_{n-1}(\xi))\mathrm{d}\xi \\ &= y_0+\int_{x_0}^{x}\lim_{n\to\infty}f(\xi,\varphi_{n-1}(\xi))\mathrm{d}\xi \end{aligned}$$

即

$$\varphi(x)=y_0+\int_{x_0}^{x}f(\xi,\varphi(\xi))\mathrm{d}\xi$$

故 $\varphi(x)$ 是积分方程(3.6)定义在 $[x_0,x_0+h]$ 上的连续解。

命题 5　设 $\psi(x)$ 是积分方程(3.6)的定义在$[x_0,x_0+h]$上的一个连续解，则

$$\varphi(x)\equiv\psi(x),\quad x_0\leqslant x\leqslant x_0+h$$

证明　设 $g(x)=|\varphi(x)-\psi(x)|$，则 $g(x)$ 是定义在$[x_0,x_0+h]$上的非负连续函数，由于

$$\varphi(x)=y_0+\int_{x_0}^{x}f(\xi,\varphi(\xi))\mathrm{d}\xi,\quad \psi(x)=y_0+\int_{x_0}^{x}f(\xi,\psi(\xi))\mathrm{d}\xi$$

而且 $f(x,y)$ 满足利普希茨条件，可得

$$\begin{aligned}g(x)=|\varphi(x)-\psi(x)|&=\left|\int_{x_0}^{x}[f(\xi,\varphi(\xi))-f(\xi,\psi(\xi))]\mathrm{d}\xi\right|\\&\leqslant\int_{x_0}^{x}|f(\xi,\varphi(\xi))-f(\xi,\psi(\xi))|\mathrm{d}\xi\\&\leqslant L\int_{x_0}^{x}|\varphi(\xi)-\psi(\xi)|\mathrm{d}\xi=L\int_{x_0}^{x}g(\xi)\mathrm{d}\xi\end{aligned}$$

令 $u(x)=L\int_{x_0}^{x}g(\xi)\mathrm{d}\xi$，则 $u(x)$ 是$[x_0,x_0+h]$上的连续、可微函数，且 $u(x_0)=0$，则有

$$0\leqslant g(x)\leqslant u(x),\quad u'(x)=Lg(x),\quad u'(x)\leqslant Lu(x),\quad (u'(x)-Lu(x))\mathrm{e}^{-Lx}\leqslant 0$$

即

$$(u(x)\mathrm{e}^{-Lx})'\leqslant 0$$

于是在$[x_0,x_0+h]$上，有

$$u(x)\mathrm{e}^{-Lx}\leqslant u(x_0)\mathrm{e}^{-Lx_0}=0$$

故 $g(x)\leqslant u(x)\leqslant 0$，即 $g(x)\equiv 0$，$x_0\leqslant x\leqslant x_0+h$，命题得证。

对定理 3.1 有以下几点说明：

(1) 定理中 $h=\min\left(a,\dfrac{b}{M}\right)$ 的几何意义：在矩形域 R 中 $|f(x,y)|\leqslant M$，故方程过(x_0,y_0)的积分曲线 $y=\varphi(x)$ 的斜率必介于 $-M$ 与 M 之间，过点(x_0,y_0)分别作斜率为 $-M$ 与 M 的直线。

当 $M\leqslant\dfrac{b}{a}$ 时，$a\leqslant\dfrac{b}{M}$，如图 3.1(a) 所示，解 $y=\varphi(x)$ 在 $x_0-a\leqslant x\leqslant x_0+a$ 范围内有定义；

当 $M\geqslant\dfrac{b}{a}$ 时，$\dfrac{b}{M}\leqslant a$，如图 3.1(b) 所示，不能保证解在 $x_0-a\leqslant x\leqslant x_0+a$ 范围内有定义，其有可能在矩形域 R 外，只有当 $x_0-\dfrac{b}{M}\leqslant x\leqslant x_0+\dfrac{b}{M}$ 时，才能保证解 $y=\varphi(x)$ 在 R 内，故要求解的存在范围是 $x_0-h\leqslant x\leqslant x_0+h$。

(2) 由于利普希茨条件的检验是比较困难的，而我们能够用一个有较强说服力的，但却易于验证的条件来代替，即如果函数 $f(x,y)$ 在矩形域 R 内关于 y 的偏导数 $f_y'(x,y)$ 存在并有界，即 $|f_y'(x,y)|\leqslant L$，则利普希茨条件条件成立。

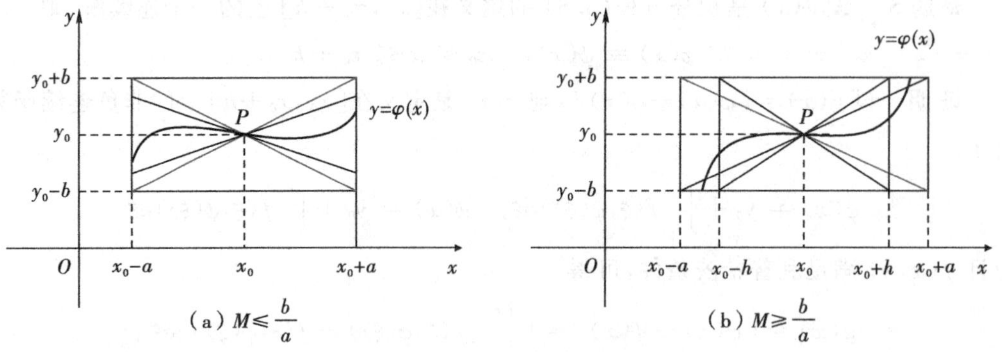

图 3.1 解的存在范围示意图

事实上

$$
|f(x,y_1)-f(x,y_2)|=\left|\frac{\partial f(x,y_2+\theta(y_1-y_2))}{\partial y}\right||y_1-y_2|
$$

$$
\leqslant L|y_1-y_2|
$$

其中，$(x,y_1),(x,y_2)\in R,0<\theta<1$。如果 $f'_y(x,y)$ 在 R 上连续，则其在 R 上当然也满足利普希茨条件。但是，满足利普希茨条件的函数 $f(x,y)$ 不一定有偏导数存在。例如，函数 $f(x,y)=|y|$ 在任何区域都满足利普希茨条件，但其在 $y=0$ 处不可导。

(3) 设方程(3.1)是线性的，即方程为

$$
\frac{\mathrm{d}y}{\mathrm{d}x}=P(x)y+Q(x)
$$

易知，当 $P(x),Q(x)$ 在区间$[\alpha,\beta]$上连续时，就能满足定理 3.1 的条件，且对任一初值 $(x_0,y_0),x_0\in[\alpha,\beta]$ 所确定的解在整个区间$[\alpha,\beta]$上有定义、连续。

实际上，对于一般方程(3.1)，由初值所确定的解只能定义在$[x_0-h,x_0+h]$上，是因为在构造逐次逼近函数序列$\{\varphi_n(x)\}$时，要求其不越出矩形域 R，此时，右端函数对 y 没有任何限制，譬如取

$$
M=\max_{x\in[\alpha,\beta]}|P(x)y_0+Q(x)|
$$

(4) 利普希茨条件是保证初值问题解唯一的充分条件，而非必要条件。

例如，试证方程

$$
\frac{\mathrm{d}y}{\mathrm{d}x}=\begin{cases}0, & y=0\\ y\ln|y|, & y\neq 0\end{cases}
$$

经过 xOy 平面上任一点的解都是唯一的。

证明 $y\neq 0$ 时，$f(x,y)=y\ln|y|$ 连续，$f'_y(x,y)=1+\ln|y|$ 也在 $y\neq 0$ 时连续，因此对 x 轴外的任一点 (x_0,y_0)，方程满足 $y(x_0)=y_0$ 的解都是唯一存在的。又由

$$
\frac{\mathrm{d}y}{\mathrm{d}x}=y\ln|y|
$$

可得方程的通解为 $y=\pm\mathrm{e}^{c\mathrm{e}^x}$，其中 $y=\mathrm{e}^{c\mathrm{e}^x}$ 为上半平面的通解，$y=-\mathrm{e}^{c\mathrm{e}^x}$ 为下半平面的通

解，它们不可能与 $y=0$ 相交。注意到 $y=0$ 是方程的解，因此对 x 轴上的任一点 $(x_0,0)$，只有 $y=0$ 通过，才能保证 xOy 平面上任一点的解都是唯一的。

但是

$$|f(x,y)-f(x,0)|=|y\ln|y||=\left|\ln|y|\right||y|$$

因为 $\lim\limits_{y\to 0}|\ln|y||=+\infty$，故不可能存在 $L>0$，使得

$$|f(x,y)-f(x,0)|\leqslant L|y|$$

所以方程右端函数在 $y=0$ 的任何邻域都不满足利普希茨条件。

此例说明利普希茨条件是保证初值问题解唯一的充分条件，而非必要条件。

2. 考虑一阶隐方程的情况

考虑一阶隐方程

$$F(x,y,y')=0 \tag{3.13}$$

由隐函数存在定理，若在 (x_0,y_0,y_0') 的某一邻域内 F 连续且 $F(x_0,y_0,y_0')=0$，而 $\dfrac{\partial F}{\partial y'}\neq 0$，则必可把 y' 唯一地表示为 x,y 的函数：

$$y'=f(x,y) \tag{3.14}$$

并且 $f(x,y)$ 在 (x_0,y_0) 的某一邻域内连续，且满足 $y_0'=f(x_0,y_0)$。

如果 F 关于所有变元存在连续的偏导数，则 $f(x,y)$ 对 x,y 也存在连续的偏导数，并且

$$\frac{\partial f}{\partial y}=-\frac{\partial F}{\partial y}\Big/\frac{\partial F}{\partial y'} \tag{3.15}$$

显然式(3.14)是有界的，由定理 3.1 可知，方程(3.14)满足初始条件 $y(x_0)=y_0$ 解存在且唯一，从而得到下面的定理 3.2.

定理 3.2　如果在点 (x_0,y_0,y_0') 的某一邻域中：

(1) $F(x,y,y')$ 关于所有变元 (x,y,y') 连续，且存在连续的偏导数；

(2) $F(x_0,y_0,y_0')=0$；

(3) $\dfrac{\partial F(x_0,y_0,y_0')}{\partial y'}\neq 0$。

则方程(3.13)存在唯一的解

$$y=y(x),\ |x-x_0|\leqslant h\ (h\text{ 为足够小的正数})$$

满足初始条件

$$y(x_0)=y_0,\quad y'(x_0)=y_0' \tag{3.16}$$

3.1.2　近似计算和误差估计

用求方程近似解的方法——皮卡逐次逼近法计算：

$$\begin{cases}\varphi_0(x)=y_0\\ \varphi_n(x)=y_0+\int_{x_0}^{x}f(\xi,\varphi_{n-1}(\xi))\mathrm{d}\xi,x_0\leqslant x\leqslant x_0+h\end{cases}$$

该方程的第 n 次近似解 $\varphi_n(x)$ 和真正解 $\varphi(x)$ 在 $[x_0-h,x_0+h]$ 上的误差估计式为

$$|\varphi_n(x)-\varphi(x)|\leqslant\frac{ML^n}{(n+1)!}h^{n+1} \tag{3.17}$$

此式可用数学归纳法证明。

证明

$$|\varphi_0(x)-\varphi(x)|\leqslant\int_{x_0}^{x}|f(\xi,\varphi(\xi))|\mathrm{d}\xi\leqslant M(x-x_0)\leqslant Mh$$

设有不等式

$$|\varphi_{n-1}(x)-\varphi(x)|\leqslant\frac{ML^{n-1}}{n!}(x-x_0)^n\leqslant\frac{ML^{n-1}}{n!}h^n$$

成立,则

$$\begin{aligned}|\varphi_n(x)-\varphi(x)|&\leqslant\int_{x_0}^{x}|f(\xi,\varphi_{n-1}(\xi))-f(\xi,\varphi(\xi))|\mathrm{d}\xi\\&\leqslant L\int_{x_0}^{x}|\varphi_{n-1}(\xi)-\varphi(\xi)|\mathrm{d}\xi\\&\leqslant\frac{ML^n}{n!}\int_{x_0}^{x}(\xi-x_0)^n\mathrm{d}\xi\\&\leqslant\frac{ML^n}{(n+1)!}(x-x_0)^{n+1}\leqslant\frac{ML^n}{(n+1)!}h^{n+1}\end{aligned}$$

例 3.1 讨论初值问题

$$\frac{\mathrm{d}y}{\mathrm{d}x}=x^2+y^2,\quad y(0)=0$$

解的存在唯一性区间,并求在此区间上与真正解的误差不超过 0.05 的近似解,其中,R:$-1\leqslant x\leqslant 1,-1\leqslant y\leqslant 1$。

解 $M=\max\limits_{(x,y)\in R}|f(x,y)|=2,\quad a=1,\quad b=1,\quad h=\min\left\{a,\frac{b}{M}\right\}=\frac{1}{2}$

由于 $\left|\frac{\partial f}{\partial y}\right|=|2y|\leqslant 2=L$,根据误差估计式(3.17),有

$$|\varphi_n(x)-\varphi(x)|\leqslant\frac{ML^n}{(n+1)!}h^{n+1}=\frac{1}{(n+1)!}<0.05$$

可知 $n=3$,于是

$$\varphi_0(x)=0$$

$$\varphi_1(x)=\int_0^x[x^2+\varphi_0^2(x)]\mathrm{d}x=\frac{x^3}{3}$$

$$\varphi_2(x)=\int_0^x[x^2+\varphi_1^2(x)]\mathrm{d}x=\frac{x^3}{3}+\frac{x^7}{63}$$

$$\varphi_3(x)=\int_0^x[x^2+\varphi_2^2(x)]\mathrm{d}x=\frac{x^3}{3}+\frac{x^7}{63}+\frac{2x^{11}}{2079}+\frac{x^{15}}{59535}$$

$\varphi_3(x)$ 就是所求的近似解，在区间 $\left[-\frac{1}{2},\frac{1}{2}\right]$ 内，这个解与真正解的误差不超过 0.05。

习题 3.1

1. 求方程 $\frac{\mathrm{d}y}{\mathrm{d}x}=x+y^2$ 通过点 (0,0) 的第三次近似解；

2. 求方程 $\frac{\mathrm{d}y}{\mathrm{d}x}=x-y^2$ 通过点 (1,0) 的第三次近似解；

3. 求初值问题：

$$\begin{cases}\frac{\mathrm{d}y}{\mathrm{d}x}=x^2-y^2\\ y(-1)=0\end{cases},\quad R:|x+1|\leqslant 1,|y|\leqslant 1$$

的解的存在区间，并求解第二次近似解，给出解的存在区间的误差估计。

4. 讨论方程 $\frac{\mathrm{d}y}{\mathrm{d}x}=\frac{3}{2}y^{\frac{1}{3}}$ 在怎样的区域中满足解的存在唯一性定理的条件，并求通过点 (0,0) 的一切解。

5. 证明格朗沃尔不等式。设 k 为非负常数，$f(t)$，$g(t)$ 为区间 $[\alpha,\beta]$ 上的连续非负函数，且满足不等式 $f(t)\leqslant k+\int_\alpha^t f(s)g(s)\mathrm{d}s$，$\alpha\leqslant t\leqslant\beta$，则有

$$f(t)\leqslant k\exp\left(\int_\alpha^t g(s)\mathrm{d}s\right),\quad \alpha\leqslant t\leqslant\beta$$

6. 假设函数 $f(x,y)$ 于点 (x_0,y_0) 的邻域内是 y 的不增函数，试证方程 $\frac{\mathrm{d}y}{\mathrm{d}x}=f(x,y)$ 满足条件 $y(x_0)=y_0$ 的解于 $x\geqslant x_0$ 一侧最多只有一个。

3.2　解的延拓

上节我们学习了解的存在唯一性定理，当 $\frac{\mathrm{d}y}{\mathrm{d}x}=f(x,y)$ 的右端函数 $f(x,y)$ 在 R 上满足解的存在唯一性条件时，初值问题 $\begin{cases}\frac{\mathrm{d}y}{\mathrm{d}x}=f(x,y)\\ y_0=y(x_0)\end{cases}$ 的解在 $[x_0-h,x_0+h]$ 上存在且唯一。但是，这个定理的结果是局部的，也就是说解的存在区间是很小的，可能随着 $f(x,y)$ 的存在区域的增大，解的存在区间反而缩小。

例如,上一节的例 3.1,当定义区域变为 R: $-2 \leqslant x \leqslant 2$, $-2 \leqslant y \leqslant 2$ 时, $M=8$, $h=\min\left\{2, \frac{2}{8}\right\}=\frac{1}{4}$,解的区间缩小为 $\left[x_0-\frac{1}{4}, x_0+\frac{1}{4}\right]$。

在实际应用中,我们也希望解的存在区间能尽量扩大,下面讨论解的延拓概念,尽量扩大解的存在区间,即把解的存在唯一性定理的结果由局部的变成大范围的。

3.2.1 饱和解及饱和区间

定义 3.1 对定义在平面区域 G 上的微分方程

$$\frac{\mathrm{d}y}{\mathrm{d}x}=f(x,y) \tag{3.18}$$

设 $y=\varphi(x)$ 是方程(3.1)定义在区间 $I_1 \subset R$ 上的一个解,如果方程(3.18)还有一个定义在区间 $I_2 \subset R$ 上的另一解 $y=\psi(x)$,且满足

(1) $I_1 \subset I_2$,但是 $I_1 \neq I_2$;

(2) 当 $x \in I_1$ 时, $\varphi(x) \equiv \psi(x)$。

则称 $y=\varphi(x)$, $x \in I_1$ 是可延拓的,并称 $y=\psi(x)$ 是 $y=\varphi(x)$ 在 I_2 上的延拓。如果不存在满足上述条件的解 $y=\psi(x)$,则称 $y=\varphi(x)$, $x \in I_1$ 是方程(3.1)的不可延拓解或饱和解,此时把不可延拓解的区间 I_1 称为一个饱和区间。

3.2.2 局部利普希茨条件

定义 3.2 若函数 $f(x,y)$ 在区域 G 内连续,且对 G 内每一点 P,都存在以 P 点为中心,完全含在 G 内的闭矩形域 R_P,使得在 R_P 上 $f(x,y)$ 关于 y 满足利普希茨条件(对于不同的点,闭矩形域 R_P 的大小和利普希茨常数 L 可能不同),则称 $f(x,y)$ 在 G 内关于 y 满足局部利普希茨条件。

定理 3.3(延拓定理) 如果方程 $\frac{\mathrm{d}y}{\mathrm{d}x}=f(x,y)$ 的右端函数 $f(x,y)$ 在(有界或无界)区域 $G \in R^2$ 内连续,且关于 y 满足局部利普希茨条件,则对任意一点 $(x_0,y_0) \in G$,方程 $\frac{\mathrm{d}y}{\mathrm{d}x}=f(x,y)$ 以 (x_0,y_0) 为初值的解 $\varphi(x)$ 均可以向左右延拓,直到点 $(x,\varphi(x))$ 任意接近区域 G 的边界。

以向 x 增大的一方来说,如果 $y=\varphi(x)$ 只能延拓到区间 $[x_0,m]$ 上,则当 $x \to m$(m 为有限数)时, $(x,\varphi(x))$ 趋于区域 G 的边界。

证明 $\forall (x_0,y_0) \in G$,由解的存在唯一性定理,初值问题

$$\begin{cases}\frac{\mathrm{d}y}{\mathrm{d}x}=f(x,y)\\ y_0=y(x_0)\end{cases}$$

存在唯一的解 $y=\varphi(x)$,解的存在唯一区间为 $[x_0-h_0, x_0+h_0]$。

取 $x_1 = x_0 + h_0, y_1 = \varphi(x_1)$，以 (x_1, y_1) 为中心作一小矩形 $R_1 \in G$，则初值问题

$$\begin{cases} \dfrac{dy}{dx} = f(x,y) \\ y_1 = y(x_1) \end{cases}$$

存在唯一的解 $y = \psi(x)$，解的存在唯一区间为 $[x_1 - h_1, x_1 + h_1]$。

因为 $\varphi(x_1) = \psi(x_1)$，根据存在唯一性定理，在两区间的重叠部分(见图 3.2 中间矩形域) 应有 $\varphi(x) = \psi(x)$，即当 $x_1 - h_1 \leqslant x \leqslant x_1$ 时，$\varphi(x) = \psi(x)$。

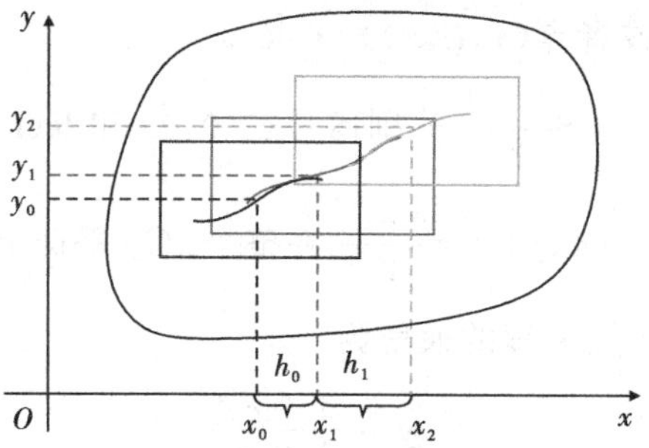

图 3.2　两区间重叠部分示意图

定义函数

$$\varphi^*(x) = \begin{cases} \varphi(x), & x_0 - h_0 \leqslant x \leqslant x_0 + h_0 \\ \psi(x), & x_0 + h_0 \leqslant x \leqslant x_0 + h_0 + h_1 \end{cases}$$

则 $y = \varphi^*(x)$ 是方程(3.18) 满足定义 3.1 条件(1)[或条件(2)]的，在 $[x_0 - h_0, x_1 + h_1]$ 上有定义的唯一的解。这样，便把方程(3.18) 满足定义 3.1 条件(1) 的解 $y = \varphi(x)$ 在定义区间上向右延拓了一段。即把解 $y = \varphi^*(x)$ 看作方程(3.18) 的解 $y = \varphi(x)$ 在定义区间 $[x_0 - h_0, x_0 + h_0]$ 的向右延拓，延拓到更大范围 $x_0 - h_0 \leqslant x \leqslant x_0 + h_0 + h_1$ 内。同样的方法，也可把解 $y = \varphi(x)$ 向左延拓。这种将曲线向左右延拓的办法可继续进行下去，最后将得到一个不能再向左右延拓的解 $y = \tilde{\varphi}(x)$，这个解称为方程(3.18) 的饱和解。

推论 3.1　对定义在平面区域 G 内的初值问题

$$\begin{cases} \dfrac{dy}{dx} = f(x,y) \\ y_0 = y(x_0) \end{cases}, \quad (x_0, y_0) \in G$$

若 $f(x,y)$ 在区域 G 内连续且关于 y 满足局部利普希茨条件，则其任一非饱和解均可延拓为饱和解。

推论 3.2　设 $y = \tilde{\varphi}(x)$ 是初值问题

$$\begin{cases} \dfrac{dy}{dx} = f(x,y) \\ y_0 = y(x_0) \end{cases}, \quad (x_0, y_0) \in G$$

的一个饱和解，则该饱和解的饱和区间 I 一定是开区间。

证明 若饱和区间 I 不是开区间，不妨设 $I=(\alpha,\beta]$，则 $(\beta,\tilde{\varphi}(\beta))\in G$，这样解 $y=\tilde{\varphi}(x)$ 还可以向右延拓，从而 $y=\tilde{\varphi}(x)$ 是非饱和解，矛盾。对 $I=[\alpha,\beta)$ 时，同样讨论可知，$x\to\beta^-$（或 $x\to\alpha^+$）时，$(x,\varphi(x))\to\partial G$。

推论 3.3 如果 G 是无界区域，在上面解的延拓定理的条件下，方程(3.18) 通过点 (x_0,y_0) 的解 $y=\varphi(x)$ 可以延拓，以向 x 增大(减小)一方的延拓来说，有以下两种情况：

(1) 解 $y=\varphi(x)$ 可以延拓到区间 $[x_0,+\infty)$（或 $(-\infty,x_0]$）；

(2) 解 $y=\varphi(x)$ 只可延拓到区间 $[x_0,m)$（或 $(m,x_0]$），其中 m 为有限数，则当 $x\to m$ 时，或者 $y=\varphi(x)$ 无界，或者点 $(x,\varphi(x))\to\partial G$。

例 3.2 讨论方程 $\dfrac{\mathrm{d}y}{\mathrm{d}x}=\dfrac{y^2-1}{2}$ 分别通过点 $(0,0)$ 和点 $(\ln 2,-3)$ 的解的存在区间。

解 此方程右端函数 $f(x,y)=\dfrac{y^2-1}{2}$ 在整个 xOy 平面上满足解的存在唯一性定理及解的延拓定理的条件，易知方程的通解为

$$y=\frac{1+c\mathrm{e}^x}{1-c\mathrm{e}^x}$$

故通过点 $(0,0)$ 的解为 $y=(1-\mathrm{e}^x)/(1+\mathrm{e}^x)$，这个解的存在区间为 $(-\infty,+\infty)$；通过点 $(\ln 2,-3)$ 的解为 $y=(1+\mathrm{e}^x)/(1-\mathrm{e}^x)$，这个解的存在区间为 $(0,+\infty)$。

如图 3.3 所示，过点 $(\ln 2,-3)$ 的解 $y=(1+\mathrm{e}^x)/(1-\mathrm{e}^x)$ 向右方可以延拓到 $+\infty$，但向左方只能延拓到 0，因为当 $x\to 0^+$ 时，$y\to-\infty$。

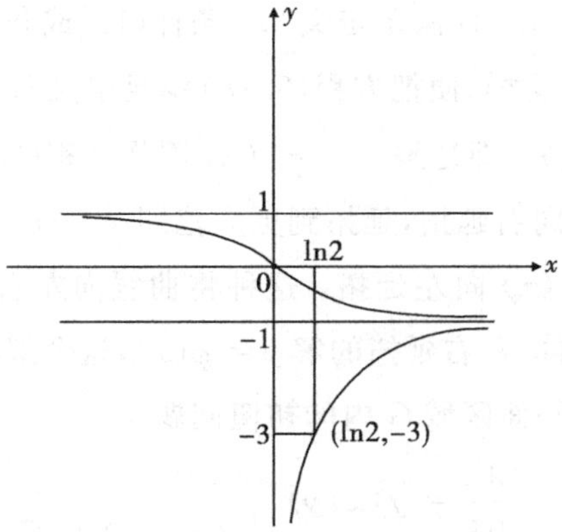

图 3.3 解的延拓示意图

例 3.3 讨论方程 $\dfrac{\mathrm{d}y}{\mathrm{d}x}=1+\ln x$ 过点 $(1,0)$ 的解的存在区间。

解 方程右端函数 $f(x,y)=1+\ln x$ 在右半平面 $(x>0)$ 上满足解的存在唯一性定理及解的延拓定理的条件，区域 G(右半平面) 是无界开区域，y 轴是其边界。

易知问题的解为 $y=x\ln x$，其于区间 $(0,+\infty)$ 上有定义、连续且当 $x\to 0$ 时，$y\to 0$，即所求问题的解向右方可以延拓到 $+\infty$，但向左方只能延拓到 0，且当 $x\to 0$ 时积分曲线上的点 (x,y) 趋向于区域 G 的边界。

例 3.4　考虑方程$\frac{\mathrm{d}y}{\mathrm{d}x}=(y^2-a^2)f(x,y)$，假设 $f(x,y)$ 和 $f'_y(x,y)$ 在 xOy 平面上连续，试证明：对于任意 x_0 及 $|y_0|<a$，方程满足 $y(x_0)=y_0$ 的解都在$(-\infty,+\infty)$上存在。

证明　根据题设，易知方程右端函数在整个 xOy 平面上满足解的存在唯一性定理及解的延拓定理的条件。又 $y=\pm a$ 为方程在$(-\infty,+\infty)$上的解，由延拓定理可知，对任意 x_0，$|y_0|<a$，满足 $y(x_0)=y_0$ 的解 $y=y(x)$ 应当无限远离原点，但是，由解的唯一性，$y=y(x)$ 又不能穿过直线 $y=\pm a$，故只能向两侧延拓，而无限远离原点，从而解应在$(-\infty,+\infty)$上存在。

注：如果函数 $f(x,y)$ 于整个 xOy 平面上有定义、连续且有界，同时存在关于 y 的一阶连续偏导数，则方程(3.18)的任一解均可以延拓到 $-\infty<x<+\infty$ 范围内。

习题 3.2

1. 试证对任意 x_0,y_0，方程$\frac{\mathrm{d}y}{\mathrm{d}x}=\frac{x^2}{x^2+y^2+1}$满足初始条件 $y(x_0)=y_0$ 的解都在$(-\infty,+\infty)$上存在。

3.3　解对初值的连续性和可微性定理

在初值问题$\begin{cases}\frac{\mathrm{d}y}{\mathrm{d}x}=f(x,y)\\ y_0=y(x_0)\end{cases}$中，都是把初值$(x_0,y_0)$看成是固定的数值，然后再去讨论方程$\frac{\mathrm{d}y}{\mathrm{d}x}=f(x,y)$经过点$(x_0,y_0)$的解。但是假如$(x_0,y_0)$变动，则相应初值问题的解也随之变动，也就是说初值问题的解不仅依赖于自变量 x，还依赖于初值(x_0,y_0)。

例如，$f(x,y)=y$ 时，方程 $y'=y$ 的解是 $y=c\mathrm{e}^x$，将初始条件 $y(x_0)=y_0$ 代入，可得 $y=y_0\mathrm{e}^{x-x_0}$，很显然其是自变量 x 和初始条件(x_0,y_0)的函数，因此将初值问题$\begin{cases}\frac{\mathrm{d}y}{\mathrm{d}x}=f(x,y)\\ y_0=y(x_0)\end{cases}$的解记为 $y=\varphi(x,x_0,y_0)$，其满足 $y_0=\varphi(x_0,x_0,y_0)$。

当初值发生变化时，对应的解是如何变化的？当初值微小变动时，方程解的变化是否也很小呢？为此就要讨论解对初值的一些性质和定理。

3.3.1　解对初值的对称性

设方程(3.18)满足初始条件 $y(x_0)=y_0$ 的解是唯一的，记为 $y=\varphi(x,x_0,y_0)$，则在

此关系式中，(x,y) 与 (x_0,y_0) 可以调换其相对位置，即在解的存在范围内成立关系式

$$y_0=\varphi(x_0,x,y)$$

证明 在方程(3.18)满足初始条件 $y(x_0)=y_0$ 的解的存在区间内任取一点 x_1，显然 $y_1=\varphi(x_1,x_0,y_0)$，则由解的唯一性可知，过点 (x_1,y_1) 的解与过点 (x_0,y_0) 的解是同一条积分曲线，即此解也可写为

$$y=\varphi(x,x_1,y_1)$$

并且，有 $y_0=\varphi(x_0,x_1,y_1)$。又由 (x_1,y_1) 是积分曲线上的任意点，因此关系式 $y_0=\varphi(x_0,x,y)$ 对该积分曲线上的任意点均成立。

3.3.2 解对初值的连续依赖性

由于实际问题中初始条件一般是由实验测量得到的，肯定存在误差，有的时候误差比较大，有的时候误差比较小。在实际应用中我们当然希望误差较小，也就是说当 (x_0,y_0) 变动很小的时候，相应的方程的解也只有微小的变动，这就是解对初值的连续依赖性所要研究的问题。在讨论这个问题之前，我们先来看一个引理。

引理 3.1 如果函数 $f(x,y)$ 于某区域 D 内连续，且关于 y 满足利普希茨条件(利普希茨常数为 L)，则对方程(3.18)的任意两个解 $\varphi(x)$ 及 $\psi(x)$，在它们公共存在的区间内成立着不等式

$$|\varphi(x)-\psi(x)|\leqslant|\varphi(x_0)-\psi(x_0)|\mathrm{e}^{L|x-x_0|} \tag{3.19}$$

其中，x_0 为所考虑区域内的某一值。

证明 设 $\varphi(x),\psi(x)$ 于区间 $[a,b]$ 上均有定义，令

$$V(x)=[\varphi(x)-\psi(x)]^2,\quad a\leqslant x\leqslant b$$

则

$$V'(x)=2[\varphi(x)-\psi(x)][f(x,\varphi)-f(x,\psi)]$$

于是

$$V'(x)\leqslant|V'(x)|=2|\varphi(x)-\psi(x)||f(x,\varphi)-f(x,\psi)|\leqslant 2LV(x)$$

$$V'(x)\mathrm{e}^{-2Lx}-2LV(x)\mathrm{e}^{-2Lx}\leqslant 0$$

从而

$$\frac{\mathrm{d}}{\mathrm{d}x}(V(x)\mathrm{e}^{-2Lx})\leqslant 0$$

所以，对 $\forall x_0\in[a,b]$，有

$$V(x)\leqslant V(x_0)\mathrm{e}^{2L(x-x_0)},\quad x_0\leqslant x\leqslant b$$

对于区间 $[a,x_0]$，令 $-x\leqslant t$，并记 $-x_0\leqslant t_0$，则方程(3.18)变为

$$\frac{\mathrm{d}y}{\mathrm{d}x}=-f(-t,y)$$

而且已知其有解 $y=\varphi(-t)$ 和 $y=\psi(-t)$。

类似可得 $V(x) \leqslant V(x_0)\mathrm{e}^{2L(x_0-x)}, a \leqslant x \leqslant x_0$，因此

$$V(x) \leqslant V(x_0)\mathrm{e}^{2L|x-x_0|}, \quad a \leqslant x \leqslant b, \quad a \leqslant x_0 \leqslant b$$

上式两边开平方即得不等式(3.19)。

利用此引理我们可以证明解对初值的连续依赖性。

3.3.3　解对初值的连续依赖定理

定理 3.4　假设 $f(x,y)$ 在区域 G 内连续，且关于 y 满足局部利普希茨条件，如果 $(x_0, y_0) \in G$，初值问题 $\begin{cases} \dfrac{\mathrm{d}y}{\mathrm{d}x} = f(x,y) \\ y_0 = y(x_0) \end{cases}$ 有解 $y = \varphi(x, x_0, y_0)$，该解于区间 $[a,b]$ 上有定义 $(a \leqslant x_0 \leqslant b)$，则对任意 $\varepsilon > 0$，$\exists \delta = \delta(\varepsilon, a, b) > 0$，使得当 $(\bar{x}_0 - x_0)^2 + (\bar{y}_0 - y_0)^2 \leqslant \delta^2$ 时，方程(3.18)满足条件 $y(\bar{x}_0) = \bar{y}_0$ 的解 $y = \varphi(x, \bar{x}_0, \bar{y}_0)$ 在区间 $[a,b]$ 上也有定义，并且有

$$|\varphi(x, \bar{x}_0, \bar{y}_0) - \varphi(x, x_0, y_0)| < \varepsilon, \quad a \leqslant x \leqslant b$$

证明　记积分曲线段 $S: y = \varphi(x, x_0, y_0) \equiv \varphi(x), a \leqslant x \leqslant b$ 是 xOy 平面上一个有界闭集。

第一步：找区域 D，使 $S \subset D$，而且 $f(x,y)$ 在 D 内关于 y 满足利普希茨条件。

由已知条件可知，对 $\forall (x,y) \in S$，存在以它为中心的开圆 $C, C \subset G$，使 $f(x,y)$ 在开圆内关于 y 满足利普希茨条件。因此，根据有限覆盖定理，可以找到有限个具有这种性质的圆 $C_i (i = 1, 2, \cdots, N$，不同的 C_i，其半径 r_i 和利普希茨常数 L_i 的大小可能不同)，它们的全体覆盖了整个积分曲线段 S，令 $\widetilde{G} = \bigcup\limits_{i=1}^{N} C_i$，则 $S \subset \widetilde{G} \subset G$，对 $\forall \varepsilon > 0$，记 $\rho = \mathrm{d}(\partial\widetilde{G}, S)$，$\eta = \min(\varepsilon, \rho/2), L = \max(L_1, \cdots L_N)$，则以 S 上的点为中心，以 η 为半径的圆的全体及其边界构成包含 S 的有界闭域 $D, D \subset \widetilde{G} \subset G$，且 $f(x,y)$ 在 D 内关于 y 满足利普希茨条件，利普希茨常数为 L。

第二步：证明 $\exists \delta = \delta(\varepsilon, a, b) > 0 (\delta < \eta)$，使得当 $(\bar{x}_0 - x_0)^2 + (\bar{y}_0 - y_0)^2 \leqslant \delta^2$ 时，解 $y = \psi(x) = \varphi(x, \bar{x}_0, \bar{y}_0)$ 在区间 $[a,b]$ 上也有定义。

由于 D 是一个有界闭区域，且 $f(x,y)$ 在其内关于 y 满足利普希茨条件，由解的延拓定理可知，解 $y = \psi(x) = \varphi(x, \bar{x}_0, \bar{y}_0)$ 必能延拓到区域 D 的边界上。设其在 D 的边界上的点为 $(c, \psi(c))$ 和 $(d, \psi(d))$，$c < d$，这时必有 $c \leqslant a, d \geqslant b$。否则设 $c > a, d < b$，由引理有

$$|\varphi(x) - \psi(x)| \leqslant |\varphi(\bar{x}_0) - \psi(\bar{x}_0)| \mathrm{e}^{L|x-\bar{x}_0|}, \quad c \leqslant x \leqslant d$$

利用 $\varphi(x)$ 的连续性，对 $\delta_1 = \dfrac{1}{2}\eta\mathrm{e}^{-L(b-a)}$，必有 $\delta_2 > 0$ 存在，使当 $|x - x_0| \leqslant \delta_2$ 时有 $|\varphi(x) - \varphi(x_0)| < \delta_1$，取 $\delta = \min(\delta_1, \delta_2)$，则当 $(\bar{x}_0 - x_0)^2 + (\bar{y}_0 - y_0)^2 \leqslant \delta^2$ 时就有

$$
\begin{aligned}
|\psi(x)-\varphi(x)|^2 &\leqslant |\psi(\bar{x}_0-\varphi(\bar{x}_0))|^2 e^{2L|x-\bar{x}_0|} \\
&\leqslant (|\psi(\bar{x}_0)-\varphi(x_0)|+|\varphi(x_0)-\varphi(\bar{x}_0)|)^2 e^{2L|x-\bar{x}_0|} \\
&\leqslant 2(|\psi(\bar{x}_0)-\varphi(x_0)|^2+|\varphi(x_0)-\varphi(\bar{x}_0)|^2) e^{2L|x-\bar{x}_0|} \\
&< 2(\delta_1^2+|\bar{y}_0-y_0|^2) e^{2L(b-a)} \\
&\leqslant 4\delta_1^2 e^{2L(b-a)} = \eta^2 \quad (c \leqslant x \leqslant d)
\end{aligned} \tag{3.20}
$$

于是对一切 $x \in [c,d]$，$|\psi(x)-\varphi(x)|<\eta$ 成立，特别地有

$$|\psi(c)-\varphi(c)|<\eta, \quad |\psi(d)-\varphi(d)|<\eta$$

即点 $(c,\psi(c))$ 和点 $(d,\psi(d))$ 均落在区域 D 的内部，这与假设矛盾，故解 $y=\psi(x)$ 在区间 $[a,b]$ 上有定义。

第三步：证明 $|\varphi(x)-\psi(x)|<\varepsilon, a\leqslant x\leqslant b$。在不等式(3.20)中将区间 $[c,d]$ 换成 $[a,b]$，可知当 $(\bar{x}_0-x_0)^2+(\bar{y}_0-y_0)^2\leqslant\delta^2$ 时，就有

$$|\varphi(x,\bar{x}_0,\bar{y}_0)-\varphi(x,x_0,y_0)|<\eta\leqslant\varepsilon, \quad a\leqslant x\leqslant b$$

这就是所要证明的结论。

3.3.4 解对初值的连续性

若函数 $f(x,y)$ 在区域 G 内连续，且关于 y 满足局部利普希茨条件，则方程(3.18)的解 $y=\varphi(x,x_0,y_0)$ 作为 x,x_0,y_0 的函数在其存在范围内是连续的。

证明 对 $\forall (x_0,y_0)\in G$，方程(3.18)过点 (x_0,y_0) 的饱和解 $y=\varphi(x,x_0,y_0)$ 定义于 $\alpha(x_0,y_0)\leqslant x\leqslant\beta(x_0,y_0)$ 上，令

$$V=\{(x,x_0,y_0)\mid \alpha(x_0,y_0)\leqslant x\leqslant\beta(x_0,y_0),(x_0,y_0)\in G\}$$

下证 $y=\varphi(x,x_0,y_0)$ 在 V 上连续。

对 $\forall(\bar{x},\bar{x}_0,\bar{y}_0)\in V$，$\exists[a,b]$，使解 $y=\varphi(x,\bar{x}_0,\bar{y}_0)$ 在 $[a,b]$ 上有定义，其中 $\bar{x},\bar{x}_0\in[a,b]$。

对 $\forall\varepsilon>0$，$\exists\delta_1>0$，使得当 $(\bar{x}_0-x_0)^2+(\bar{y}_0-y_0)^2\leqslant\delta_1^2$ 时，

$$|\varphi(x,\bar{x}_0,\bar{y}_0)-\varphi(x,x_0,y_0)|<\frac{\varepsilon}{2}, \quad a\leqslant x\leqslant b$$

又由 $y=\varphi(x,x_0,y_0)$ 在 $x\in[a,b]$ 上对 x 连续，故 $\exists\delta_2>0$，使得当 $|\bar{x}-x|\leqslant\delta_2$ 时有

$$|\varphi(\bar{x},x_0,y_0)-\varphi(x,x_0,y_0)|<\frac{\varepsilon}{2}, \quad \bar{x},x\in[a,b]$$

取 $\delta=\min(\delta_1,\delta_2)$，则只要 $(\bar{x}-x)^2+(\bar{x}_0-x_0)^2+(\bar{y}_0-y_0)^2\leqslant\delta^2$，就有

$$
\begin{aligned}
&|\varphi(\bar{x},\bar{x}_0,\bar{y}_0)-\varphi(x,x_0,y_0)| \\
\leqslant&|\varphi(x,\bar{x}_0,\bar{y}_0)-\varphi(x,x_0,y_0)|+|\varphi(\bar{x},x_0,y_0)-\varphi(x,x_0,y_0)| \\
<&\frac{\varepsilon}{2}+\frac{\varepsilon}{2}=\varepsilon
\end{aligned}
$$

从而得知 $y = \varphi(x, x_0, y_0)$ 在 V 上连续。

3.3.5　解对初值和参数的连续依赖定理

讨论含有参数 λ 的微分方程

$$\frac{\mathrm{d}y}{\mathrm{d}x}f(x, y, \lambda),\quad G_\lambda:(x, y) \in G, \alpha < \lambda < \beta \tag{3.21}$$

定理 3.5　如果对 $\forall (x, y, \lambda) \in G_\lambda$，都存在以 (x, y, λ) 为中心的球域 $C \subset G_\lambda$，使得对任意 (x, y_1, λ)，$(x, y_2, \lambda) \in C$，不等式

$$| f(x, y_1, \lambda) - f(x, y_2, \lambda) | \leqslant L | y_1 - y_2 |$$

成立，其中 L 是与 λ 无关的正数，称函数 $f(x, y, \lambda)$ 在 G_λ 内关于 y 一致地满足局部的利普希茨条件。由解的唯一性可知，对每一个 $\lambda_0 \in (\alpha, \beta)$，方程(3.21)通过点 $(x_0, y_0) \in G$ 的解是唯一确定的，记这个解为 $y = \varphi(x, x_0, y_0, \lambda_0)$。

设 $f(x, y, \lambda)$ 在 G_λ 内连续，且在 G_λ 内关于 y 一致地满足局部的利普希茨条件，$(x_0, y_0, \lambda_0) \in G_\lambda$，$y = \varphi(x, x_0, y_0, \lambda_0)$ 是方程(3.21)通过点 (x_0, y_0) 的解，其在区间 $[a, b]$ 上有定义，其中 $a \leqslant x_0 \leqslant b$，则对 $\forall \varepsilon > 0$，$\exists \delta = \delta(\varepsilon, a, b) > 0$，使得当

$$(\bar{x}_0 - x_0)^2 + (\bar{y}_0 - y_0)^2 + (\lambda - \lambda_0)^2 \leqslant \delta^2$$

时，方程(3.21)通过点 $(\bar{x}_0, \bar{y}_0)$ 的解 $y = \varphi(x, \bar{x}_0, \bar{y}_0, \lambda)$ 在区间 $[a, b]$ 上也有定义，并且

$$|\varphi(x, \bar{x}_0, \bar{y}_0, \lambda) - \varphi(x, x_0, y_0, \lambda_0)| < \varepsilon,\quad x \in [a, b]$$

3.3.6　解对初值的连续性定理

定理 3.6　设函数 $f(x, y, \lambda)$ 在区域 G_λ 内连续，且在 G_λ 内关于 y 一致地满足局部利普希茨条件，则方程(3.21)的解 $y = \varphi(x, x_0, y_0, \lambda)$ 作为 x, x_0, y_0, λ 的函数在其存在范围内是连续的。

3.3.7　解对初值的可微性定理

定理 3.7　如果函数 $f(x, y)$ 及 $\dfrac{\partial f(x, y)}{\partial y}$ 都在区域 G 内连续，则关于初值问题 $\begin{cases}\dfrac{\mathrm{d}y}{\mathrm{d}x} = f(x, y)\\ y_0 = y(x_0)\end{cases}$ 的解 $y = \varphi(x, x_0, y_0)$ 作为 x, x_0, y_0 的函数，在其有定义的范围内是连续、可微的。

证明　由 $\dfrac{\partial f(x, y)}{\partial y}$ 在区域 G 内连续，可知 $f(x, y)$ 在 G 内关于 y 满足局部利普希茨条件，根据解对初值的连续性定理，$y = \varphi(x, x_0, y_0)$ 在其存在范围内关于 x, x_0, y_0 是连续的。

下面证明函数 $y = \varphi(x, x_0, y_0)$ 在其存在范围内的任意点处的偏导数 $\dfrac{\partial \varphi}{\partial x}, \dfrac{\partial \varphi}{\partial x_0}, \dfrac{\partial \varphi}{\partial y_0}$ 存

在且连续。$\dfrac{\partial \varphi}{\partial x} = f(x,\varphi)$，显然其存在且连续，先证$\dfrac{\partial \varphi}{\partial x_0}$存在且连续。

由初值(x_0,y_0)和$(x_0+\Delta x_0,y_0)$所确定的解分别为

$$y = \varphi(x,x_0,y_0) = \varphi,\quad y = \varphi(x,x_0+\Delta x_0,y_0) = \psi$$

即

$$\varphi = y_0 + \int_{x_0}^{x} f(x,\varphi)\mathrm{d}x,\quad \psi = y_0 + \int_{x_0+\Delta x_0}^{x} f(x,\psi)\mathrm{d}x$$

于是

$$\begin{aligned}\psi - \varphi &= \int_{x_0+\Delta x_0}^{x} f(x,\psi)\mathrm{d}x - \int_{x_0}^{x} f(x,\varphi)\mathrm{d}x \\ &= -\int_{x_0}^{x_0+\Delta x_0} f(x,\psi)\mathrm{d}x + \int_{x_0}^{x} \frac{\partial f(x,\varphi+\theta(\psi-\varphi))}{\partial y}(\psi-\varphi)\mathrm{d}x\end{aligned}$$

其中，$0<\theta<1$，注意到$\dfrac{\partial f}{\partial y}$及$\varphi,\psi$的连续性，有

$$\frac{\partial f(x,\varphi+\theta(\psi-\varphi))}{\partial y} = \frac{\partial f(x,\varphi)}{\partial y} + r_1$$

这里当$\Delta x_0 \to 0$时，$r_1 \to 0$，且当$\Delta x_0 = 0$时，$r_1 = 0$。类似有

$$-\frac{1}{\Delta x_0}\int_{x_0}^{x_0+\Delta x_0} f(x,\psi)\mathrm{d}x = -f(x_0,y_0) + r_2$$

其中，r_1与r_2具有相同的性质，因此对$\Delta x_0 \neq 0$，有

$$\frac{\psi-\varphi}{\Delta x_0} = [-f(x_0,y_0)+r_2] + \int_{x_0}^{x}\left[\frac{\partial f(x,\varphi)}{\partial y} + r_1\right]\frac{(\psi-\varphi)}{\Delta x_0}\mathrm{d}x$$

即$z = \dfrac{\psi-\varphi}{\Delta x_0}$是初值问题

$$\begin{cases}\dfrac{\mathrm{d}z}{\mathrm{d}x} = \left[\dfrac{\partial f(x,\varphi)}{\partial y} + r_1\right]z \\ z(x_0) = -f(x_0,y_0) + r_2 \equiv z_0\end{cases}$$

的解，显然当$\Delta x_0 = 0$时，上述初值问题仍然有解。根据解对初值和参数的连续依赖定理知$z = \dfrac{\psi-\varphi}{\Delta x_0}$是$x,x_0,z_0,\Delta x_0$的连续函数，从而存在

$$\lim_{\Delta x_0 \to 0}\frac{\psi-\varphi}{\Delta x_0} = \frac{\partial \varphi}{\partial x_0}$$

而$\dfrac{\partial \varphi}{\partial x_0}$是初值问题

$$\begin{cases}\dfrac{\mathrm{d}z}{\mathrm{d}x} = \dfrac{\partial f(x,\varphi)}{\partial y}z \\ z(x_0) = -f(x_0,y_0)\end{cases}$$

的解，容易得到

$$\frac{\partial \varphi}{\partial x_0} = -f(x_0,y_0)\exp\left(\int_{x_0}^{x}\frac{\partial f(x,\varphi)}{\partial y}\mathrm{d}x\right)$$

显然其是 x, x_0, y_0 的连续函数。

同样可证 $\frac{\partial \varphi}{\partial y_0}$ 存在且连续。设由初值 (x_0, y_0) 和 $(x_0, y_0 + \Delta y_0)$ 所确定的解分别为

$$y = \varphi(x, x_0, y_0) = \varphi, \quad y = \varphi(x, x_0, y_0 + \Delta y_0) = \tilde{\psi}$$

类似上述方法可证 $z = \frac{\tilde{\psi} - \varphi}{\Delta y_0}$ 是初值问题

$$\begin{cases} \frac{\mathrm{d}z}{\mathrm{d}x} = \left[\frac{\partial f(x, \varphi)}{\partial y} + r_3\right] z \\ z(x_0) = 1 \end{cases}$$

的解，因而

$$\frac{\tilde{\psi} - \varphi}{\Delta y_0} = \exp\left(\int_{x_0}^{x} \left[\frac{\partial f(x, \varphi)}{\partial y} + r_3\right] \mathrm{d}x\right)$$

其中，r_3 具有性质：当 $\Delta y_0 \to 0$ 时，$r_3 \to 0$，且当 $\Delta y_0 = 0$ 时，$r_3 = 0$。所以有

$$\frac{\partial \varphi}{\partial y_0} = \lim_{\Delta y_0 \to 0} \frac{\psi - \varphi}{\Delta y_0} = \exp\left(\int_{x_0}^{x} \frac{\partial f(x, \varphi)}{\partial y} \mathrm{d}x\right)$$

显然其是 x, x_0, y_0 的连续函数，故

$$\frac{\partial \varphi}{\partial x} = f(x, \varphi(x, x_0, y_0))$$

$$\frac{\partial \varphi}{\partial x_0} = -f(x_0, y_0) \exp\left(\int_{x_0}^{x} \frac{\partial f(x, \varphi)}{\partial y} \mathrm{d}x\right)$$

$$\frac{\partial \varphi}{\partial y_0} = \exp\left(\int_{x_0}^{x} \frac{\partial f(x, \varphi)}{\partial y} \mathrm{d}x\right)$$

例 3.5　已知方程为 $\frac{\mathrm{d}y}{\mathrm{d}x} = \sin(xy)$，试求 $\left.\frac{\partial \varphi}{\partial y_0}\right|_{\substack{x_0=0 \\ y_0=0}}$，$\left.\frac{\partial \varphi}{\partial x_0}\right|_{\substack{x_0=0 \\ y_0=0}}$。

解　方程右端函数 $f(x, y) = \sin(xy)$ 在 xOy 平面内连续，且 $f'_y = x\cos(xy)$ 也在 xOy 平面内连续，且其满足 $y(0) = 0$ 的解为 $y = 0$，于是有

$$\frac{\partial y(x, x_0, y_0)}{\partial y_0} = \mathrm{e}^{\int_0^x s\cos 0 \mathrm{d}s} = \mathrm{e}^{\frac{1}{2}x^2}, \quad \frac{\partial y(x, x_0, y_0)}{\partial x_0} = -\sin 0 \mathrm{e}^{\int_0^x s\cos 0 \mathrm{d}s} = 0$$

习题 3.3

1. 假设函数 $f(x, y)$ 及 $\frac{\partial f}{\partial y}$ 都在区域 G 内连续，又 $y = \varphi(x, x_0, y_0)$ 是方程(3.18)满足初始条件 $\varphi(x_0, x_0, y_0) = y_0$ 的解，试证 $\frac{\partial \varphi}{\partial y_0}$ 存在且连续，并写出其表达式。

2. 假设函数 $P(x)$ 和 $Q(x)$ 在区间 $[\alpha, \beta]$ 上连续，$y = \varphi(x, x_0, y_0)$ 是方程 $\frac{\mathrm{d}y}{\mathrm{d}x} = P(x)y + Q(x)$ 的解，试求 $\frac{\partial \varphi}{\partial x_0}$，$\frac{\partial \varphi}{\partial y_0}$ 及 $\frac{\partial \varphi}{\partial x}$，并从解的表达式出发，利用对参数求导数的方法，检验所

得结果。

3.4 奇解

3.4.1 包络线和奇解

曲线簇的包络线：是指这样的曲线，其本身并不包含在曲线簇中，但过这条曲线上的每一点，都有曲线簇中的一条曲线与其在此点相切。

奇解：在有些微分方程中，存在一条特殊的积分曲线，其并不属于这个方程的积分曲线簇，但在这条特殊的积分曲线上的每一点处，都有积分曲线簇中的一条曲线与其在此点相切。这条特殊的积分曲线所对应的解称为方程的奇解。

注：奇解上每一点都有方程的另一解存在。

例 3.6 单参数曲线簇 $(x-c)^2+y^2=R^2$，R 是常数，c 是参数，求该曲线簇的包络线。

解 显然，$y=\pm R$ 是曲线簇 $(x-c)^2+y^2=R^2$ 的包络线，如图 3.4 所示。

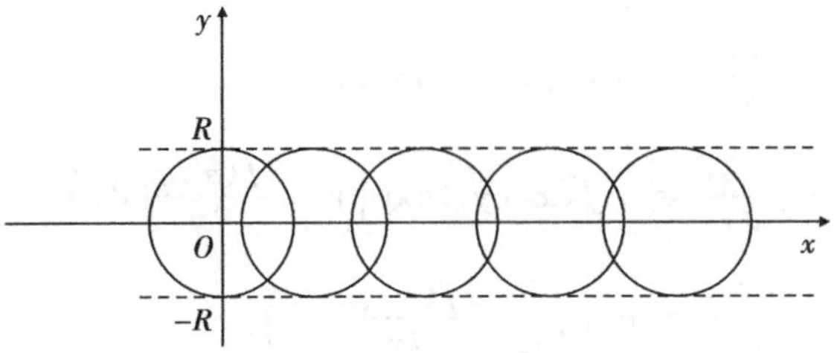

图 3.4 包络线示意图

一般的曲线簇并不一定有包络线，如同心圆簇、平行线簇等都是没有包络线的。

3.4.2 求奇解(包络线)的方法

求奇解(包络线)的方法有 c 判别曲线法和 p 判别曲线法。设一阶方程 $F(x,y,y')=0$ 的通积分为 $\Phi(x,y,c)=0$。

1. c 判别曲线法

结论：通积分作为曲线簇的奇解(包络线)包含在下列方程组

$$\begin{cases}\Phi(x,y,c)=0\\ \Phi'_c(x,y,c)=0\end{cases}$$

消去 c 而得到的曲线中。

设由 $\begin{cases}\Phi(x,y,c)=0\\ \Phi'_c(x,y,c)=0\end{cases}$ 能确定出曲线为 $L:x=x(c),y=y(c)$，则

$$\Phi(x(c),y(c),c)\equiv 0$$

对参数 c 求导数，得

$$\Phi'_x(x(c),y(c),c)x'(c)+\Phi'_y(x(c),y(c),c)y'(c)+\Phi'_c(x(c),y(c),c)\equiv 0$$

从而得到恒等式

$$\Phi'_x(x(c),y(c),c)x'(c)+\Phi'_y(x(c),y(c),c)y'(c)\equiv 0$$

当 $\Phi'_x(x,y,c)$，$\Phi'_y(x,y,c)$ 至少有一个不为零时，有

$$\frac{y'(c)}{x'(c)}\equiv-\frac{\Phi'_x(x(c),y(c),c)}{\Phi'_y(x(c),y(c),c)}\quad 或\quad \frac{x'(c)}{y'(c)}\equiv-\frac{\Phi'_y(x(c),y(c),c)}{\Phi'_x(x(c),y(c),c)}$$

这表明曲线 L 在其上每一点 $(x(c),y(c))$ 处均与曲线簇中对应于 c 的曲线 $\Phi(x,y,c)\equiv 0$ 相切。

注：c 判别曲线中除了包络线外，还有其他曲线，尚需检验。

例 3.7　求直线簇 $x\cos\alpha+y\sin\alpha-p=0$ 的包络线，这里 α 是参数，p 是常数。

解　对参数 α 求导数，有

$$-x\sin\alpha+y\cos\alpha=0$$

联立

$$\begin{cases}x\cos\alpha+y\sin\alpha-p=0\\-x\sin\alpha+y\cos\alpha=0\end{cases}$$

可得

$$\begin{cases}x^2\cos^2\alpha+y^2\sin^2\alpha+2xy\sin\alpha\cos\alpha=p^2\\x^2\sin^2\alpha+y^2\cos^2\alpha-2xy\sin\alpha\cos\alpha=0\end{cases}$$

两式相加，得 $x^2+y^2=p^2$，经检验，其是所求包络线(见图 3.5)。

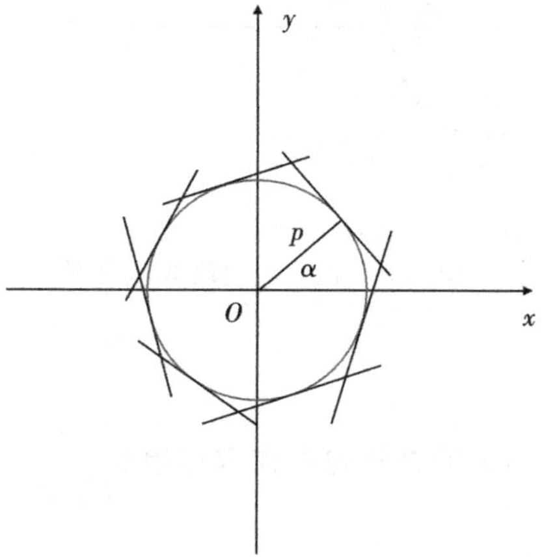

图 3.5　例 3.7 包络线示意图

例 3.8　求曲线簇 $(y-c)^2-\frac{2}{3}(x-c)^3=0$ 的包络线，这里 c 是参数。

解　对参数 c 求导数，得

$$y-c-(x-c)^2=0$$

联立

$$\begin{cases}(y-c)^2-\dfrac{2}{3}(x-c)^3=0\\ y-c-(x-c)^2=0\end{cases}$$

得

$$(x-c)^3\left[(x-c)-\frac{2}{3}\right]=0$$

从 $x-c=0$ 得到

$$y=x$$

从$(x-c)-\dfrac{2}{3}=0$得到

$$y=x-\frac{2}{9}$$

因此,c 判别曲线中包括了两条曲线,易检验 $y=x-\dfrac{2}{9}$ 是所求包络线(见图 3.6)。

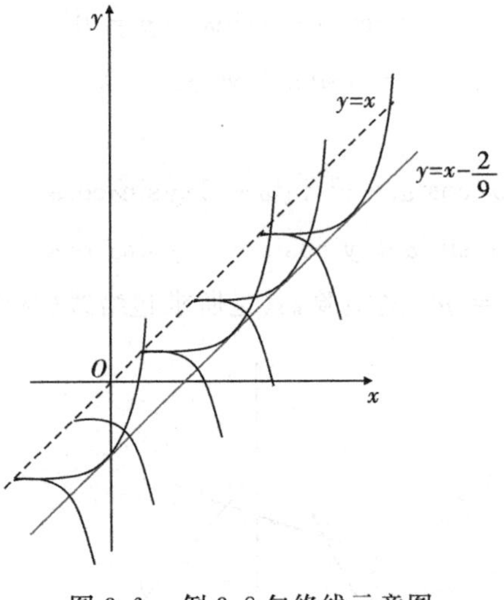

图 3.6　例 3.8 包络线示意图

2. p 判别曲线法

结论:方程 $F(x,y,y')=0$ 的奇解包含在方程组$\begin{cases}F(x,y,p)=0\\ F'_p(x,y,p)=0\end{cases}$消去 p 而得到的曲线中。

注:p 判别曲线中除了包络线外,还有其他曲线,尚需检验。

例 3.9　求方程$\left(\dfrac{\mathrm{d}y}{\mathrm{d}x}\right)^2+y^2-1=0$的奇解。

解　从$\begin{cases}p^2+y^2-1=0\\ 2p=0\end{cases}$中消去 p,得到 p 判别曲线 $y=\pm1$,经检验,它们是方程的奇解。

因此，易求得原方程的通解为

$$y = \sin(x + c)$$

而 $y = \pm 1$ 是方程的解，且正好是通解的包络线。

例 3.10　求方程 $y = 2x\frac{\mathrm{d}y}{\mathrm{d}x} - \left(\frac{\mathrm{d}y}{\mathrm{d}x}\right)^2$ 的奇解。

解　从 $\begin{cases} y = 2xp - p^2 \\ 2x - 2p = 0 \end{cases}$ 中消去 p，得到 p 判别曲线 $y = x^2$，经检验，$y = x^2$ 不是方程的解，故此方程没有奇解。

注：以上两种方法，只提供求奇解的途径，所得 p 判别曲线和 c 判别曲线是不是奇解，必需进行检验。

3.4.3　克莱罗微分方程

克莱罗微分方程形式为

$$y = xp + f(p)$$

其中，$p = \frac{\mathrm{d}y}{\mathrm{d}x}$；$f(p)$ 是 p 的连续函数。

解

$$p = p + xp' + f'(p)p'$$
$$(x + f'(p))p' = 0$$
$$p' = 0, \quad p = c$$

方程的通解为

$$y = cx + f(c)$$

方程的奇解为

$$\begin{cases} x = - f'(p) \\ y = - f'(p)p + f(p) \end{cases}$$

例 3.11　求解方程 $y = xp + \frac{1}{p}$。

解　此方程是克莱罗微分方程，因而其通解为

$$y = xc + \frac{1}{c}$$

从

$$\begin{cases} x - \frac{1}{c^2} = 0 \\ y = xc + \frac{1}{c} \end{cases}$$

中消去 c，得到奇解 $y^2 = 4x$。

例 3.12　求一曲线，使在其上每一点的切线截割坐标轴而成的直角三角形的面积都

等于 2。

解 设要求的曲线为 $y=y(x)$，过曲线上任一点 (x,y) 的切线方程为

$$Y=y'(x)(X-x)+y$$

其与坐标轴的交点为

$$\left(-\frac{y}{y'}+x,0\right),\quad (0,-xy'+y)$$

切线截割坐标轴而成的直角三角形的面积为

$$\frac{1}{2}\left(-\frac{y}{y'}+x\right)(-xy'+y)=2$$

又

$$(y-xy')^2=-4y'$$

$$y-xy'=\pm 2\sqrt{-y'},\quad y=xy'\pm 2\sqrt{-y'}$$

故切线方程为克莱罗微分方程，因而其通解为

$$y=c_1x\pm 2\sqrt{-c_1}=2c-c^2x\quad (c_1<0)$$

从 $\begin{cases} y=2c-c^2x \\ 2-2cx=0 \end{cases}$ 中消去 c，得到奇解 $xy=1$，此为等腰双曲线，显然其就是满足要求的曲线。

习题 3.4

1. 解下列方程，并求奇解（如果存在的话）。

(1) $y=2x\dfrac{dy}{dx}+x^2\left(\dfrac{dy}{dx}\right)^4$

(2) $x=y-\left(\dfrac{dy}{dx}\right)^2$

(3) $y=x\dfrac{dy}{dx}+\sqrt{1+\left(\dfrac{dy}{dx}\right)^2}$

(4) $\left(\dfrac{dy}{dx}\right)^2+x\dfrac{dy}{dx}-y=0$

(5) $\left(\dfrac{dy}{dx}\right)^2+2x\dfrac{dy}{dx}-y=0$

(6) $x\left(\dfrac{dy}{dx}\right)^3-y\left(\dfrac{dy}{dx}\right)^2-1=0$

(7) $y=x\left(1+\dfrac{dy}{dx}\right)+\left(\dfrac{dy}{dx}\right)^2$

(8) $x\left(\dfrac{dy}{dx}\right)^2-(x-a)^2=0$（$a$ 为常数）

(9) $y = 2x + \frac{dy}{dx} - \frac{1}{3}\left(\frac{dy}{dx}\right)^3$

(10) $\left(\frac{dy}{dx}\right)^2 + (x+1)\frac{dy}{dx} - y = 0$

2. 求下列曲线簇的包络线，并画出图形。

(1) $y = cx + c^2$

(2) $c^2 y + cx^2 - 1 = 0$

(3) $(x-c)^2 + (y-c)^2 = 4$

(4) $(x-c)^2 + y^2 = 4c$

3. 求一曲线，使其上的每一点的切线截割坐标轴的两截距之和等于常数 c。

4. 试证：就克莱罗微分方程来说，p 判别曲线和方程通解的 c 判别曲线都是方程通解的包络线，从而都为方程的奇解。

第 4 章

高阶微分方程

【学习目标】

(1) 理解高阶线性微分方程的一般理论及 n 阶齐次(非齐次) 线性微分方程解的性质与结构,熟练掌握 n 阶常系数齐次线性微分方程的待定指数函数解法。

(2) 掌握 n 阶非齐次线性微分方程的常数变易法,理解 n 阶常系数非齐次线性微分方程特解的比较系数法和拉普拉斯变换法。

(3) 熟练掌握欧拉方程与高阶微分方程的降阶法和幂级数解法。

(4) 掌握高阶方程的应用。

【重难点】 重点是线性微分方程解的性质与结构、高阶方程的各种解法,难点是比较系数法求特解。

【主要内容】 线性微分方程的一般理论,齐次(非齐次) 线性微分方程解的性质与结构,非齐次线性微分方程的常数变易法;常系数线性微分方程与欧拉方程的解法,非齐次线性微分方程的比较系数法与拉普拉斯变换法;高阶方程的降阶法和幂级数解法及高阶方程的应用。

4.1 线性微分方程的一般理论

4.1.1 相关定义介绍

讨论 n 阶线性微分方程

$$\frac{\mathrm{d}^n x}{\mathrm{d}t^n}+a_1(t)\frac{\mathrm{d}^{n-1}x}{\mathrm{d}t^{n-1}}+\cdots+a_{n-1}(t)\frac{\mathrm{d}x}{\mathrm{d}t}+a_n(t)x=f(t) \tag{4.1}$$

其中,$a_i(t)(i=1,2,\cdots,n)$ 及 $f(t)$ 都是区间$[a,b]$ 上的连续函数。

如果 $f(t)\equiv 0$,则方程(4.1) 变为

$$\frac{\mathrm{d}^n x}{\mathrm{d}t^n}+a_1(t)\frac{\mathrm{d}^{n-1}x}{\mathrm{d}t^{n-1}}+\cdots+a_{n-1}(t)\frac{\mathrm{d}x}{\mathrm{d}t}+a_n(t)x=0 \tag{4.2}$$

称方程(4.2)为 n 阶**齐次线性微分方程**,而称一般的方程(4.1)为 n 阶**非齐次线性微分方程**,并且通常把方程(4.2)称为对应于**方程(4.1)的齐次线性微分方程**。

定理 4.1　如果 $a_i(t)(i=1,2,\cdots,n)$ 及 $f(t)$ 都是区间$[a,b]$上的连续函数,则对于任一 $t_0\in[a,b]$,$x_0,x_0',\cdots,x_0^{(n-1)}$,方程(4.1)存在唯一解 $x=\varphi(t)$,定义于区间$[a,b]$上,且满足初始条件:

$$\varphi(t_0)=x_0,\frac{\mathrm{d}\varphi(t_0)}{\mathrm{d}t}=x_0',\cdots,\frac{\mathrm{d}^{n-1}\varphi(t_0)}{\mathrm{d}t^{n-1}}=x_0^{(n-1)} \tag{4.3}$$

从这个定理可以看出,初始条件唯一地确定了方程(4.1)的解,而且这个解在所有 $a_i(t)(i=1,2,\cdots,n)$ 及 $f(t)$ 连续的整个区间$[a,b]$上有定义。

4.1.2　齐次线性微分方程解的性质与结构

讨论齐次线性微分方程(4.2):

$$\frac{\mathrm{d}^n x}{\mathrm{d}t^n}+a_1(t)\frac{\mathrm{d}^{n-1}x}{\mathrm{d}t^{n-1}}+\cdots+a_{n-1}(t)\frac{\mathrm{d}x}{\mathrm{d}t}+a_n(t)x=0$$

定理 4.2(叠加原理)　如果 $x_1(t),x_2(t),\cdots,x_k(t)$ 是方程(4.2)的 k 个解,则它们的线性组合 $c_1x_1(t)+c_2x_2(t)+\cdots+c_kx_k(t)$ 也是方程(4.2)的解,这里 $c_1,c_2,\cdots,c_k$ 是任意常数。

特别地,当 $k=n$ 时,即方程(4.2)有解

$$x=c_1x_1(t)+c_2x_2(t)+\cdots+c_nx_n(t) \tag{4.4}$$

其含有 n 个任意常数。在什么条件下,表达式(4.4)能够成为 n 阶齐次线性微分方程(4.2)的通解?为了讨论的需要,引进函数线性相关与线性无关及朗斯基行列式(Wronskian determinant)等概念。

设 $x_1(t),x_2(t),\cdots,x_k(t)$ 是定义在区间$[a,b]$上的函数,如果存在不全为零的常数 $c_1,c_2,\cdots,c_k$,使得恒等式

$$c_1x_1(t)+c_2x_2(t)+\cdots+c_kx_k(t)\equiv 0 \tag{4.5}$$

对于所有 $t\in[a,b]$ 都成立,那么称这些**函数是线性相关的**;否则称这些**函数在所给区间上线性无关**,即当且仅当 $c_1=c_2=\cdots=c_k=0$ 时,上述恒等式才成立,称这些函数在所给区间上**线性无关**。

由此定义不难推出如下的两个结论:

(1) 在函数组 $y_1,y_2,\cdots y_n$ 中如果有一个函数为零,则 $y_1,y_2,\cdots,y_n$ 在(a,b)内线性相关;

(2) 如果两个函数 y_1,y_2 之比$\dfrac{y_1}{y_2}$在(a,b)内有定义,则它们在(a,b)内线性无关等价于比式$\dfrac{y_1}{y_2}$在(a,b)内不恒等于常数。

例 4.1　证明函数组 $y_1=\mathrm{e}^x,y=\mathrm{e}^{-x}$ 在任意区间上都是线性无关的。

证明　比式$\frac{y_1}{y_2}=\frac{e^x}{e^{-x}}=e^{2x}$不恒等于常数在任意区间成立。

例 4.2　证明函数组 $y_1=\sin^2 x, y_2=\cos^2 x, y_3=1$ 在区间$(-\infty,+\infty)$内线性相关。

证明　若取 $c_1=1, c_2=1, c_3=-1$，则 $1\cdot\sin^2 x+1\cdot\cos^2 x+(-1)\times 1=0$，故已知函数组在$(-\infty,+\infty)$内线性相关。

设函数 $x_1(t), x_2(t), \cdots, x_k(t)$ 在区间$[a,b]$上均有 $k-1$ 阶导数，行列式

$$W[x_1(t),x_2(t),\cdots,x_k(t)]\equiv W(t)\equiv\begin{vmatrix} x_1(t) & x_2(t) & \cdots & x_k(t) \\ x_1'(t) & x_2'(t) & \cdots & x_k'(t) \\ \vdots & \vdots & & \vdots \\ x_1^{(k-1)}(t) & x_2^{(k-1)}(t) & \cdots & x_k^{(k-1)}(t) \end{vmatrix}$$

称为这些函数的**朗斯基行列式**。

定理 4.3　若函数 $x_1(t), x_2(t), \cdots, x_n(t)$ 在区间$[a,b]$上线性相关，则在$[a,b]$上它们的朗斯基行列式 $W(t)\equiv 0$。

证明　由假设即知存在一组不全为零的常数 $c_1, c_2, \cdots, c_n$，使得

$$c_1x_1(t)+c_2x_2(t)+\cdots+c_nx_n(t)\equiv 0,\quad a\leqslant t\leqslant b \tag{4.6}$$

依次对 t 微分此恒等式，得到

$$\begin{cases} c_1x_1'(t)+c_2x_2'(t)+\cdots+c_nx_n'(t)=0 \\ c_1x_1''(t)+c_2x_2''(t)+\cdots+c_nx_n''(t)=0 \\ \cdots\cdots \\ c_1x_1^{(n-1)}(t)+c_2x_2^{(n-1)}(t)+\cdots+c_nx_n^{(n-1)}(t)=0 \end{cases} \tag{4.7}$$

将式(4.6)和式(4.7)组合起来看成是关于 $c_1, c_2, \cdots, c_n$ 的齐次线性方程组，其系数行列式就是

$$W[x_1(t),x_2(t),\cdots,x_n(t)]$$

由线性代数的理论知道，要使此方程组存在非零解，则其系数行列式必须为零，即 $W(t)\equiv 0(a\leqslant t\leqslant b)$。

反之，定理 4.3 的逆定理一般不成立。

例如，函数

$$x_1(t)=\begin{cases} t^2, -1\leqslant t<0 \\ 0, 0\leqslant t\leqslant 1 \end{cases}\quad 和\quad x_2(t)=\begin{cases} 0, -1\leqslant t<0 \\ t^2, 0\leqslant t\leqslant 1 \end{cases}$$

在区间$[-1,1]$上，$W[x_1(t),x_2(t)]\equiv 0$，但在此区间上 $x_1(t), x_2(t)$ 却是线性无关的。因为，假设存在恒等式

$$c_1x_1(t)+c_2x_2(t)\equiv 0,\quad -1\leqslant t\leqslant 1 \tag{4.8}$$

则当 $-1\leqslant t<0$ 时，可知 $c_1=0$；当 $0\leqslant t\leqslant 1$ 时，可知 $c_2=0$。即当且仅当 $c_1=c_2=0$ 时，式(4.8)对一切 $-1\leqslant t\leqslant 1$ 成立，故 $x_1(t), x_2(t)$ 是线性无关的。

推论 4.1　如果函数组 $x_1(t),x_2(t),\cdots,x_n(t)$ 的朗斯基行列式 $W(t)$ 在区间 $[a,b]$ 上某一点 x_0 处不等于零，即 $W(x_0)\neq 0$，则该函数组在 $[a,b]$ 上线性无关。

但是，如果 $x_1(t),x_2(t),\cdots,x_n(t)$ 是齐次线性微分方程(4.2)的解，那么就有下面的定理。

定理 4.4　如果方程(4.2)的解 $x_1(t),x_2(t),\cdots,x_n(t)$ 在区间 $[a,b]$ 上线性无关，则 $W[x_1(t),x_2(t),\cdots,x_n(t)]$ 在这个区间的任何点上都不等于零，即 $W(t)\neq 0(a\leqslant t\leqslant b)$。

证明　采用反证法。设有某个 $t_0, a\leqslant t_0\leqslant b$，使得 $W(t_0)=0$。考虑关于 $c_1,c_2,\cdots,c_n$ 的齐次线性方程组

$$\begin{cases} c_1x_1(t_0)+c_2x_2(t_0)+\cdots+c_nx_n(t_0)=0 \\ c_1x_1'(t_0)+c_2x_2'(t_0)+\cdots+c_nx_n'(t_0)=0 \\ \cdots\cdots \\ c_1x_1^{(n-1)}(t_0)+c_2x_2^{(n-1)}(t_0)+\cdots+c_nx_n^{(n-1)}(t_0)=0 \end{cases} \tag{4.9}$$

其系数行列式 $W(t_0)=0$，故方程组(4.9)有非零解 $c_1,c_2,\cdots,c_n$。

现以这组常数构造函数

$$x(t)\equiv c_1x_1(t)+c_2x_2(t)+\cdots+c_nx_n(t),\quad a\leqslant t\leqslant b$$

根据叠加原理，$x(t)$ 是方程(4.2)的解，注意到方程组(4.9)，知道这个解 $x(t)$ 满足初始条件

$$x(t_0)=x'(t_0)=\cdots=x^{(n-1)}(t_0)=0 \tag{4.10}$$

但是 $x=0$ 显然也是方程(4.2)的满足初始条件(4.10)的解。由解的唯一性即知 $x(t)\equiv 0(a\leqslant t\leqslant b)$，即

$$c_1x_1(t)+c_2x_2(t)+\cdots+c_nx_n(t)\equiv 0,\quad a\leqslant t\leqslant b$$

因为 $c_1,c_2,\cdots,c_n$ 不全为 0，这就与 $x_1(t),x_2(t),\cdots,x_n(t)$ 线性无关的假设矛盾，定理 4.4 得证。

推论 4.2　设 $x_1(t),x_2(t),\cdots,x_n(t)$ 是方程(4.2)定义在 $[a,b]$ 上的 n 个解，如果存在 $x_0\in[a,b]$，使得其朗斯基行列式 $W(x_0)\equiv 0$，则该组解在 $[a,b]$ 上线性相关。

推论 4.3　方程(4.2)的 n 个解 $x_1(t),x_2(t),\cdots,x_n(t)$ 在其定义区间 $[a,b]$ 上线性无关的充要条件是，存在 $x_0\in[a,b]$，使得其朗斯基行列式 $W(x_0)\neq 0$。

定理 4.5　n 阶齐次线性微分方程(4.2)一定存在 n 个线性无关的解。

定理 4.6(通解结构定理)　如果 $x_1(t),x_2(t),\cdots,x_n(t)$ 是方程(4.2)的 n 个线性无关的解，则方程(4.2)的通解可表示为

$$x=c_1x_1(t)+c_2x_2(t)+\cdots+c_nx_n(t) \tag{4.11}$$

其中，$c_1,c_2,\cdots,c_n$ 是任意常数，且通解(4.11)包括了方程(4.2)的所有解。

证明　由叠加原理知道式(4.11)是方程(4.2)的解，其包含 n 个任意常数，这些常数是彼此独立的。

事实上，

$$\begin{vmatrix} \frac{\partial x}{\partial c_1} & \frac{\partial x}{\partial c_2} & \cdots & \frac{\partial x}{\partial c_n} \\ \frac{\partial x'}{\partial c_1} & \frac{\partial x'}{\partial c_2} & \cdots & \frac{\partial x'}{\partial c_n} \\ \vdots & \vdots & & \vdots \\ \frac{\partial x^{(n-1)}}{\partial c_1} & \frac{\partial x^{(n-1)}}{\partial c_2} & \cdots & \frac{\partial x^{(n-1)}}{\partial c_n} \end{vmatrix} = W[x_1(t), x_2(t), \cdots x_n(t)] \neq 0 (a \leqslant t \leqslant b)$$

因此,式(4.11)为方程(4.2)的通解。现在,我们来证明式(4.11)包括方程(4.2)的所有解。由定理4.1,方程的解唯一地决定于初始条件,因此,只需证明:任给一初始条件

$$x(t_0) = x_0, x'(t_0) = x_0^{(1)}, \cdots, x^{(n-1)}(t_0) = x_0^{(n-1)} \tag{4.12}$$

能够确定式(4.11)中的常数 $c_1, c_2, \cdots, c_n$ 的值,使式(4.11)满足条件(4.12)。现令式(4.11)满足条件(4.12),得到如下关于 $c_1, c_2, \cdots, c_n$ 的线性方程组:

$$\begin{cases} c_1 x_1(t_0) + c_2 x_2(t_0) + \cdots + c_n x_n(t_0) = x_0 \\ c_1 x_1'(t_0) + c_2 x_2'(t_0) + \cdots + c_n x_n'(t_0) = x_0^{(1)} \\ \cdots\cdots \\ c_1 x_1^{(n-1)}(t_0) + c_2 x_2^{(n-1)}(t_0) + \cdots + c_n x_n^{(n-1)}(t_0) = x_0^{(n-1)} \end{cases} \tag{4.13}$$

其系数行列式就是 $W(t_0)$,由定理4.4知 $W(t_0) \neq 0$。根据线性方程组的理论,方程组(4.13)有唯一解 $\tilde{c}_1, \tilde{c}_2, \cdots, \tilde{c}_n$,因此,只要表达式(4.11)中常数取为 $\tilde{c}_1, \tilde{c}_2, \cdots, \tilde{c}_n$,则其满足条件(4.12),定理4.6得证。

推论4.4 方程(4.2)的线性无关解的最大个数等于 n,因此可得结论:n 阶齐次线性微分方程的所有解构成一个 n 维线性空间。

方程(4.2)的一组 n 个线性无关解称为方程的一个**基本解组**。

4.1.3 非齐次线性微分方程与常数变易法

性质4.1 如果 $\bar{x}(t)$ 是方程(4.1)的解,而 $x(t)$ 是方程(4.2)的解,则 $\bar{x}(t) + x(t)$ 也是方程(4.1)的解。

性质4.2 方程(4.1)的任意两个解之差必为方程(4.2)的解。

定理4.7 设 $x_1(t), x_2(t), \cdots, x_n(t)$ 为方程(4.2)的基本解组,而 $\bar{x}(t)$ 是方程(4.1)的某一解,则方程(4.1)的通解可表示为

$$x = c_1 x_1(t) + c_2 x_2(t) + \cdots + c_n x_n(t) + \bar{x}(t) \tag{4.14}$$

其中,$c_1, c_2, \cdots, c_n$ 为任意常数。而且这个通解(4.14)包括了方程(4.1)的所有解。

证明 根据性质4.1易知式(4.14)是方程(4.1)的解,其包含 n 个任意常数,与定理4.6的证明过程一样,不难证明这些常数是彼此独立的,因此,其是方程(4.1)的通解。现设 $\tilde{x}(t)$ 是方程(4.1)的任一解,则由性质4.2可知,$\tilde{x}(t) - \bar{x}(t)$ 是方程(4.2)的解,根据定理4.6可知,必有一组确定的常数 $\tilde{c}_1, \tilde{c}_2, \cdots, \tilde{c}_n$,使得

$$\tilde{x}(t)-\bar{x}(t)=\tilde{c}_1x_1(t)+\tilde{c}_2x_2(t)+\cdots+\tilde{c}_nx_n(t)$$

即

$$\tilde{x}(t)=\tilde{c}_1x_1(t)+\tilde{c}_2x_2(t)+\cdots+\tilde{c}_nx_n(t)+\bar{x}(t)$$

这就是说，方程(4.1)的任一解 $\tilde{x}(t)$ 可以由式(4.14)表示出，其中 $c_1,c_2,\cdots,c_n$ 为相应的确定常数。由于 $\tilde{x}(t)$ 的任意性，这就证明了通解式(4.14)包括了方程(4.1)的所有解。

设 $x_1(t),x_2(t),\cdots,x_n(t)$ 是方程(4.2)的基本解组，因而

$$x=c_1x_1(t)+c_2x_2(t)+\cdots+c_nx_n(t) \tag{4.15}$$

为方程(4.2)的通解。把其中的任意常数 c_i 看作 t 的待定函数 $c_i(t)(i=1,2,\cdots,n)$，这时式(4.15)变为

$$x=c_1(t)x_1(t)+c_2(t)x_2(t)+\cdots+c_n(t)x_n(t) \tag{4.16}$$

将式(4.16)代入方程(4.1)，就得到 $c_1(t),c_2(t),\cdots,c_n(t)$ 必须满足的一个方程，但待定函数有 n 个，即 $c_1(t),c_2(t),\cdots,c_n(t)$，为了对它们进行确定，必须再找出 $n-1$ 个限制条件，在理论上，这些另加的条件可以任意给出，但还是以运算上简便为宜，为此，我们将按下面的方法来给出这 $n-1$ 个条件。

式(4.16)对 t 微分得

$$x'=c_1(t)x_1'(t)+c_2(t)x_2'(t)+\cdots+c_n(t)x_n'(t)+x_1(t)c_1'(t)+\\x_2(t)c_2'(t)+\cdots+x_n(t)c_n'(t)$$

令

$$x_1(t)c_1'(t)+x_2(t)c_2'(t)+\cdots+x_n(t)c_n'(t)=0 \tag{4.17$_1$}$$

得到

$$x'=c_1(t)x_1'(t)+c_2(t)x_2'(t)+\cdots+c_n(t)x_n'(t) \tag{4.18$_1$}$$

式(4.18)$_1$ 对 t 微分，并像上面一样的做法，令含有函数 $c_i'(t)$ 的部分等于零，我们又得到一个条件

$$x_1'(t)c_1'(t)+x_2'(t)c_2'(t)+\cdots+x_n'(t)c_n'(t)=0 \tag{4.17$_2$}$$

和表达式

$$x''=c_1(t)x_1''(t)+c_2(t)x_2''(t)+\cdots+c_n(t)x_n''(t) \tag{4.18$_2$}$$

继续上面的做法，在最后一次处理中我们得到第 $n-1$ 个条件

$$x_1^{(n-2)}(t)c_1'(t)+x_2^{(n-2)}(t)c_2'(t)+\cdots+x_n^{(n-2)}(t)c_n'(t)=0 \tag{4.17$_{n-1}$}$$

和表达式

$$x^{(n-1)}=c_1(t)x_1^{(n-1)}(t)+c_2(t)x_2^{(n-1)}(t)+\cdots+c_n(t)x_n^{(n-1)}(t) \tag{4.18$_{n-1}$}$$

最后，式(4.18)$_{n-1}$ 对 t 微分得到

$$\begin{aligned}x^{(n)}=&c_1(t)x_1^{(n)}(t)+c_2(t)x_2^{(n)}(t)+\cdots+c_n(t)x_n^{(n)}(t)+\\&x_1^{(n-1)}(t)c_1'(t)+x_2^{(n-1)}(t)c_2'(t)+\cdots+x_n^{(n-1)}(t)c_n'(t)\end{aligned} \tag{4.18$_n$}$$

现将式(4.16)和式(4.18)$_1$，(4.18)$_2$，…，(4.18)$_n$ 代入方程(4.1)，并注意到

$x_1(t), x_2(t), \cdots, x_n(t)$ 是方程(4.2) 的解，得到

$$x_1^{(n-1)}(t)c_1'(t) + x_2^{(n-1)}(t)c_2'(t) + \cdots + x_n^{(n-1)}(t)c_n'(t) = f(t) \qquad (4.17)_n$$

这样，我们得到了含 n 个未知函数 $c_i'(t)(i=1,2,\cdots,n)$ 的 n 个方程 $(4.17)_1, (4.17)_2, \cdots, (4.17)_n$，将它们组成一个线性方程组，其系数行列式就是 $W[x_1(t), x_2(t), \cdots, x_n(t)]$，该系数行列式不等于零，因而方程组的解可唯一确定。设求得

$$c_i'(t) = \varphi_i(t), \quad i = 1,2,\cdots,n$$

积分得

$$c_i(t) = \int \varphi_i(t)\mathrm{d}t + \gamma_i, \quad i = 1,2,\cdots,n$$

其中，γ_i 是任意常数。将所得 $c_i(t)(i=1,2,\cdots,n)$ 的表达式代入式(4.16) 即得方程(4.1) 的解

$$x = \sum_{i=1}^{n} \gamma_i x_i(t) + \sum_{i=1}^{n} x_i(t)\int \varphi_i(t)\mathrm{d}t$$

显然，其是方程(4.1) 的通解。

为了得到方程(4.1) 的一个解，只需给常数 $\gamma_i(i=1,2,\cdots,n)$ 以确定的值。例如，当取 $\gamma_i = 0(i=1,2,\cdots,n)$ 时，即得解 $x = \sum\limits_{i=1}^{n} x_i(t)\int \varphi_i(t)\mathrm{d}t$。

从这里可以看出，如果已知对应的齐次线性微分方程的基本解组，那么非齐次线性微分方程的任一解可由对其求积得到。因此，对于线性微分方程来说，关键是求出齐次线性微分方程的基本解组。

例 4.3 求方程 $x'' + x = \dfrac{1}{\cos t}$ 的通解，已知其对应齐次线性微分方程的基本解组为 $\cos t, \sin t$。

解 应用常数变易法，令

$$x = c_1(t)\cos t + c_2(t)\sin t$$

将其代入原方程，则可得确定 $c_1'(t)$ 和 $c_2'(t)$ 的两个方程：

$$\cos t\, c_1'(t) + \sin t\, c_2'(t) = 0$$

$$-\sin t\, c_1'(t) + \cos t\, c_2'(t) = \frac{1}{\cos t}$$

解得

$$c_1'(t) = -\frac{\sin t}{\cos t}, \quad c_2'(t) = 1$$

由此有

$$c_1(t) = \ln|\cos t| + \gamma_1, \quad c_2(t) = t + \gamma_2$$

于是原方程的通解为

$$x = \gamma_1 \cos t + \gamma_2 \sin t + \cos t \ln|\cos t| + t\sin t$$

其中，γ_1, γ_2 为任意常数。

例 4.4　求方程 $tx''-x'=t^2$ 于域 $t\neq 0$ 上的所有解。

解　原方程对应的齐次线性微分方程为

$$tx''-x'=0$$

容易直接积分求得其基本解组。

事实上，将方程改写为

$$\frac{x''}{x'}=\frac{1}{t}$$

积分即得 $x'=At$，所以 $x=\frac{1}{2}At^2+B$，这里 A,B 为任意常数，易见有基本解组 $1,t^2$。

为应用上面的结论，我们将原方程改写为

$$x''-\frac{1}{t}x'=t$$

并以 $x=c_1(t)+c_2(t)t^2$ 代入，可得确定 $c_1'(t)$ 和 $c_2'(t)$ 的两个方程

$$c_1'(t)+t^2c_2'(t)=0\ 及\ 2tc_2'(t)=t$$

于是有

$$c_2(t)=\frac{1}{2}t+\gamma_2,\quad c_1(t)=-\frac{1}{6}t^3+\gamma_1$$

故得原方程的通解为

$$x=\gamma_1+\gamma_2t^2+\frac{1}{3}t^3$$

其中，γ_1,γ_2 为任意常数。根据定理 4.7 可知，该通解包括了原方程的所有解。

习题 4.1

1. 设 $x(t)$ 和 $y(t)$ 是区间 $[a,b]$ 上的连续函数，证明：如果在区间 $[a,b]$ 上有 $\frac{x(t)}{y(t)}\neq$ 常数或 $\frac{y(t)}{x(t)}\neq$ 常数，则 $x(t)$ 和 $y(t)$ 在区间 $[a,b]$ 上线性无关。

2. 证明非齐次线性微分方程的叠加原理：设 $x_1(t),x_2(t)$ 分别是非齐次线性微分方程

$$\frac{d^nx}{dt^n}+a_1(t)\frac{d^{(n-1)}x}{dt^{(n-1)}}+\cdots+a_n(t)x=f_1(t) \tag{1}$$

$$\frac{d^nx}{dt^n}+a_1(t)\frac{d^{(n-1)}x}{dt^{(n-1)}}+\cdots+a_n(t)x=f_2(t) \tag{2}$$

的解，则 $x_1(t)+x_2(t)$ 是方程 $\frac{d^nx}{dt^n}+a_1(t)\frac{d^{(n-1)}x}{dt^{(n-1)}}+\cdots+a_n(t)x=f_1(t)+f_2(t)$ 的解。

3. 试验证 $\frac{d^2x}{dt^2}-x=0$ 的基本解组为 e^t,e^{-t}，并求方程 $\frac{d^2x}{dt^2}-x=\cos t$ 的通解。

4. 试验证$\frac{d^2x}{dt^2}+\frac{t}{1-t}\frac{dx}{dt}-\frac{1}{1-t}x=0$有基本解组$t,e^t$，并求方程$\frac{d^2x}{dt^2}+\frac{t}{1-t}\frac{dx}{dt}-\frac{1}{1-t}x=t-1$的通解。

5. 已知方程$\frac{d^2x}{dt^2}-x=0$的基本解组为e^t,e^{-t}，求此方程适合初始条件$x(0)=1$，$x'(0)=0$及$x(0)=0,x'(0)=1$的基本解组(称为标准基本解组，即有$W(0)=1$)，并求出方程适合初始条件$x(0)=x_0,x'(0)=x'_0$的解。

6. 设$x_i(t)(i=1,2,3,\cdots,n)$是齐次线性微分方程(4.2)的任意n个解。它们所构成的朗斯基行列式记为$W(t)$，试证明$W(t)$满足一阶线性微分方程$W'+a_1(t)W=0$，因而有

$$W(t)=W(t_0)e^{-\int_{t_0}^{t}a_1(s)ds},\quad t\in(a,b)$$

7. 假设$x_1(t)\neq0$是二阶齐次线性微分方程$x''+a_1(t)x'+a_2(t)x=0$的解，这里$a_1(t)$和$a_2(t)$在区间$[a,b]$上连续，试证：

(1)$x_2(t)$是方程的解的充要条件为$W'[x_1,x_2]+a_1W[x_1,x_2]=0$；

(2) 方程的通解可以表示为$x=x_1\left[c_1\int\frac{1}{x_1^2}\exp\left(-\int_{t_0}^{t}a_1(s)ds\right)dt+c_2\right]$，其中$c_1,c_2$为常数，$t_0,t\in[a,b]$。

8. 试证n阶非齐次线性微分方程(4.1)存在且最多存在$n+1$个线性无关解。

4.2　常系数线性微分方程的解法

讨论常系数线性微分方程的解法时，需要涉及实变量的复值函数及复指数函数的问题，在以下“复值函数与复值解”中预先介绍。

4.2.1　复值函数与复值解

如果对于区间$[a,b]$上的每一实数t，有复数$z(t)=\varphi(t)+i\psi(t)$与其对应(其中$\varphi(t)$和$\psi(t)$是区间$[a,b]$上定义的实函数，i是虚数单位)，就称在区间$[a,b]$上给定了一个复值函数$z(t)$。如果实函数$\varphi(t),\psi(t)$在t趋于t_0时有极限，就称复值函数$z(t)$在t趋于t_0时有极限，并且定义

$$\lim_{t\to t_0}z(t)=\lim_{t\to t_0}\varphi(t)+i\lim_{t\to t_0}\psi(t)$$

如果$\lim_{t\to t_0}z(t)=z(t_0)$，就称$z(t)$在$t_0$处连续。显然，$z(t)$在$t_0$处连续相当于$\varphi(t)$，$\psi(t)$在$t_0$处连续。当$z(t)$在区间$[a,b]$上的每一点处都连续时，就称$z(t)$在区间$[a,b]$上连续。如果极限$\lim_{t\to t_0}\frac{z(t)-z(t_0)}{t-t_0}$存在，就称$z(t)$在$t_0$处有导数(可微)，且记此极限为

$\frac{dz(t_0)}{dt}$ 或者 $z'(t_0)$。显然 $z(t)$ 在 t_0 处有导数相当于 $\varphi(t),\psi(t)$ 在 t_0 处有导数，且

$$\frac{dz(t_0)}{dt}=\frac{d\varphi(t_0)}{dt}+i\frac{d\psi(t_0)}{dt}$$

如果 $z(t)$ 在区间$[a,b]$上每点处都有导数，就称 $z(t)$ 在区间$[a,b]$上有导数。对于高阶导数可以类似地定义。

设 $z_1(t),z_2(t)$ 是定义在$[a,b]$上的可微函数，c 是复值常数，容易验证下列等式成立：

$$\frac{d}{dt}[z_1(t)+z_2(t)]=\frac{dz_1(t)}{dt}+\frac{dz_2(t)}{dt}$$

$$\frac{d}{dt}[cz_1(t)]=c\frac{dz_1(t)}{dt}$$

$$\frac{d}{dt}[z_1(t)\cdot z_2(t)]=\frac{dz_1(t)}{dt}\cdot z_2(t)+z_1(t)\cdot\frac{dz_2(t)}{dt}$$

在讨论常系数线性方程时，函数 e^{Kt} 将起着重要的作用，这里 K 是复值常数，现在给出其定义，并且讨论其简单性质。

设 $K=\alpha+i\beta$ 是任一复数，这里 α,β 是实数，而 t 为实变量，我们定义

$$e^{Kt}=e^{(\alpha+i\beta)t}=e^{\alpha t}(\cos\beta t+i\sin\beta t)$$

由上述定义立即推得

$$\cos\beta t=\frac{1}{2}(e^{i\beta t}+e^{-i\beta t}),\quad \sin\beta t=\frac{1}{2i}(e^{i\beta t}-e^{-i\beta t})$$

此外，用 $\bar{K}=\alpha-i\beta$ 表示复数 $K=\alpha+i\beta$ 的共轭复数，还可容易证明函数 e^{Kt} 具有下面的重要性质：

$$e^{(K_1+K_2)t}=e^{K_1t}\cdot e^{K_2t}$$

$$\frac{de^{Kt}}{dt}=Ke^{Kt}\text{（其中 } t \text{ 为实变量）}$$

$$\frac{d^n}{dt^n}(e^{Kt})=K^ne^{Kt}$$

由此可见，实变量复值函数的求导公式与实变量实值函数的求导公式类似，而且复指数函数具有与实指数函数类似的性质。

现在我们引进线性微分方程的复值解的定义。如果

$$\frac{d^nz(t)}{dt^n}+a_1(t)\frac{d^{n-1}z(t)}{dt^{n-1}}+\cdots+a_{n-1}(t)\frac{dz(t)}{dt}+a_n(t)z(t)=f(t)$$

对于 $a\leqslant t\leqslant b$ 恒成立，则定义于区间$[a,b]$上的实变量复值函数 $x=z(t)$ 称为方程(4.1)的复值解。

定理 4.8　如果方程(4.2)中所有系数 $a_i(t)(i=1,2,\cdots,n)$ 都是实值函数，而 $x=z(t)=\varphi(t)+i\psi(t)$ 是方程(4.2)的复值解，则 $z(t)$ 的实部 $\varphi(t)$、虚部 $\psi(t)$ 和共轭复值函数 $\bar{z}(t)$ 也都是方程(4.2)的解。

定理 4.9 若方程$\frac{d^n x}{dt^n}+a_1(t)\frac{d^{n-1}x}{dt^{n-1}}+\cdots+a_{n-1}(t)\frac{dx}{dt}+a_n(t)x=u(t)+iv(t)$有复值解 $x=U(t)+iV(t)$,其中 $a_i(t)(i=1,2,\cdots,n)$ 及 $u(t)$,$v(t)$ 都是实函数,那么这个解的实部 $U(t)$ 和虚部 $V(t)$ 分别是方程

$$\frac{d^n x}{dt^n}+a_1(t)\frac{d^{n-1}x}{dt^{n-1}}+\cdots+a_{n-1}(t)\frac{dx}{dt}+a_n(t)x=u(t)$$

和

$$\frac{d^n x}{dt^n}+a_1(t)\frac{d^{n-1}x}{dt^{n-1}}+\cdots+a_{n-1}(t)\frac{dx}{dt}+a_n(t)x=v(t)$$

的解。

4.2.2 常系数齐次线性微分方程和欧拉方程

为了书写上的方便引入下述符号:

$$L[y]=y^{(n)}+p_1(x)y^{(n-1)}+\cdots+p_{n-1}(x)y'+p_n(x)y$$

并将L称为线性微分算子。将算子作用于函数y上时,即指对y施加上式右端的微分运算。

关于算子 L 有以下两个性质。

(1) 常数因子可以提到算子符号外面:$L[ky]=kL[y]$。

证明 实际上

$$\begin{aligned}L[ky]&=[ky]^{(n)}+p_1(x)[ky]^{(n-1)}+\cdots+p_{n-1}(x)[ky]'+p_n(x)[ky]\\&=ky^{(n)}+kp_1(x)y^{(n-1)}+\cdots+kp_{n-1}(x)y'+kp_n(x)y\\&=k[y^{(n)}+p_1(x)y^{(n-1)}+\cdots+p_{n-1}(x)y'+p_n(x)y]\\&=kL[y]\end{aligned}$$

(2) 算子作用于两个函数和的结果等于算子分别作用于各个函数的结果之和:

$$L[y_1+y_2]=L[y_1]+L[y_2]$$

证明

$$\begin{aligned}L[y_1+y_2]&=[y_1+y_2]^{(n)}+p_1(x)[y_1+y_2]^{(n-1)}+\cdots+\\&\quad p_{n-1}(x)[y_1+y_2]'+p_n(x)[y_1+y_2]\\&=y_1^{(n)}+p_1(x)y_1^{(n-1)}+\cdots+p_{n-1}(x)y_1'+p_n(x)y_1+\\&\quad y_2^{(n)}+p_1(x)y_2^{(n-1)}+\cdots+p_{n-1}(x)y_2'+p_n(x)y_2\\&=L[y_1]+L[y_2]\end{aligned}$$

设齐次线性微分方程中所有的系数都是常数,即方程有如下形式:

$$L[x]\equiv\frac{d^n x}{dt^n}+a_1\frac{d^{n-1}x}{dt^{n-1}}+\cdots+a_{n-1}\frac{dx}{dt}+a_n x=0 \tag{4.19}$$

其中,a_1,a_2,$\cdots$,a_n 为常数。称方程(4.19)为 n 阶常系数齐次线性微分方程,其求解问题可以归结为代数方程求根问题,现在就来具体讨论方程(4.19)的解法。按照 4.1 节的一

般理论，为了求方程(4.19)的通解，只需求出其基本解组。下面介绍求方程(4.19)的基本解组的欧拉待定指数函数法。

回顾一阶常系数齐次线性微分方程 $\frac{dx}{dt}+ax=0$，我们知道其有形如 $x=e^{-at}$ 的解，且其通解就是 $x=ce^{-at}$。这启示我们对于方程(4.19)也去试求指数函数形式的解

$$x=e^{\lambda t} \tag{4.20}$$

其中，λ 是待定常数，可以是实数，也可以是复数。

注意到

$$L[e^{\lambda t}]\equiv\frac{d^n e^{\lambda t}}{dt^n}+a_1\frac{d^{n-1}e^{\lambda t}}{dt^{n-1}}+\cdots+a_{n-1}\frac{de^{\lambda t}}{dt}+a_n e^{\lambda t}$$
$$=(\lambda^n+a_1\lambda^{n-1}+\cdots+a_{n-1}\lambda+a_n)e^{\lambda t}\equiv F(\lambda)e^{\lambda t}$$

其中，$F(\lambda)\equiv\lambda^n+a_1\lambda^{n-1}+\cdots+a_{n-1}\lambda+a_n$ 是 λ 的 n 次多项式。易知，式(4.20)为方程(4.19)的解的充要条件是 λ 是代数方程

$$F(\lambda)\equiv\lambda^n+a_1\lambda^{n-1}+\cdots+a_{n-1}\lambda+a_n=0 \tag{4.21}$$

的根。因此，方程(4.21)将起着预示方程(4.19)的解的特性的作用，称其为方程(4.19)的特征方程，其根就称为特征根。下面根据特征根的不同情况分别进行讨论。

1. 特征根是单根的情形

设 $\lambda_1,\lambda_2,\cdots,\lambda_n$ 是特征方程(4.21)的 n 个彼此不相等的根，则相应地方程(4.19)有如下 n 个解：

$$e^{\lambda_1 t},e^{\lambda_2 t},\cdots,e^{\lambda_n t} \tag{4.22}$$

这 n 个解在区间 $[a,b]$ 上线性无关，从而组成方程的基本解组。事实上，这时

$$W(t)\equiv\begin{vmatrix} e^{\lambda_1 t} & e^{\lambda_2 t} & \cdots & e^{\lambda_n t}\\ \lambda_1 e^{\lambda_1 t} & \lambda_2 e^{\lambda_2 t} & \cdots & \lambda_n e^{\lambda_n t}\\ \vdots & \vdots & & \vdots\\ \lambda_1^{n-1}e^{\lambda_1 t} & \lambda_2^{n-1}e^{\lambda_2 t} & \cdots & \lambda_n^{n-1}e^{\lambda_n t}\end{vmatrix}=e^{(\lambda_1+\lambda_2+\cdots+\lambda_n)t}\begin{vmatrix} 1 & 1 & \cdots & 1\\ \lambda_1 & \lambda_2 & \cdots & \lambda_n\\ \vdots & \vdots & & \vdots\\ \lambda_1^{n-1} & \lambda_2^{n-1} & \cdots & \lambda_n^{n-1}\end{vmatrix}$$
$$=\prod_{1\leqslant i<j\leqslant n}(\lambda_j-\lambda_i)$$

由于假设 $\lambda_i\neq\lambda_j$（当 $i\neq j$），故此行列式不等于零，从而 $W(t)\neq 0$，于是解组(4.22)线性无关。

如果 $\lambda_i(i=1,2,\cdots,n)$ 均为实数，则式(4.22)是方程(4.19)的 n 个线性无关的实值解，而方程(4.19)的通解可表示为

$$x=c_1 e^{\lambda_1 t}+c_2 e^{\lambda_2 t}+\cdots+c_n e^{\lambda_n t}$$

其中，$c_1,c_2,\cdots,c_n$ 为任意常数。

如果特征方程有复根，则因方程的系数是实常数，复根将成对共轭地出现。设 $\lambda_1=\alpha+i\beta$ 是一特征根，则 $\lambda_2=\alpha-i\beta$ 也是特征根，因而与这对共轭复根对应的方程(4.19)有两个复值解

$$e^{(\alpha+i\beta)t}=e^{\alpha t}(\cos\beta t+i\sin\beta t)$$
$$e^{(\alpha-i\beta)t}=e^{\alpha t}(\cos\beta t-i\sin\beta t)$$

根据定理4.8可知，它们的实部和虚部也是方程(4.19)的解。这样一来，对应于特征方程的一对共轭复根$\lambda=\alpha\pm i\beta$，可求得方程(4.19)的两个实值解：$e^{\alpha t}\cos\beta t$，$e^{\alpha t}\sin\beta t$。

2. 特征根有重根的情形

设特征方程有k重根$\lambda=\lambda_1$，则有

$$F(\lambda_1)=F'(\lambda_1)=\cdots=F^{(k-1)}(\lambda_1)=0,\quad F^{(k)}(\lambda_1)\neq 0$$

先设$\lambda_1=0$，即特征方程有因子λ^k，于是

$$a_n=a_{n-1}=\cdots=a_{n-k+1}=0$$

也就是特征方程的形式为

$$\lambda^n+a_1\lambda^{n-1}+\cdots+a_{n-k}\lambda^k=0$$

而对应的方程(4.19)变为

$$\frac{d^nx}{dt^n}+a_1\frac{d^{n-1}x}{dt^{n-1}}+\cdots+a_{n-k}\frac{d^kx}{dt^k}=0$$

易见其有k个解$1,t,t^2,\cdots,t^{k-1}$，而且它们是线性无关的(见4.1.2小节)。这样一来，特征方程的k重零根就对应于方程(4.19)的k个线性无关解$1,t,t^2,\cdots,t^{k-1}$。

如果这个k重根$\lambda_1\neq 0$，我们作变量变换$x=ye^{\lambda_1 t}$，注意到

$$x^{(m)}=(ye^{\lambda_1 t})^{(m)}=e^{\lambda_1 t}\left[y^{(m)}+m\lambda_1 y^{(m-1)}+\frac{m(m-1)}{2!}\lambda_1^2y^{(m-2)}+\cdots+\lambda_1^m y\right]$$

可得

$$L[ye^{\lambda_1 t}]=\left(\frac{d^ny}{dt^n}+b_1\frac{d^{n-1}y}{dt^{n-1}}+\cdots+b_ny\right)e^{\lambda_1 t}=L_1[y]e^{\lambda_1 t}$$

于是方程(4.19)化为

$$L_1[y]\equiv\frac{d^ny}{dt^n}+b_1\frac{d^{n-1}y}{dt^{n-1}}+\cdots+b_{n-1}\frac{dy}{dt}+b_ny=0 \tag{4.23}$$

其中，$b_1,b_2,\cdots,b_n$仍为常数，而相应的特征方程为

$$G(\mu)\equiv\mu^n+b_1\mu^{n-1}+\cdots+b_{n-1}\mu+b_n=0 \tag{4.24}$$

直接计算易得

$$F(\mu+\lambda_1)e^{(\mu+\lambda_1)t}=L[e^{(\mu+\lambda_1)t}]=L_1[e^{\mu t}]e^{\lambda_1 t}=G(\mu)e^{(\mu+\lambda_1)t}$$

因此

$$F(\mu+\lambda_1)=G(\mu)$$

从而

$$F^{(j)}(\mu+\lambda_1)=G^{(j)}(\mu),\quad j=1,2,\cdots,k$$

可见方程(4.21)的根$\lambda=\lambda_1$对应于方程(4.24)的根$\mu=\mu_1=0$，而且重数相同，这样，问题就化为前面已经讨论过的情形了。方程(4.24)的k_1重根$\mu_1=0$对应于方程(4.23)的k_1个解$y=1,t,t^2,\cdots,t^{k_1-1}$，因而对应于特征方程(4.21)的$k_1$重根$\lambda_1$，方程

(4.19) 有 k_1 个解：

$$e^{\lambda_1 t},\quad te^{\lambda_1 t},\quad t^2e^{\lambda_1 t},\quad \cdots,\quad t^{k_1-1}e^{\lambda_1 t} \tag{4.25}$$

同样，假设特征方程(4.21)的其他根 $\lambda_2,\lambda_3,\cdots,\lambda_m$ 的重数依次为 $k_2,\cdots,k_m,k_i\geqslant 1$(单根 λ_j 相当于 $k_j=1$)，而且 $k_1+k_2+\cdots+k_m=n,\lambda_i\neq\lambda_j$(当 $i\neq j$)，则方程(4.19)对应的解为

$$\begin{cases} e^{\lambda_2 t},te^{\lambda_2 t},t^2e^{\lambda_2 t},\cdots,t^{k_2-1}e^{\lambda_2 t} \\ \cdots\cdots \\ e^{\lambda_m t},te^{\lambda_m t},t^2e^{\lambda_m t},\cdots,t^{k_m-1}e^{\lambda_m t} \end{cases} \tag{4.26}$$

还可以证明式(4.25)和式(4.26)的全部 n 个解线性无关，从而构成方程(4.19)的基本解组。

对于特征方程有复重根的情况，譬如假设 $\lambda=\alpha+i\beta$ 是 k 重特征根，则 $\bar{\lambda}=\alpha-i\beta$ 也是 k 重特征根。参照特征根是单根的情形，我们将得到方程(4.19)的 $2k$ 个实值解：

$$e^{\alpha t}\cos\beta t,\quad te^{\alpha t}\cos\beta t,\quad t^2e^{\alpha t}\cos\beta t,\quad \cdots,\quad t^{k-1}e^{\alpha t}\cos\beta t,$$
$$e^{\alpha t}\sin\beta t,\quad te^{\alpha t}\sin\beta t,\quad t^2e^{\alpha t}\sin\beta t,\quad \cdots,\quad t^{k-1}e^{\alpha t}\sin\beta t$$

例 4.5　求方程 $\dfrac{d^4x}{dt^4}-x=0$ 的通解。

解　特征方程 $\lambda^4-1=0$ 的根为 $\lambda_1=1,\lambda_2=-1,\lambda_3=i,\lambda_4=-i$，故有两个实根和两个复根，均是单根，则方程的通解为

$$x=c_1e^t+c_2e^{-t}+c_3\cos t+c_4\sin t$$

其中，c_1,c_2,c_3,c_4 是任意常数。

例 4.6　求解方程 $\dfrac{d^3x}{dt^3}+x=0$。

解　特征方程 $\lambda^3+1=0$ 有根 $\lambda_1=-1,\lambda_{2,3}=\dfrac{1}{2}\pm i\dfrac{\sqrt{3}}{2}$，因此，通解为

$$x=c_1e^{-t}+e^{\frac{1}{2}t}\left(c_2\cos\frac{\sqrt{3}}{2}t+c_3\sin\frac{\sqrt{3}}{2}t\right)$$

其中，c_1,c_2,c_3 为任意常数。

例 4.7　求方程 $\dfrac{d^3x}{dt^3}-3\dfrac{d^2x}{dt^2}+3\dfrac{dx}{dt}-x=0$ 的通解。

解　特征方程为 $\lambda^3-3\lambda^2+3\lambda-1=0$ 或 $(\lambda-1)^3=0$，即 $\lambda=1$ 是三重根，因此方程的通解形式为

$$x=(c_1+c_2t+c_3t^2)e^t$$

其中，c_1,c_2,c_3 为任意常数。

例 4.8　求解方程 $\dfrac{d^4x}{dt^4}+2\dfrac{d^2x}{dt^2}+x=0$。

解　特征方程为 $\lambda^4+2\lambda^2+1=0$ 或 $(\lambda^2+1)^2=0$，即特征根 $\lambda=\pm i$ 是重根，因此，方

程有四个实值解 $\cos t, t\cos t, \sin t, t\sin t$，故通解为

$$x = (c_1 + c_2 t)\cos t + (c_3 + c_4 t)\sin t$$

其中，c_1, c_2, c_3, c_4 为任意常数。

形式为

$$x^n \frac{\mathrm{d}^n y}{\mathrm{d}x^n} + a_1 x^{n-1} \frac{\mathrm{d}^{n-1} y}{\mathrm{d}x^{n-1}} + \cdots + a_{n-1} x \frac{\mathrm{d}y}{\mathrm{d}x} + a_n y = 0 \tag{4.27}$$

的方程称为**欧拉方程**，其中 $a_1, a_2, \cdots, a_n$ 为常数。此方程可以通过变量变换化为常系数齐次线性微分方程，因而求解问题也就可以解决了。

事实上，引入自变量的变换

$$x = \mathrm{e}^t, \quad t = \ln x$$

直接计算，可得

$$\frac{\mathrm{d}y}{\mathrm{d}x} = \frac{\mathrm{d}y}{\mathrm{d}t} \cdot \frac{\mathrm{d}t}{\mathrm{d}x} = \mathrm{e}^{-t} \frac{\mathrm{d}y}{\mathrm{d}t}$$

$$\frac{\mathrm{d}^2 y}{\mathrm{d}x^2} = \mathrm{e}^{-t} \frac{\mathrm{d}}{\mathrm{d}t}\left(\mathrm{e}^{-t} \frac{\mathrm{d}y}{\mathrm{d}t}\right) = \mathrm{e}^{-2t}\left(\frac{\mathrm{d}^2 y}{\mathrm{d}t^2} - \frac{\mathrm{d}y}{\mathrm{d}t}\right)$$

用数学归纳法不难证明：对一切自然数 k 均有关系式

$$\frac{\mathrm{d}^k y}{\mathrm{d}x^k} = \mathrm{e}^{-kt}\left(\frac{\mathrm{d}^k y}{\mathrm{d}t^k} + \beta_1 \frac{\mathrm{d}^{k-1} y}{\mathrm{d}t^{k-1}} + \cdots + \beta_{k-1} \frac{\mathrm{d}y}{\mathrm{d}t}\right)$$

其中，$\beta_1, \beta_2, \cdots, \beta_{k-1}$ 都是常数。于是有

$$x^k \frac{\mathrm{d}^k y}{\mathrm{d}x^k} = \frac{\mathrm{d}^k y}{\mathrm{d}t^k} + \beta_1 \frac{\mathrm{d}^{k-1} y}{\mathrm{d}t^{k-1}} + \cdots + \beta_{k-1} \frac{\mathrm{d}y}{\mathrm{d}t}$$

将上述关系式代入方程(4.27)，就得到常系数齐次线性微分方程

$$\frac{\mathrm{d}^n y}{\mathrm{d}t^n} + b_1 \frac{\mathrm{d}^{n-1} y}{\mathrm{d}t^{n-1}} + \cdots + b_{n-1} \frac{\mathrm{d}y}{\mathrm{d}t} + b_n y = 0 \tag{4.28}$$

其中，$b_1, b_2, \cdots, b_n$ 是常数。因此，可用上述讨论的方法求出方程(4.28) 的通解，再代回原来的变量(注意：$t = \ln|x|$)，就可求得方程(4.27) 的通解。

由上述推演过程可知方程(4.28) 有形如 $y = \mathrm{e}^{\lambda t}$ 的解，从而方程(4.27) 有形如 $y = x^\lambda$ 的解，因此可以直接求欧拉方程的形如 $y = x^K$ 的解。以 $y = x^K$ 代入方程(4.27) 并约去因子 x^K，就得到确定 K 的代数方程

$$K(K-1)\cdots(K-n+1) + a_1 K(K-1)\cdots(K-n-2) + \cdots + a_n = 0 \tag{4.29}$$

可以证明这正是方程(4.28) 的特征方程。因此，方程(4.29) 的 m 重实根 $K = K_0$，对应于方程(4.27) 的 m 个解：

$$x^{K_0}, \quad x^{K_0}\ln|x|, \quad x^{K_0}\ln^2|x|, \quad \cdots, \quad x^{K_0}\ln^{m-1}|x|$$

而方程(4.29) 的 m 重复根 $K = \alpha + \mathrm{i}\beta$，对应于方程(4.27) 的 $2m$ 个实值解：

$$x^\alpha \cos(\beta\ln|x|), \quad x^\alpha \ln|x| \cos(\beta\ln|x|), \quad \cdots, \quad x^\alpha \ln^{m-1}|x| \cos(\beta\ln|x|),$$

$$x^\alpha \sin(\beta\ln|x|), \quad x^\alpha \ln|x| \sin(\beta\ln|x|), \quad \cdots, \quad x^\alpha \ln^{m-1}|x| \sin(\beta\ln|x|)$$

例 4.9　求解方程 $x^2\dfrac{d^2y}{dx^2}-x\dfrac{dy}{dx}+y=0$。

解　寻找方程的形式解 $y=x^K$，得到确定 K 的方程 $K(K-1)-K+1=0$，或 $(K-1)^2=0$，$K_1=K_2=1$，因此，方程的通解为

$$y=(c_1+c_2\ln|x|)x$$

其中，c_1，c_2 是任意常数。

例 4.10　求解方程 $x^2\dfrac{d^2y}{dx^2}+3x\dfrac{dy}{dx}+5y=0$。

解　设 $y=x^K$，得到 K 应满足的方程 $K(K-1)+3K+5=0$ 或 $K^2+2K+5=0$，因此，$K_{1,2}=-1\pm 2i$，而原方程的通解为

$$y=\frac{1}{x}[c_1\cos(2\ln|x|)+c_2\sin(2\ln|x|)]$$

其中，c_1，c_2 是任意常数。

4.2.3　解非齐次线性微分方程的比较系数法与拉普拉斯变换法

现在讨论常系数非齐次线性微分方程

$$L[x]\equiv\frac{d^nx}{dt^n}+a_1\frac{d^{n-1}x}{dt^{n-1}}+\cdots+a_{n-1}\frac{dx}{dt}+a_nx=f(t)\tag{4.30}$$

的求解问题，这里 a_1，a_2，…，a_n 是常数，而 $f(t)$ 为连续函数。

1. 比较系数法

1) 类型 Ⅰ

设 $f(t)=(b_0t^m+b_1t^{m-1}+\cdots+b_{m-1}t+b_m)e^{\lambda t}$，其中 λ 及 $b_i(i=1,2,\cdots,m)$ 为实常数，那么方程(4.30)有形如

$$\tilde{x}=t^k(B_0t^m+B_1t^{m-1}+\cdots+B_{m-1}t+B_m)e^{\lambda t}\tag{4.31}$$

的特解，其中，k 为特征方程 $F(\lambda)=0$ 的根 λ 的重数(单根相当于 $k=1$，当 λ 不是特征根时，取 $k=0$)；而 B_0，B_1，…，B_m 是待定的常数，可以通过比较系数法来确定。

(1) 如果 $\lambda=0$，则此时

$$f(t)=b_0t^m+b_1t^{m-1}+\cdots+b_{m-1}t+b_m$$

现在再分两种情形讨论。

a. $\lambda=0$ 不是特征根的情形，$F(0)\neq 0$，因而 $a_n\neq 0$，这时，取 $k=0$，以 $\tilde{x}=B_0t^m+B_1t^{m-1}+\cdots+B_{m-1}t+B_m$ 代入方程(4.30)，并比较 t 的同幂次的系数，得到的常数 B_0，B_1，…，B_m 必须满足的方程：

$$\begin{cases}B_0a_n=b_0\\B_1a_n+mB_0a_{n-1}=b_1\\B_2a_n+(m-1)B_1a_{n-1}+m(m-1)B_0a_{n-2}=b_2\\\cdots\cdots\\B_ma_n+\cdots=b_m\end{cases}\tag{4.32}$$

注意到 $a_n \neq 0$，这些待定常数 $B_0, B_1, \cdots, B_m$ 可以从方程组(4.32)唯一地逐个确定出来。

$b.\ \lambda = 0$ 是 k 重特征根的情形，即 $F(0) = F'(0) = \cdots = F^{(k-1)}(0) = 0$，而 $F^{(k)}(0) \neq 0$，也就是 $a_n = a_{n-1} = \cdots = a_{n-k+1} = 0, a_{n-k} \neq 0$。这时相应地，方程(4.30)将为

$$\frac{d^n x}{dt^n} + a_1 \frac{d^{n-1} x}{dt^{n-1}} + \cdots + a_{n-k} \frac{d^k x}{dt^k} = f(t) \tag{4.33}$$

令 $\frac{d^k x}{dt^k} = z$，则方程(4.33)可化为

$$\frac{d^{n-k} z}{dt^{n-k}} + a_1 \frac{d^{n-k-1} z}{dt^{n-k-1}} + \cdots + a_{n-k} z = f(t) \tag{4.34}$$

对方程(4.34)来说，由于 $a_{n-k} \neq 0$，$\lambda = 0$ 已不是其特征根，因此，由上述内容可知其有形如 $\tilde{z} = \tilde{B}_0 t^m + \tilde{B}_1 t^{m-1} + \cdots + \tilde{B}_m$ 的特解，因而方程(4.33)有特解 $\tilde{x}$ 满足

$$\frac{d^k \tilde{x}}{dt^k} = \tilde{z} = \tilde{B}_0 t^m + \tilde{B}_1 t^{m-1} + \cdots + \tilde{B}_m$$

这表明 $\tilde{x}$ 是 t 的 $m+k$ 次多项式，其中 t 的幂次小于等于 $k-1$ 的项带有任意常数。但因只需要知道一个特解就够了，特别地取这些任意常数均为零，于是得到方程(4.33)[或方程(4.30)]的一个特解

$$\tilde{x} = t^k (\gamma_0 t^m + \gamma_1 t^{m-1} + \cdots + \gamma_m)$$

其中，$\gamma_0, \gamma_1, \cdots, \gamma_m$ 是已确定的常数。

(2) 如果 $\lambda \neq 0$，则此时可像 4.2.2 小节的做法一样，作变量变换 $x = y e^{\lambda t}$，将方程(4.30)化为

$$\frac{d^n y}{dt^n} + A_1 \frac{d^{n-1} y}{dt^{n-1}} + \cdots + A_{n-1} \frac{dy}{dt} + A_n y = b_0 t^m + \cdots + b_m \tag{4.35}$$

其中，$A_1, A_2, \cdots, A_n$ 都是常数。而且特征方程(4.21)的根 λ 对应于方程(4.35)的特征方程的零根，并且重数也相同。因此，利用上面的结果就有如下结论：

在 λ 不是特征方程(4.21)的根的情形，方程(4.35)有特解 $\tilde{y} = B_0 t^m + B_1 t^{m-1} + \cdots + B_m$，从而方程(4.30)有特解 $\tilde{x} = (B_0 t^m + B_1 t^{m-1} + \cdots + B_m) e^{\lambda t}$；在 λ 是特征方程(4.21)的 k 重根的情形，方程(4.35)有特解 $\tilde{y} = t^k (B_0 t^m + B_1 t^{m-1} + \cdots + B_m)$，从而方程(4.30)有特解 $\tilde{x} = t^k (B_0 t^m + B_1 t^{m-1} + \cdots + B_m) e^{\lambda t}$。

例 4.11 求方程 $\frac{d^2 x}{dt^2} - 2\frac{dx}{dt} - 3x = 3t + 1$ 的通解。

解 先求对应的齐次线性微分方程

$$\frac{d^2 x}{dt^2} - 2\frac{dx}{dt} - 3x = 0$$

的通解。这里特征方程 $\lambda^2 - 2\lambda - 3 = 0$，求出两个根 $\lambda_1 = 3, \lambda_2 = -1$。因此，通解为 $x = c_1 e^{3t} + c_2 e^{-t}$，其中 c_1, c_2 是任意常数。

再求非齐次线性微分方程的一个特解，这里 $f(t) = 3t + 1$，$\lambda = 0$。又因为 $\lambda = 0$ 不是

特征根，故可取特解形如 $\tilde{x}=A+Bt$，其中 A,B 为待定常数。为了确定 A,B，将 $\tilde{x}=A+Bt$ 代入原方程，得到

$$-2B-3A-3Bt=3t+1$$

比较系数得

$$\begin{cases}-3B=3\\-2B-3A=1\end{cases}$$

由此得 $B=-1,A=\frac{1}{3}$，从而 $\tilde{x}=\frac{1}{3}-t$，因此，原方程的通解为

$$x=c_1\mathrm{e}^{3t}+c_2\mathrm{e}^{-t}-t+\frac{1}{3}$$

其中，c_1,c_2 是任意常数。

例 4.12　求方程 $\frac{\mathrm{d}^2x}{\mathrm{d}t^2}-2\frac{\mathrm{d}x}{\mathrm{d}t}-3x=\mathrm{e}^{-t}$ 的通解。

解　从上例知道对应的齐次线性微分方程的通解为

$$x=c_1\mathrm{e}^{3t}+c_2\mathrm{e}^{-t}$$

其中，c_1,c_2 是任意常数。

现求原方程的一个特解，这里 $f(t)=\mathrm{e}^{-t}$，因为 $\lambda=-1$ 刚好是特征方程的单根，故有特解形如 $\tilde{x}=At\mathrm{e}^{-t}$，将其代入原方程得到 $-4A\mathrm{e}^{-t}=\mathrm{e}^{-t}$，从而 $A=-\frac{1}{4}$，于是 $\tilde{x}=-\frac{1}{4}t\mathrm{e}^{-t}$，而原方程的通解为

$$x=c_1\mathrm{e}^{3t}+c_2\mathrm{e}^{-t}-\frac{1}{4}t\mathrm{e}^{-t}$$

其中，c_1,c_2 是任意常数。

例 4.13　求 $\frac{\mathrm{d}^3x}{\mathrm{d}t^3}+3\frac{\mathrm{d}^2x}{\mathrm{d}t^2}+3\frac{\mathrm{d}x}{\mathrm{d}t}+x=\mathrm{e}^{-t}(t-5)$ 的通解。

解　特征方程 $\lambda^3+3\lambda^2+3\lambda+1=(\lambda+1)^3=0$ 有三重根 $\lambda_{1,2,3}=-1$，故有形式为 $\tilde{x}=t^3(A+Bt)\mathrm{e}^{-t}$ 的特解，将其代入原方程得

$$(6A+24Bt)\mathrm{e}^{-t}=\mathrm{e}^{-t}(t-5)$$

比较系数求得 $A=-\frac{5}{6},B=\frac{1}{24}$，从而 $\tilde{x}=\frac{1}{24}t^3(t-20)\mathrm{e}^{-t}$，故原方程的通解为

$$x=(c_1+c_2t+c_3t^2)\mathrm{e}^{-t}+\frac{1}{24}t^3(t-20)\mathrm{e}^{-t}$$

其中，c_1,c_2,c_3 是任意常数。

2) 类型 Ⅱ

设 $f(t)=[A(t)\cos\beta t+B(t)\sin\beta t]\mathrm{e}^{\alpha t}$，其中 α,β 为常数，而 $A(t),B(t)$ 是带实系数的 t 的多项式，其中一个的幂次为 m，而另一个的幂次不超过 m，那么我们有如下结论：方程 (4.30) 有形式如

$$\tilde{x} = t^k[P(t)\cos\beta t + Q(t)\sin\beta t]\mathrm{e}^{\alpha t} \tag{4.36}$$

的特解，这里 k 为特征方程 $F(\lambda)=0$ 的根 $\alpha+\mathrm{i}\beta$ 的重数，而 $P(t)$，$Q(t)$ 均为待定的带实系数的幂次不高于 m 的 t 的多项式，可以通过比较系数的方法来确定。

事实上，回顾一下类型 Ⅰ 的讨论过程，易见当 λ 不是实数，而是复数时，有关结论仍然正确。现将 $f(t)$ 表示为指数形式：

$$f(t) = \frac{A(t)-\mathrm{i}B(t)}{2}\mathrm{e}^{(\alpha+\mathrm{i}\beta)t} + \frac{A(t)+\mathrm{i}B(t)}{2}\mathrm{e}^{(\alpha-\mathrm{i}\beta)t}$$

根据非齐次线性微分方程的叠加原理，方程

$$L[x] = f_1(t) \equiv \frac{A(t)+\mathrm{i}B(t)}{2}\mathrm{e}^{(\alpha-\mathrm{i}\beta)t}$$

与

$$L[x] = f_2(t) \equiv \frac{A(t)-\mathrm{i}B(t)}{2}\mathrm{e}^{(\alpha+\mathrm{i}\beta)t}$$

的解之和必为方程(4.30)的解。

注意到 $\overline{f_1(t)} = f_2(t)$，易知，若 x_1 为 $L[x]=f_1(t)$ 的解，则 $\overline{x_1}$ 必为 $L[x]=f_2(t)$ 的解，因此，直接利用类型 Ⅰ 的结果，可知方程(4.30)解的形式为

$$\tilde{x} = t^kD(t)\mathrm{e}^{(\alpha-\mathrm{i}\beta)t} + t^k\,\overline{D(t)}\mathrm{e}^{(\alpha+\mathrm{i}\beta)t} = t^k[P(t)\cos\beta t + Q(t)\sin\beta t]\mathrm{e}^{\alpha t}$$

其中，$D(t)$ 为 t 的 m 次多项式；$P(t) = 2\{D(t)\}$（实部），$Q(t) = 2\{D(t)\}$（虚部）。

显然，$P(t)$，$Q(t)$ 为带实系数的 t 的多项式，次数不高于 m，可见上述结论成立。

例 4.14　求方程 $\dfrac{\mathrm{d}^2x}{\mathrm{d}t^2} + 4\dfrac{\mathrm{d}x}{\mathrm{d}t} + 4x = \cos 2t$ 的通解。

解　特征方程 $\lambda^2+4\lambda+4=0$ 有重根 $\lambda_1=\lambda_2=-2$，因此，对应齐次线性微分方程的通解为

$$x = (c_1 + c_2t)\mathrm{e}^{-2t}$$

其中，c_1，c_2 为任意常数。

现求非齐次线性微分方程的一个特解。因为 $\pm 2\mathrm{i}$ 不是特征根，我们求形式如 $\tilde{x} = A\cos 2t + B\sin 2t$ 的特解，将其代入原方程并化简得到

$$8B\cos 2t - 8A\sin 2t = \cos 2t$$

比较同类项系数得 $A=0$，$B=\dfrac{1}{8}$，从而 $\tilde{x}=\dfrac{1}{8}\sin 2t$，因此原方程的通解为

$$x = (c_1+c_2t)\mathrm{e}^{-2t} + \frac{1}{8}\sin 2t$$

注：类型 Ⅱ 的特殊情形

$$f(t) = A(t)\mathrm{e}^{\alpha t}\cos\beta t \text{ 或 } f(t) = B(t)\mathrm{e}^{\alpha t}\sin\beta t$$

可用另一种更简便的方法——复数法求解。下面用例子具体说明解题过程。

例 4.15　用复数法解例 4.14。

解　由例 4.14 已知对应齐次线性微分方程的通解为

$$x = (c_1 + c_2 t)e^{-2t}$$

为求非齐次线性微分方程的一个特解，先求方程

$$\frac{d^2x}{dt^2} + 4\frac{dx}{dt} + 4x = e^{2it}$$

的特解。这属于类型 Ⅰ 问题，而 2i 不是特征根，故可设特解为

$$\tilde{x} = Ae^{2it}$$

将其代入方程并消去因子 e^{2it} 得 $8iA = 1$，因而 $A = -\frac{i}{8}$。

$$\tilde{x} = -\frac{i}{8}e^{2it} = -\frac{i}{8}\cos 2t + \frac{1}{8}\sin 2t$$

分出其实部为 $\frac{1}{8}\sin 2t$，根据定理 4.9 可知这就是原方程的特解，于是原方程的通解为

$$x = (c_1 + c_2 t)e^{-2t} + \frac{1}{8}\sin 2t$$

与例 4.14 所得结果相同。

2. 拉普拉斯变换法

常系数线性微分方程(组)还可以应用拉普拉斯变换法进行求解，求解过程往往比较简便。

由积分

$$F(s) = \int_0^{+\infty} e^{-st} f(t)dt$$

所定义的确定于复平面(实部 $s > \sigma$)上的复变数 s 的函数 $F(s)$，称为函数 $f(t)$ 的拉普拉斯变换。其中 $f(t)$ 于 $t \geqslant 0$ 时有定义，且满足不等式 $|f(t)| < Me^{\sigma t}$，M, σ 为某两个正常数。称 $f(t)$ 为原函数，而称 $F(s)$ 为像函数。

下面简单地介绍拉普拉斯变换在解常系数线性方程中的应用。

设给定微分方程(4.30)：

$$\frac{d^nx}{dt^n} + a_1\frac{d^{n-1}x}{dt^{n-1}} + \cdots + a_n x = f(t)$$

及初始条件

$$x(0) = x_0, x'(0) = x'_0, \cdots, x^{(n-1)}(0) = x_0^{(n-1)}$$

其中，$a_1, a_2, \cdots, a_n$ 是常数；$f(t)$ 连续且满足原函数的条件。

可以证明，如果 $x(t)$ 是方程(4.30)的任意解，则 $x(t)$ 及其各阶导数 $x^{(k)}(t)(k = 1, 2, \cdots, n)$ 均是原函数。记

$$F(s) = L[f(t)] \equiv \int_0^{+\infty} e^{-st} f(t)dt, \quad X(s) = L[x(t)] \equiv \int_0^{+\infty} e^{-st} x(t)dt$$

那么，按原函数微分性质有

$$L[x'(t)] = sX(s) - x_0$$

$$\cdots\cdots$$

$$L[x^{(n)}(t)] = s^n X(s) - s^{n-1}x_0 - s^{n-2}x'_0 - \cdots - x_0^{(n-1)}$$

于是，对方程(4.30)两端施行拉普拉斯变换，并利用线性性质就得到

$$s^n X(s) - s^{n-1}x_0 - s^{n-2}x'_0 - \cdots - sx_0^{(n-2)} - x_0^{(n-1)} +$$
$$a_1[s^{n-1}X(s) - s^{n-2}x_0 - s^{n-3}x'_0 - \cdots - x_0^{(n-2)}] +$$
$$\cdots + a_{n-1}[sX(s) - x_0] + a_n X(s) = F(s)$$

即

$$(s^n + a_1 s^{n-1} + \cdots + a_{n-1}s + a_n)X(s)$$
$$= F(s) + (s^{n-1} + a_1 s^{n-2} + \cdots + a_{n-1})x_0 + (s^{n-2} + a_1 s^{n-3} + \cdots + a_{n-2})x'_0 + \cdots + x_0^{(n-1)}$$

或

$$A(s)X(s) = F(s) + B(s)$$

其中，$A(s)$，$B(s)$ 和 $F(s)$ 都是已知多项式，由此可得

$$X(s) = \frac{F(s) + B(s)}{A(s)}$$

这就是方程(4.30)的满足所给初始条件的解 $x(t)$ 的像函数，而 $x(t)$ 可直接查拉普拉斯变换表或由反变换公式计算求得。

例 4.16 求方程$\frac{\mathrm{d}x}{\mathrm{d}t} - x = \mathrm{e}^{2t}$满足初始条件 $x(0) = 0$ 的解。

解 对方程两端进行拉普拉斯变换，得到方程的解的像函数所应满足的方程：

$$sX(s) - x(0) - X(s) = \frac{1}{s-2}$$

由此，并注意到 $x(0) = 0$，得

$$X(s) = \frac{1}{(s-1)(s-2)} = \frac{1}{s-2} - \frac{1}{s-1}$$

直接查拉普拉斯变换表，可得$\frac{1}{s-2}$和$\frac{1}{s-1}$的原函数分别为 e^{2t} 和 e^{t}，因此，利用线性性质，就求得 $X(s)$ 的原函数为

$$x(t) = \mathrm{e}^{2t} - \mathrm{e}^{t}$$

这就是所要求的解。

例 4.17 求解方程 $x'' + 2x' + x = \mathrm{e}^{-t}$，$x(1) = x'(1) = 0$。

解 先令 $\tau = t - 1$，将原方程化为

$$x'' + 2x' + x = \mathrm{e}^{-(\tau+1)}, \quad x(0) = x'(0) = 0$$

再对新方程两边作拉普拉斯变换，得到

$$s^2 X(s) + 2sX(s) + X(s) = \frac{1}{s+1} \cdot \frac{1}{e}$$

因此有

$$X(s)=\frac{1}{(s+1)^3}\cdot\frac{1}{e}$$

查拉普拉斯变换表可得

$$x(\tau)=\frac{1}{2}\tau^2\mathrm{e}^{-\tau-1}$$

从而有

$$x(t)=\frac{1}{2}(t-1)^2\mathrm{e}^{-t}$$

这就是所要求的解。

例 4.18　求方程 $x'''+3x''+3x'+x=1$ 的满足初始条件 $x(0)=x'(0)=x''(0)=0$ 的解。

解　对方程两边进行拉普拉斯变换得

$$(s^3+3s^2+3s+1)X(s)=\frac{1}{s}$$

由此得

$$X(s)=\frac{1}{s(s+1)^3}$$

将上式右端分解成部分分式：

$$\frac{1}{s(s+1)^3}=\frac{1}{s}-\frac{1}{s+1}-\frac{1}{(s+1)^2}-\frac{1}{(s+1)^3}$$

对上式右端各项分别求出(查表)其原函数，则它们的和就是 $X(s)$ 的原函数：

$$x(t)=1-\mathrm{e}^{-t}-t\mathrm{e}^{-t}-\frac{1}{2}t^2\mathrm{e}^{-t}=1-\frac{1}{2}(t^2+2t+2)\mathrm{e}^{-t}$$

这就是所要求的解。

例 4.19　求解方程 $x''+a^2x=b\sin at$，$x(0)=x_0$，$x'(0)=x'_0$，a,b 为非零常数。

解　对方程施行拉普拉斯变换，得到

$$s^2X(s)-x_0s-x'_0+a^2X(s)=\frac{ab}{s^2+a^2}$$

即

$$X(s)=\frac{ab}{(s^2+a^2)^2}+x_0\frac{s}{s^2+a^2}+x'_0\frac{1}{s^2+a^2}$$

将上式右端第一项分解为部分分式：

$$\frac{ab}{(s^2+a^2)^2}=\frac{b}{2a}\left[\frac{1}{s^2+a^2}-\frac{s^2-a^2}{(s^2+a^2)^2}\right]$$

于是有

$$\begin{aligned}X(s)&=\frac{b}{2a}\left[\frac{1}{s^2+a^2}-\frac{s^2-a^2}{(s^2+a^2)^2}\right]+x_0\frac{s}{s^2+a^2}+x'_0\frac{1}{s^2+a^2}\\&=\frac{b}{2a^2}\left[\frac{a}{s^2+a^2}-a\frac{s^2-a^2}{(s^2+a^2)^2}\right]+x_0\frac{s}{s^2+a^2}+\frac{x'_0}{a}\cdot\frac{a}{s^2+a^2}\end{aligned}$$

由拉普拉斯变换表可查得

$$x(t) = \frac{b}{2a^2}(\sin at - at\cos at) + x_0\cos at + \frac{x'_0}{a}\sin at$$

$$= \frac{1}{2a^2}[(b + 2ax'_0)\sin at + a(2ax_0 - bt)\cos at]$$

此即为所要求的解。

4.2.4 质点振动

1. 无阻尼自由振动

考察数学摆的无阻尼微小自由振动方程

$$\frac{d^2\varphi}{dt^2} + \frac{g}{l}\varphi = 0$$

记$\frac{g}{l} = \omega^2$,这里 $\omega > 0$ 是常数,原方程变为

$$\frac{d^2\varphi}{dt^2} + \omega^2\varphi = 0 \tag{4.37}$$

这是二阶常系数齐次线性微分方程,其特征方程为

$$\lambda^2 + \omega^2 = 0$$

特征根为共轭复根:

$$\lambda_{1,2} = \pm\, \omega i$$

因此,方程(4.37)的通解为

$$\varphi = c_1\cos\omega t + c_2\sin\omega t \tag{4.38}$$

其中,c_1,c_2 为常数。为了获得明显的物理意义,令

$$\sin\theta = \frac{c_1}{\sqrt{c_1^2 + c_2^2}},\quad \cos\theta = \frac{c_2}{\sqrt{c_1^2 + c_2^2}}$$

因此,若取

$$A = \sqrt{c_1^2 + c_2^2},\quad \theta = \arctan\frac{c_1}{c_2}$$

则式(4.38)可以写成

$$\varphi = \sqrt{c_1^2 + c_2^2}\left(\frac{c_1}{\sqrt{c_1^2 + c_2^2}}\cos\omega t + \frac{c_2}{\sqrt{c_1^2 + c_2^2}}\sin\omega t\right) = A(\sin\theta\cos\omega t + \cos\theta\sin\omega t)$$

即

$$\varphi = A\sin(\omega t + \theta) \tag{4.39}$$

其中,A,θ 代替 c_1,c_2 作为通解中所含的两个任意常数。

从通解(4.39)中可以看出,不论反映摆的初始状态的 A 与 θ 为何值,摆的运动曲线总是一个正弦函数曲线,且是 t 的周期函数曲线(见图 4.1),这种运动称为简谐振动。振动往返一次所需时间称为周期,记为 T,这里 $T = \frac{2\pi}{\omega}$;单位时间内振动的次数称为频率,记

作 υ，这里 $\upsilon = \frac{1}{T} = \frac{\omega}{2\pi}$；而 $\omega = 2\pi\upsilon$ 称为角频率。从而得出结论：数学摆的周期只依赖于摆长 l，而与初始位置无关。

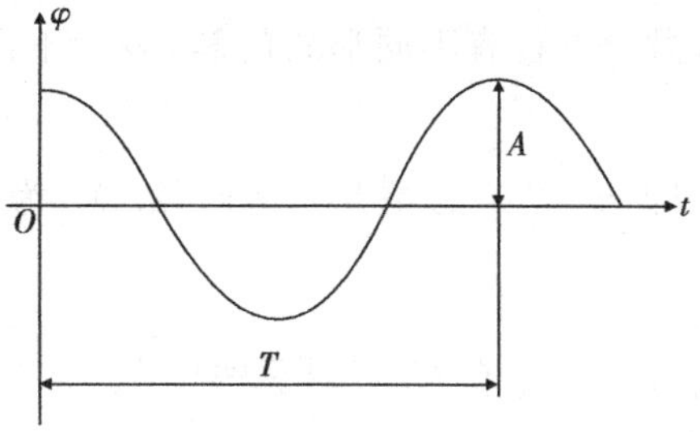

图 4.1　t 的周期函数曲线

此外，摆离开平衡位置的最大偏离称为振幅。数学摆的振幅为 A，而 θ 称为初位相，这里，振幅和初位相都依赖于初始条件。

如果把数学摆移至位置 $\varphi = \varphi_0$ 处，然后突然松开，使其自由摆动，这就相当于给定如下的初始条件：$t = 0$ 时，

$$\varphi = \varphi_0, \quad \frac{\mathrm{d}\varphi}{\mathrm{d}t} = 0 \tag{4.40}$$

将式(4.40)代入通解(4.39)，得到

$$\varphi\big|_{t=0} = A\sin\theta = \varphi_0$$

$$\left.\frac{\mathrm{d}\varphi}{\mathrm{d}t}\right|_{t=0} = A\omega\cos\theta = 0$$

于是得初位相 $\theta = \frac{\pi}{2}$，振幅 $A = \varphi_0$，因此，所求的特解为

$$\varphi = \varphi_0 \sin\left(\omega t + \frac{\pi}{2}\right) = \varphi_0 \cos\omega t$$

2. 有阻尼自由振动

从通解(4.39)可以看出，无阻尼的自由振动按正弦规律做周期运动，摆动似乎可以无限期地进行下去。但是，实际情况并不是如此，摆总是经过一段时间的摆动后就会停下来，这说明我们所得的方程并没有完全反映物体运动的规律。因为空气阻力在实际中总是难免的，因此必须把运动阻力这一因素考虑进去，从而得到第 1 章已推导过的有阻尼的自由振动方程：

$$\frac{\mathrm{d}^2\varphi}{\mathrm{d}t^2} + \frac{\mu}{m}\frac{\mathrm{d}\varphi}{\mathrm{d}t} + \frac{g}{l}\varphi = 0$$

记 $\frac{\mu}{m} = 2n, \frac{g}{l} = \omega^2$，这里 n,ω 是正常数，上式方程可以写成

$$\frac{\mathrm{d}^2\varphi}{\mathrm{d}t^2} + 2n\frac{\mathrm{d}\varphi}{\mathrm{d}t} + \omega^2\varphi = 0 \tag{4.41}$$

其特征方程为

$$\lambda^2 + 2n\lambda + \omega^2 = 0 \tag{4.42}$$

特征根为

$$\lambda_{1,2} = -n \pm \sqrt{n^2 - \omega^2}$$

对于不同的阻尼值 n，微分方程有不同形式的解，表示不同的运动形式，现分下面三种情形进行讨论。

(1) **小阻尼的情形**。即 $n < \omega$ 的情形，这时，λ_1, λ_2 为一对共轭复根，记 $\omega_1 = \sqrt{\omega^2 - n^2}$，则

$$\lambda_{1,2} = -n \pm \omega_1 \mathrm{i}$$

而方程(4.41)的通解为

$$\varphi = \mathrm{e}^{-nt}(c_1 \cos\omega_1 t + c_2 \sin\omega_1 t)$$

和前面无阻尼的情形一样，可以把上述通解改写成如下形式：

$$\varphi = A\mathrm{e}^{-nt} \sin(\omega_1 t + \theta) \tag{4.43}$$

其中，A, θ 为任意常数。

从式(4.43)可见，摆的运动已不是周期的，振动的最大偏离随着时间增加而不断减小，而摆从一个最大偏离到达同侧下一个最大偏离所需时间为 $T = \dfrac{2\pi}{\omega_1}$，图 4.2 表示的是式(4.43)所代表的曲线，图中，虚线是 $\varphi = A\mathrm{e}^{-nt}$ 所代表的曲线，而实线表示摆运动的偏离随时间变化的规律，其夹在两条虚线中间振动。因为阻尼的存在，摆的最大偏离随时间的增大而不断减小，最后摆趋于平衡位置 $\varphi = 0$。

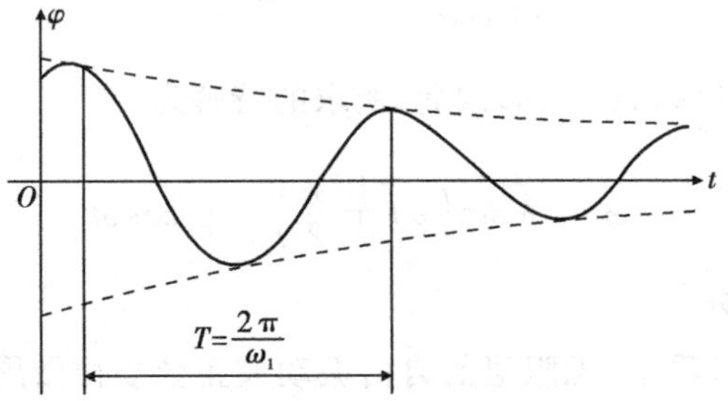

图 4.2　式(4.43)所代表的曲线

(2) **大阻尼的情形**。即 $n > \omega$ 的情形，这时 $\lambda_2 < \lambda_1 < 0$，特征方程(4.42)有两个不同的负实根，方程(4.41)的通解为

$$\varphi = c_1 \mathrm{e}^{\lambda_1 t} + c_2 \mathrm{e}^{\lambda_2 t} \tag{4.44}$$

其中，c_1, c_2 是任意常数。

从式(4.44)可以看出，摆的运动也不是周期性的，因为方程

$$c_1 \mathrm{e}^{\lambda_1 t} + c_2 \mathrm{e}^{\lambda_2 t} = 0$$

对于 t 最多只有一个解，因此，摆最多只通过平衡位置一次，又因为

$$\frac{\mathrm{d}\varphi}{\mathrm{d}t} = c_1 \lambda_1 \mathrm{e}^{\lambda_1 t} + c_2 \lambda_2 \mathrm{e}^{\lambda_2 t}$$

故从

$$\frac{\mathrm{d}\varphi}{\mathrm{d}t}=\mathrm{e}^{\lambda_1 t}[c_1\lambda_1+c_2\lambda_2\mathrm{e}^{(\lambda_2-\lambda_1)t}]$$

得知，当 t 足够大时，$\frac{\mathrm{d}\varphi}{\mathrm{d}t}$ 的符号与 c_1 的符号相反，因此，经过一段时间后，摆就单调地趋于平衡位置，因而在大阻尼的情形下，摆的运动不是周期性的，且不再具有振动的性质。摆的运动规律曲线[式(4.44) 所代表的曲线] 如图 4.3 所示。

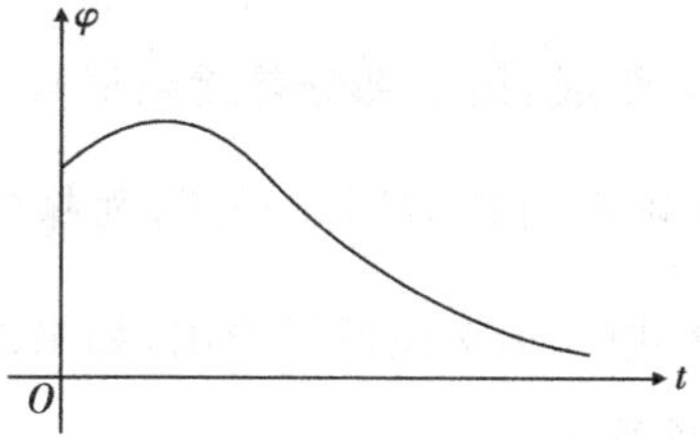

图 4.3　式(4.44) 所代表的曲线

(3) **临界阻尼的情形**。即 $n=\omega$ 的情形，这时特征方程(4.42) 有重根 $\lambda_1=\lambda_2=-n$，方程(4.41) 的通解为

$$\varphi=\mathrm{e}^{-nt}(c_1+c_2t) \tag{4.45}$$

其中，c_1，c_2 是任意常数。

从式(4.45) 可以看出，摆的运动也不是周期性的，其运动规律式(4.45) 的曲线与图 4.3 中的曲线相似，故摆也不具有振动的性质。数值 $n=\omega$ 称为阻尼的临界值，这一数值正好足够抑制振动。这里临界值的意思指：摆处于振动状态或非振动状态的阻尼分界值。即当 $n\geqslant\omega$ 时，摆不具有振动性质，运动规律如图 4.3 所示；而当 $n<\omega$ 时，摆具有振动性质，运动规律如图 4.2 所示。

3. 无阻尼强迫振动

数学摆的微小强迫振动方程可写为

$$\frac{\mathrm{d}^2\varphi}{\mathrm{d}t^2}+\frac{\mu}{m}\frac{\mathrm{d}\varphi}{\mathrm{d}t}+\frac{g}{l}\varphi=\frac{1}{ml}F(t)$$

考察无阻尼强迫振动，即 $\mu=0$ 的情形。令 $\frac{g}{l}=\omega^2$，设 $\frac{F(t)}{ml}=H\sin pt$，H 为已知常数，p 为外力角频率，这时上式方程变为

$$\frac{\mathrm{d}^2\varphi}{\mathrm{d}t^2}+\omega^2\varphi=H\sin pt \tag{4.46}$$

方程(4.46) 对应的齐次线性微分方程的通解为式(4.39)：

$$\varphi=A\sin(\omega t+\theta)$$

其中，A，θ 是任意常数。

现求方程(4.46)的一个特解。如果 $\omega \neq p$,则方程(4.46)有形式如

$$\tilde{\varphi} = M\cos pt + N\sin pt \tag{4.47}$$

的解,这里 M,N 是待定常数。将式(4.47)代入方程(4.46),比较同类项系数,得到

$$M = 0,\quad N = \frac{H}{\omega^2 - p^2}$$

因此,方程(4.46)的通解为

$$\varphi = A\sin(\omega t + \theta) + \frac{H}{\omega^2 - p^2}\sin pt \tag{4.48}$$

这个通解(4.48)由两部分组成,第一部分是无阻尼自由振动的解 $A\sin(\omega t + \theta)$,其代表固有振动;第二部分是振动频率与外力频率相同,而振幅不同的项 $\frac{H}{\omega^2 - p^2}\sin pt$,其代表由外力引起的强迫振动。从式(4.48)还可以看出,如果外力的角频率 p 愈接近固有角频率 ω,则强迫振动项的振幅就愈大。

如果 $p = \omega$,则式(4.46)有形如

$$\tilde{\varphi} = t(M\cos\omega t + N\sin\omega t)$$

的解,将其代入式(4.46),比较同类项系数得到

$$M = -\frac{H}{2\omega},\quad N = 0$$

因而,方程(4.46)的通解为

$$\varphi = A\sin(\omega t + \theta) - \frac{H}{2\omega}t\cos\omega t \tag{4.49}$$

式(4.49)表示随着时间的增大,摆的偏离将无限增加,这种现象称为共振现象。但是,实际上,随着摆的偏离的增加,到了一定程度,方程(4.46)就不能描述摆的运动状态了。

4. 有阻尼强迫振动

有阻尼强迫振动时摆的运动方程为

$$\frac{d^2\varphi}{dt^2} + 2n\frac{d\varphi}{dt} + \omega^2\varphi = H\sin pt \tag{4.50}$$

根据实际的需要,我们只讨论小阻尼的情形,即 $n < \omega$ 的情形。这时方程(4.50)对应的齐次线性微分方程的通解为式(4.43):

$$\varphi = Ae^{-nt}\sin(\omega_1 t + \theta)$$

其中,A,θ 是任意常数;$\omega_1 = \sqrt{\omega^2 - n^2}$(见"2. 有阻尼自由振动"中的情形(1))。

现求方程(4.50)的一个特解,这时可以寻求形如

$$\tilde{\varphi} = M\cos pt + N\sin pt \tag{4.51}$$

的特解,这里 M,N 是待定常数。将式(4.51)代入方程(4.50),比较同类项系数,得到

$$M = \frac{-2npH}{(\omega^2 - p^2)^2 + 4n^2p^2},\quad N = \frac{(\omega^2 - p^2)H}{(\omega^2 - p^2)^2 + 4n^2p^2}$$

为了获得更明显的物理意义,令

$$M = H^* \sin\theta^*, N = H^* \cos\theta^*$$

即令

$$H^* = \sqrt{M^2 + N^2} = \frac{H}{\sqrt{(\omega^2 - p^2)^2 + 4n^2 p^2}} \tag{4.52}$$

及

$$\tan\theta^* = \frac{-2np}{\omega^2 - p^2}$$

这时式(4.51) 可以写成

$$\tilde{\varphi} = H^* \sin\theta^* \cos pt + H^* \cos\theta^* \sin pt = H^* \sin(pt + \theta^*)$$

因此,方程(4.50) 的通解为

$$\varphi = Ae^{-nt} \sin(\omega_1 t + \theta) + \frac{H}{\sqrt{(\omega^2 - p^2)^2 + 4n^2 p^2}} \sin(pt + \theta^*) \tag{4.53}$$

从式(4.53) 可以看出,摆的运动由两部分叠加而成,第一部分就是有阻尼的自由振动,其是系统本身的固有振动,随时间的增长而衰减;第二部分是由外力引起的强迫振动,振幅不随时间的增长而衰减。因此,考虑强迫振动时主要考虑后一项 $\frac{H}{\sqrt{(\omega^2 - p^2)^2 + 4n^2 p^2}} \sin(pt + \theta^*)$,其与外力的频率一样,但相位和振幅都不同了。

现在来研究外力的角频率 p 取什么值时所引起的强迫振动项的振幅 H^* 达到最大值。

从式(4.52) 看出,只需讨论当 p 取何值时 $(\omega^2 - p^2)^2 + 4n^2 p^2$ 达到最小值即可。为此,记 $\Phi(p) = (\omega^2 - p^2)^2 + 4n^2 p^2$,将其对 p 求导数,并令导数等于零,得到

$$\Phi'(p) = -4p(\omega^2 - p^2) + 8n^2 p = 0$$

因此,只要 $2n^2 < \omega^2$,即只要阻尼很小时,就解得

$$p = \sqrt{\omega^2 - 2n^2} \tag{4.54}$$

而当 p 取此值时,我们有 $\Phi''(p) = 8p^2 > 0$,因而 $\Phi(p)$ 在

$$p = \sqrt{\omega^2 - 2n^2}$$

时达到最小值。

把式(4.54) 代入式(4.52),得到相应的最大振幅值为

$$H^*_{\max} = \frac{H}{\sqrt{4n^4 + 4n^2(\omega^2 - 2n^2)}} = \frac{H}{2n\sqrt{\omega^2 - n^2}}$$

就是说,当外力的角频率 $p = \sqrt{\omega^2 - 2n^2}$ 时,强迫振动项的振幅达到最大值,这时的角频率称为共振频率,所产生的现象也叫共振现象。

习题 4.2

1. 解下列方程。

(1)$x^{(4)}-5x''+4x=0$

(2)$x'''-3ax''+3a^2x'-a^3x=0$

(3)$x^{(5)}-4x'''=0$

(4)$x''+2x'+10x=0$

(5)$x''+x'+x=0$

(6)$s''-a^2s=t+1$

(7)$x'''-4x''+5x'-2x=2t+3$

(8)$x^{(4)}-2x''+x=t^2-3$

(9)$x'''-x=\cos t$

(10)$x''+x'-2x=8\sin 2t$

(11)$x'''-x=\mathrm{e}^t$

(12)$s''+2as'+a^2s=\mathrm{e}^t$

(13)$x''+6x'+5x=\mathrm{e}^{2t}$

(14)$x''-2x'+3x=\mathrm{e}^{-t}\cos t$

(15)$x''+x=\sin t-\cos 2t$

4.3 高阶微分方程的降阶和幂级数解法

4.3.1 可降阶的一些方程类型

n 阶微分方程一般地可写为

$$F(t,x,x',\cdots,x^{(n)})=0$$

下面讨论三类特殊方程的降阶问题。

1. 不显含未知函数 x 的方程

方程不显含未知函数 x，或更一般地，设方程不含 $x,x',\cdots,x^{(k-1)}$，即方程形式为

$$F(t,x^{(k)},x^{(k+1)},\cdots,x^{(n)})=0(1\leqslant k\leqslant n) \tag{4.55}$$

若令 $x^{(k)}=y$，则方程即降为关于 y 的 $n-k$ 阶方程：

$$F(t,y,y',\cdots,y^{(n-k)})=0 \tag{4.56}$$

如果能够求得方程(4.56)的通解

$$y=\varphi(t,c_1,c_2,\cdots,c_{n-k})$$

即

$$x^{(k)} = \varphi(t, c_1, c_2, \cdots, c_{n-k})$$

再经过 k 次积分得到

$$x = \psi(t, c_1, c_2, \cdots, c_n)$$

其中，$c_1, c_2, \cdots, c_n$ 为任意常数。可以验证，这就是方程(4.55)的通解。

特别地，若二阶方程不显含 x(相当于 $n = 2, k = 1$ 的情形)，则用变换 $x' = y$ 便可把方程化为一阶方程。

例 4.20　求方程 $\dfrac{d^5 x}{dt^5} - \dfrac{1}{t}\dfrac{d^4 x}{dt^4} = 0$ 的解。

解　令 $\dfrac{d^4 x}{dt^4} = y$，则方程化为

$$\frac{dy}{dx} - \frac{1}{t}y = 0$$

这是一阶方程，积分后得 $y = ct$，即 $\dfrac{d^4 x}{dt^4} = ct$，于是

$$x = c_1 t^5 + c_2 t^3 + c_3 t^2 + c_4 t + c_5$$

其中，$c_1, c_2, \cdots, c_5$ 为任意常数，这就是原方程的通解。

2. 不显含自变量 t 的方程

不显含自变量 t 的方程

$$F(x, x', \cdots, x^{(n)}) = 0 \tag{4.57}$$

若令 $x' = y$，并以其为新未知函数，而视 x 为新自变量，则方程就可降低一阶。

事实上，在所作假定下，$x' = y, x'' = \dfrac{dy}{dt} = \dfrac{dy}{dx}x' = y\dfrac{dy}{dx}, x''' = y\left(\dfrac{dy}{dx}\right)^2 + y^2\dfrac{d^2 y}{dx^2}, \cdots$，采用数学归纳法不难证明，$x^{(k)}$ 可用 $y, \dfrac{dy}{dx}, \cdots, \dfrac{d^{k-1}y}{dx^{k-1}}$ 表示出($k \leqslant n$)，将这些表达式代入方程(4.57)就得到

$$G\left(x, y, \frac{dy}{dx}, \cdots, \frac{d^{n-1}y}{dx^{n-1}}\right) = 0$$

这是关于 x, y 的 $n-1$ 阶方程，比原方程(4.57)低一阶。

例 4.21　求解方程 $xx'' + (x')^2 = 0$。

解　令 $x' = y$，直接计算可得 $x'' = y\dfrac{dy}{dx}$，于是原方程化为 $xy\dfrac{dy}{dx} + y^2 = 0$，得到 $y = 0$ 或 $x\dfrac{dy}{dx} + y = 0$，积分后得 $y = \dfrac{c}{x}$，即 $x' = \dfrac{c}{x}$，所以 $x^2 = c_1 t + c_2 (c_1 = 2c)$，这就是原方程的通解。

例 4.22　求数学摆的运动方程

$$\frac{d^2\varphi}{dt^2} = -\frac{g}{l}\sin\varphi$$

满足初始条件 $t = 0$ 时，$\varphi = \varphi_0 > 0, \dfrac{d\varphi}{dt} = 0$ 的解。

解 令$\frac{\mathrm{d}\varphi}{\mathrm{d}t}=p$，则$\frac{\mathrm{d}^2\varphi}{\mathrm{d}t^2}=p\frac{\mathrm{d}p}{\mathrm{d}\varphi}$，这时，原方程变为

$$p\frac{\mathrm{d}p}{\mathrm{d}\varphi}=-\frac{g}{l}\sin\varphi$$

积分之，得到

$$\frac{1}{2}p^2=\frac{g}{l}(\cos\varphi+c_1)$$

或者

$$\frac{1}{2}\left(\frac{\mathrm{d}\varphi}{\mathrm{d}t}\right)^2=\frac{g}{l}(\cos\varphi+c_1) \tag{4.58}$$

其中，c_1 是任意常数。将初始条件代入方程(4.58)，得到 $c_1=-\cos\varphi_0$，于是方程(4.58)变为

$$\left(\frac{\mathrm{d}\varphi}{\mathrm{d}t}\right)^2=\frac{2g}{l}(\cos\varphi-\cos\varphi_0)$$

将上式开方得到

$$\frac{\mathrm{d}\varphi}{\mathrm{d}t}=\pm\sqrt{\frac{2g}{l}}\sqrt{\cos\varphi-\cos\varphi_0} \tag{4.59}$$

先讨论摆从最大的正偏离角 $\varphi=\varphi_0$ 到最大的负偏离角 $\varphi=-\varphi_0$ 之间的第一次摆动的情况，这时$\frac{\mathrm{d}\varphi}{\mathrm{d}t}<0$，式(4.59)的右端取负号，得到

$$\frac{\mathrm{d}\varphi}{\mathrm{d}t}=-\sqrt{\frac{2g}{l}}\sqrt{\cos\varphi-\cos\varphi_0} \tag{4.60}$$

将方程(4.60)分离变量，然后积分，并考虑初始条件即得

$$\int_{\varphi_0}^{\varphi}\frac{\mathrm{d}\varphi}{\sqrt{\cos\varphi-\cos\varphi_0}}=-\int_0^t\sqrt{\frac{2g}{l}}\,\mathrm{d}t=-t\sqrt{\frac{2g}{l}} \tag{4.61}$$

令

$$t_0=\sqrt{\frac{l}{2g}}\int_0^{\varphi_0}\frac{\mathrm{d}\varphi}{\sqrt{\cos\varphi-\cos\varphi_0}}$$

则式(4.61)可写为

$$t_0-t=\sqrt{\frac{l}{2g}}\int_0^{\varphi}\frac{\mathrm{d}\varphi}{\sqrt{\cos\varphi-\cos\varphi_0}} \tag{4.62}$$

其中，t_0 表示摆从最大正偏离角 $\varphi=\varphi_0$ 第一次到达 $\varphi=0$ 所需的时间。经过 $2t_0$ 的时间，摆到达最大负偏离角的位置 $\varphi=-\varphi_0$，然后，摆又开始向右端运动，这时$\frac{\mathrm{d}\varphi}{\mathrm{d}t}>0$，式(4.60)已不能描述摆的运动了，故所得的解(4.62)只适用于区间$[0,2t_0]$。对于 $t=2t_0$ 之后的一段时间，式(4.59)的右端取正号，得到方程

$$\frac{\mathrm{d}\varphi}{\mathrm{d}t}=\sqrt{\frac{2g}{l}}\sqrt{\cos\varphi-\cos\varphi_0}$$

积分之，并注意到此时初始条件为 $t=2t_0$，使 $\varphi=-\varphi_0$，得到

$$\int_{-\varphi_0}^{\varphi}\frac{\mathrm{d}\varphi}{\sqrt{\cos\varphi-\cos\varphi_0}}=\int_{2t_0}^{t}\sqrt{\frac{2g}{l}}\mathrm{d}t=(t-2t_0)\sqrt{\frac{2g}{l}} \tag{4.63}$$

再注意到

$$\int_{0}^{-\varphi_0}\frac{\mathrm{d}\varphi}{\sqrt{\cos\varphi-\cos\varphi_0}}=-\int_{0}^{\varphi_0}\frac{\mathrm{d}\varphi}{\sqrt{\cos\varphi-\cos\varphi_0}}$$

可将式(4.63)写为

$$t-3t_0=\sqrt{\frac{l}{2g}}\int_{0}^{\varphi}\frac{\mathrm{d}\varphi}{\sqrt{\cos\varphi-\cos\varphi_0}} \tag{4.64}$$

当 $t=4t_0$ 时，摆又回复到 $\varphi=\varphi_0$，然后又向左端运动。式(4.64)在区间 $[2t_0,4t_0]$ 上适用。在 $[4t_0,6t_0]$ 区间上，摆的运动又由方程(4.62)描述，摆在 $\varphi=\varphi_0$ 和 $\varphi=-\varphi_0$ 之间做周期性的摆动，所以，我们只需在区间 $[0,4t_0]$ 上讨论摆的运动就足够了。摆从 $\varphi=\varphi_0$ 到 $\varphi=-\varphi_0$ 的摆动情况由方程(4.62)描述；而摆从 $\varphi=-\varphi_0$ 再到 $\varphi=\varphi_0$ 的摆动情况由方程(4.64)描述。积分 $\int_{0}^{\varphi}\frac{\mathrm{d}\varphi}{\sqrt{\cos\varphi-\cos\varphi_0}}$ 是不能用初等函数表示出来的，这是一个椭圆积分，可将这里得到的结果与前面用 φ 近似 $\sin\varphi$ 所得的线性微分方程的结果作一个比较，就知此处非线性的情形比线性化了的情形复杂得多了。

3. 齐次线性微分方程

齐次线性方程(4.2)

$$\frac{\mathrm{d}^n x}{\mathrm{d}t^n}+a_1(t)\frac{\mathrm{d}^{n-1}x}{\mathrm{d}t^{n-1}}+\cdots+a_{n-1}(t)\frac{\mathrm{d}x}{\mathrm{d}t}+a_n(t)x=0$$

方程(4.2)的求解问题归结为寻求方程的 n 个线性无关的特解，但如何求这些特解呢?没有普通的方法可循，这是与常系数线性微分方程的极大差异之处。但是，如果知道方程的一个非零特解，则利用变量变换，可将方程降低一阶；或者更一般地，若知道方程的 k 个线性无关的特解，则可通过一系列同类型的变换，使方程降低 k 阶，并且新得到的 $n-k$ 阶方程也是齐次线性的。

事实上，设 $x_1,x_2,\cdots,x_k$ 是方程(4.2)的 k 个线性无关解，显然 x_i 不恒等于 0，$i=1,2,\cdots,k$。令 $x=x_k y$，直接计算可得

$$x'=x_k y'+x'_k y$$
$$x''=x_k y''+2x'_k y'+x''_k y$$
$$\cdots\cdots$$
$$x^{(n)}=x_k y^{(n)}+nx'_k y^{(n-1)}+\frac{n(n-1)}{2}x''_k y^{(n-2)}+\cdots+x_k^{(n)}y$$

将这些关系式代入方程(4.2)，得到

$$x_k y^{(n)}+[nx'_k+a_1(t)x_k]y^{(n-1)}+\cdots+[x_k^{(n)}+a_1(t)x_k^{(n-1)}+\cdots+a_n(t)x_k]y=0$$

这是关于 y 的 n 阶方程，且各项系数是 t 的已知函数，而 y 的系数恒等于零，因为 x_k 是方

程(4.2)的解。因此，如果引入新未知函数 $z=y'$，并在 $x_k\neq 0$ 的区间上用 x_k 除方程的各项，我们便得到形式如

$$z^{(n-1)}+b_1(t)z^{(n-2)}+\cdots+b_{n-1}(t)z=0 \tag{4.65}$$

的 $n-1$ 阶齐次线性微分方程。

方程(4.65)的解与微分方程(4.2)的解之间的关系，由以上变换知道为 $z=y'=\left(\dfrac{x}{x_k}\right)'$，或 $x=x_k\int z\mathrm{d}t$，因此，对于方程(4.65)，就可得其 $k-1$ 个线性无关解 $z_i=\left(\dfrac{x_i}{x_k}\right)'$，$i=1,2,\cdots,k-1$。

事实上，$z_1,z_2,\cdots,z_{k-1}$ 是方程(4.65)的解，这一点是显然的。假设这 $k-1$ 个解之间存在关系式

$$\alpha_1 z_1+\alpha_2 z_2+\cdots+\alpha_{k-1}z_{k-1}\equiv 0$$

或

$$\alpha_1\left(\frac{x_1}{x_k}\right)'+\alpha_2\left(\frac{x_2}{x_k}\right)'+\cdots+\alpha_{k-1}\left(\frac{x_{k-1}}{x_k}\right)'\equiv 0$$

其中，$\alpha_1,\alpha_2,\cdots,\alpha_{k-1}$ 是常数，那么就有

$$\alpha_1\left(\frac{x_1}{x_k}\right)+\alpha_2\left(\frac{x_2}{x_k}\right)+\cdots+\alpha_{k-1}\left(\frac{x_{k-1}}{x_k}\right)\equiv-\alpha_k$$

或

$$\alpha_1 x_1+\alpha_2 x_2+\cdots+\alpha_{k-1}x_{k-1}+\alpha_k x_k\equiv 0$$

由于 $x_1,x_2,\cdots,x_k$ 线性无关，故必有 $\alpha_1=\alpha_2=\cdots=\alpha_k=0$，这就是说 $z_1,z_2,\cdots,z_{k-1}$ 是线性无关的。

因此，若对方程(4.65)仿照以上做法，令 $z=z_{k-1}\int u\mathrm{d}t$，则可将方程化为关于 u 的 $n-2$ 阶齐次线性微分方程

$$u^{(n-2)}+c_1(t)u^{(n-3)}+\cdots+c_{n-2}(t)u=0 \tag{4.66}$$

并且还可得方程(4.66)的 $k-2$ 个线性无关解：

$$u_i=\left(\frac{z_i}{z_{k-1}}\right)',\quad i=1,2,\cdots,k-2$$

由上面的讨论可知，利用 k 个线性无关特解当中的一个解 x_k，可以把方程(4.2)降低一阶，成为 $n-1$ 阶齐次线性微分方程(4.65)，并且可得 $k-1$ 个线性无关解；而利用线性无关解 $x_1,x_2,\cdots,x_k$ 当中的两个，可以把方程(4.2)降低两阶，成为 $n-2$ 阶齐次线性微分方程(4.66)，同时可得其 $k-2$ 个线性无关解。依此类推，继续上面的做法，若利用了方程的 k 个线性无关解 $x_1,x_2,\cdots,x_k$，则最后我们就得到一个 $n-k$ 阶齐次线性微分方程，即将方程(4.2)降低了 k 阶。

特别地，对于二阶齐次线性微分方程，如果知道其一个非零解，则方程的求解问题就解决了。

事实上，设 $x = x_1 \neq 0$ 是二阶齐次线性微分方程

$$\frac{d^2x}{dt^2} + p(t)\frac{dx}{dt} + q(t)x = 0 \tag{4.67}$$

的解，则由上面讨论知道，经变换 $x = x_1\int y dt$ 后，原方程就化为

$$x_1\frac{dy}{dt} + [2x_1' + p(t)x_1]y = 0$$

这是一阶线性微分方程，解之得

$$y = c\frac{1}{x_1^2}e^{-\int p(t)dt}$$

因而

$$x = x_1\left[c_1 + c\int\frac{1}{x_1^2}e^{-\int p(t)dt}dt\right] \tag{4.68}$$

其中，c,c_1 是任意常数。

取 $c_1 = 0, c = 1$，便得到方程(4.67)的一个特解 $x = x_1\int\frac{1}{x_1^2}e^{-\int p(t)dt}dt$，它与 x_1 显然是线性无关的，因为它们的比不等于常数。于是，表达式(4.68)便是方程(4.67)的通解，它包括了方程(4.67)的所有解。

例 4.23　已知 $x = \frac{\sin t}{t}$ 是方程 $x'' + \frac{2}{t}x' + x = 0$ 的解，试求方程的通解。

解　这里令 $p(t) = \frac{2}{t}$，由式(4.68)得到

$$x = \frac{\sin t}{t}\left(c_1 + c\int\frac{t^2}{\sin^2 t}\cdot\frac{1}{t^2}dt\right) = \frac{\sin t}{t}(c_1 - c\cdot\cot t) = \frac{1}{t}(c_1\sin t - c\cos t)$$

其中，c,c_1 是任意常数，上式就是方程的通解。

4.3.2　二阶线性微分方程的幂级数解法

基于上述讨论，二阶变系数齐次线性微分方程的求解问题可归结为寻求其一个非零解的问题。由于方程的系数是自变量的函数，不能像 4.2 节那样利用代数的方法来求解。但是大家从微积分学中知道，在满足一定条件下，一个函数可以用幂级数表示。受此启发，自然想到能否利用幂级数表示微分方程的解呢？下面就来讨论此问题，主要通过几个简单例子让大家体会该方法的应用。

例 4.24　求方程 $\frac{dy}{dx} = y - x$ 的满足初始条件 $y(0) = 0$ 的解。

解　设

$$y = a_0 + a_1x + a_2x^2 + \cdots + a_nx^n + \cdots \tag{4.69}$$

为方程的解，这里 $a_i(i = 1,2,\cdots,n,\cdots)$ 是待定常数，由此有

$$y' = a_1 + 2a_2x + \cdots + na_nx^{n-1} + \cdots$$

将 y,y' 的表达式代入方程，并比较 x 的同幂次的系数，得到

$$a_1 = a_0,\quad 2a_2 = a_1 - 1,\quad ka_k = a_{k-1},\quad k \geqslant 3$$

以及 $y(0)=0$，就有 $a_1 = a_0 = 0, a_2 = -\dfrac{1}{2}, a_3 = -\dfrac{1}{3!}$，利用数学归纳法可以推得，$a_n = -\dfrac{1}{n!}$，代入式(4.69)得

$$y = -\left(\frac{x^2}{2!} + \frac{x^3}{3!} + \cdots + \frac{x^n}{n!} + \cdots\right) = -\left(1 + x + \frac{x^2}{2!} + \frac{x^3}{3!} + \cdots\right) + 1 + x = 1 + x - e^x$$

这就是所求的解。事实上，方程是一阶线性的，容易求得其通解 $y = ce^x + x + 1$，而由条件 $y(0) = 0$ 可确定常数 $c = -1$，即得方程的解为 $y = 1 + x - e^x$。

例 4.25 求解方程 $x\dfrac{dy}{dx} = y - x, y(1) = 0$。

解 同上例一样，将式(4.69)形式的解代入方程并比较 x 的同幂次的系数，这时有

$$a_0 = 0,\quad a_1 = a_1 - 1,\quad na_n = a_n,\quad n \geqslant 2$$

因为不可能找到有限的 a_1，故方程没有形如式(4.69)的解。

事实上，直接解方程，可得通解为

$$y = cx - x\ln|x|$$

但若令 $x = t + 1$，那么就将上述初值问题化为

$$(t+1)\frac{dy}{dx} = y - (t+1),\quad y(0) = 0$$

这时仿例 4.24 的做法就可求得

$$y = (1+t)\sum_{n=1}^{\infty}(-1)^n\frac{t^n}{n} = -(1+t)\ln(1+t),\quad |t| < 1$$

于是

$$y = x\sum_{n=1}^{\infty}(-1)^n\frac{(x-1)^n}{n} = -x\ln x,\quad x > 0$$

这就是所求原方程的特解，相当于通解中取 $c = 0$。

例 4.26 求初值问题 $x^2\dfrac{dy}{dx} = y - x, y(0) = 0$ 的解。

解 同前面一样，以级数(4.69)形式的解代入方程并比较 x 的同幂次的系数，条件为 $y(0) = 0$，有 $a_0 = 0, a_1 - 1 = 0, a_2 = a_1, \cdots, a_{n+1} = na_n, \cdots$，或 $a_0 = 0, a_1 = 1, a_2 = 1, \cdots, a_n = (n-1)!, \cdots$ 将这些确定的值代入式(4.69)就得到

$$y = x + x^2 + 2!x^3 + 3!x^4 + \cdots + n!x^{n+1} + \cdots$$

而此级数对任何 $x \neq 0$ 都是发散的，故所给问题没有形如式(4.69)的级数解。

例 4.27 求方程 $y'' - 2xy' - 4y = 0$ 的满足初始条件 $y(0) = 0$ 及 $y'(0) = 1$ 的解。

解 设级数(4.69)为方程的解。首先，利用初始条件可以得到

$$a_0 = 0,\quad a_1 = 1$$

因而

$$y = x + a_2x^2 + a_3x^3 + \cdots + a_nx^n + \cdots$$
$$y' = 1 + 2a_2x + 3a_3x^2 + \cdots + na_nx^{n-1} + \cdots$$
$$y'' = 2a_2 + 3 \times 2a_3x + \cdots + n(n-1)a_nx^{n-2} + \cdots$$

将 y, y', y'' 的表达式代入原方程，合并 x 的同幂次的项，并令各项系数等于零，得到

$$2a_2 = 0$$
$$3 \times 2a_3 - 2 - 4 = 0$$
$$4 \times 3a_4 - 4a_2 - 4a_2 = 0$$
$$\cdots\cdots$$
$$n(n-1)a_n - 2(n-2)a_{n-2} - 4a_{n-2} = 0$$
$$\cdots\cdots$$

即

$$a_2 = 0, a_3 = 1, a_4 = 0, \cdots, a_n = \frac{2}{n-1}a_{n-2}, \cdots$$

因而

$$a_5 = \frac{1}{2!}, a_6 = 0, a_7 = \frac{1}{6} = \frac{1}{3!}, a_8 = 0, a_9 = \frac{1}{4!}, \cdots$$

即

$$a_{2k+1} = \frac{1}{k} \cdot \frac{1}{(k-1)!} = \frac{1}{k!}, \quad a_{2k} = 0$$

对一切正整数 k 成立。

将 $a_i (i = 0, 1, 2, \cdots)$ 的值代回式(4.69)就得到

$$y = x + x^3 + \frac{x^5}{2!} + \cdots + \frac{x^{2k+1}}{k!} + \cdots = x\left(1 + x^2 + \frac{x^4}{2!} + \cdots + \frac{x^{2k}}{k!} + \cdots\right) = xe^{x^2}$$

这就是原方程的满足所给初始条件的解。

考虑二阶齐次线性微分方程

$$\frac{d^2y}{dx^2} + p(x)\frac{dy}{dx} + q(x)y = 0 \tag{4.70}$$

及初始条件 $y(x_0) = y_0$ 及 $y'(x_0) = y'_0$ 的情况。

不失一般性，可设 $x_0 = 0$，否则，引进新变量 $t = x - x_0$，经此变换，原方程的形式不变，但这时对应于 $x = x_0$ 的就是 $t_0 = 0$ 了，因此，后面总认为 $x_0 = 0$。

定理 4.10　若方程(4.70)中系数 $p(x)$ 和 $q(x)$ 都能展开成 x 的幂级数，且收敛域为 $|x| < R$，则方程(4.70)有形如

$$y = \sum_{n=0}^{\infty} a_nx^n \tag{4.71}$$

的特解，也以 $|x| < R$ 为级数的收敛区间。

在例 4.27 中，方程显然满足定理 4.10 的条件，系数 $-2x$ 和 -4 可看作是在全数轴收敛的幂级数，故方程的解也在全数轴上收敛，这与例 4.27 的实际计算结果完全一样，但有

些方程，例如 n 阶贝塞尔方程

$$x^2\frac{\mathrm{d}^2y}{\mathrm{d}x^2}+x\frac{\mathrm{d}y}{\mathrm{d}x}+(x^2-n^2)y=0 \tag{4.72}$$

其中，n 为非负常数，不一定是正整数，在此 $p(x)=\dfrac{1}{x}$，$q(x)=1-\dfrac{n^2}{x^2}$，显然其不满足定理 4.10 的条件，因而不能肯定有形如(4.71) 的特解，但其满足下述定理 4.11 的条件，从而具有其他形式的幂级数解。

定理 4.11 若方程(4.70) 中系数 $p(x)$，$q(x)$ 具有这样的性质，即 $xp(x)$ 和 $x^2q(x)$ 均能展成 x 的幂级数，且收敛区间为 $|x|<R$，则方程(4.70) 有形如

$$y=x^{\alpha}\sum_{n=0}^{\infty}a_nx^n$$

即

$$y=\sum_{n=0}^{\infty}a_nx^{\alpha+n} \tag{4.73}$$

的特解，其中 $a_0\neq0$，α 是一个待定的常数。级数(4.72) 也以 $|x|<R$ 为收敛域。

例 4.28 求解 n 阶贝塞尔方程(4.72)。

解 将原方程改写成

$$\frac{\mathrm{d}^2y}{\mathrm{d}x^2}+\frac{1}{x}\frac{\mathrm{d}y}{\mathrm{d}x}+\frac{(x^2-n^2)}{x^2}y=0 \tag{4.74}$$

易见，其满足定理 4.11 的条件，且 $xp(x)=1$，$x^2q(x)=x^2-n^2$，按 x 展成的幂级数收敛区间为$(-\infty,+\infty)$ 的形式，由定理 4.11，方程(4.74) 有形如式(4.73)

$$y=\sum_{k=0}^{\infty}a_kx^{\alpha+k}$$

的解，这里 $a_0\neq0$，而 a_k 和 α 是待定常数。将式(4.73) 代入方程(4.74) 中，得

$$x^2\sum_{k=1}^{\infty}(\alpha+k)(\alpha+k-1)a_kx^{\alpha+k-2}+x\sum_{k=1}^{\infty}(\alpha+k)a_kx^{\alpha+k-1}+(x^2-n^2)\sum_{k=0}^{\infty}a_kx^{\alpha+k}=0$$

将 x 同幂次项归在一起，上式变为

$$\sum_{k=0}^{\infty}[(\alpha+k)(\alpha+k-1)+(\alpha+k)-n^2]a_kx^{\alpha+k}+\sum_{k=0}^{\infty}a_kx^{\alpha+k+2}=0$$

令各项的系数等于零，得一系列代数方程：

$$\begin{cases}a_0[\alpha^2-n^2]=0\\a_1[(\alpha+1)^2-n^2]=0\\a_k[(\alpha+k)^2-n^2]+a_{k-2}=0\\k=2,3,\cdots\end{cases} \tag{4.75}$$

因为 $a_0\neq0$，故从方程组(4.75) 中的第一个方程解得 α 的两个值

$$\alpha=n \text{ 和 } \alpha=-n$$

先考虑 $\alpha=n$ 时方程(4.72) 的一个特解，这时我们总可以从式(4.75) 中逐个地确定

所有的系数 a_k。

把 $\alpha=n$ 代入方程组(4.75)，得到

$$a_1=0$$

$$a_k=-\frac{a_{k-2}}{k(2n+k)},\quad k=2,3,\cdots$$

或按下标为奇数或偶数，分别有

$$\begin{cases} a_{2k+1}=\dfrac{-a_{2k-1}}{(2k+1)(2n+2k+1)} \\ a_{2k}=\dfrac{-a_{2k-2}}{2k(2n+2k)} \end{cases},\quad k=1,2,\cdots$$

从而求得

$$a_{2k-1}=0,\quad k=1,2,\cdots$$

$$a_2=-\frac{a_0}{2^2\times 1(n+1)}$$

$$a_4=(-1)^2\frac{a_0}{2^4\times 2!(n+1)(n+2)}$$

$$a_6=(-1)^3\frac{a_0}{2^6\times 3!(n+1)(n+2)(n+3)}$$

一般地，

$$a_{2k}=(-1)^k\frac{a_0}{2^{2k}k!(n+1)(n+2)\cdots(n+k)},\quad k=1,2,\cdots$$

将各 a_k 代入式(4.73) 得到方程(4.72) 的一个解

$$y_1=a_0x^n+\sum_{k=1}^{\infty}(-1)^k\frac{a_0}{2^{2k}k!(n+1)(n+2)\cdots(n+k)}x^{2k+n} \tag{4.76}$$

既然是求方程(4.72) 的特解，我们不妨令

$$a_0=\frac{1}{2^n\Gamma(n+1)}$$

则式(4.76) 变为

$$y_1=\sum_{k=0}^{\infty}\frac{(-1)^k}{k!(n+k)\cdots(n+1)\Gamma(n+1)}\left(\frac{x}{2}\right)^{2k+n}$$

注意到 Γ 函数的性质，即有

$$y_1=\sum_{k=0}^{\infty}\frac{(-1)^k}{k!\Gamma(n+k+1)}\left(\frac{x}{2}\right)^{2k+n}\equiv \mathrm{J}_n(x)$$

$\mathrm{J}_n(x)$ 是由贝塞尔方程(4.72) 定义的特殊函数，称为 n 阶贝塞尔函数(本书中都指柱贝塞尔函数)。

因此，对于 n 阶贝塞尔方程，其总有一个特解 $\mathrm{J}_n(x)$，为了求得另一个与 $\mathrm{J}_n(x)$ 线性无关的特解，自然想到，求 $\alpha=-n$ 时方程(4.72) 的形如

$$y_2=\sum_{k=0}^{\infty}a_kx^{-n+k}$$

的解。注意到只要 n 不为非负整数，像以上对于 $\alpha = n$ 时的求解过程一样，总可以求得

$$a_{2k-1} = 0, k = 1,2,\cdots;\quad a_{2k} = (-1)^k \frac{a_0}{2^{2k}k!(-n+1)(-n+2)\cdots(-n+k)}, k = 1,2,\cdots$$

满足式(4.75)中的一系列方程，因而

$$y_2 = a_0 x^{-n} + \sum_{k=1}^{\infty} \frac{(-1)^k a_0}{2^{2k}k!(-n+1)(-n+2)\cdots(-n+k)} x^{2k-n} \tag{4.77}$$

是方程(4.72)的一个特解。此时，若令

$$a_0 = \frac{1}{2^{-n}\Gamma(-n+1)}$$

则式(4.77)变为

$$y_2 = \sum_{k=0}^{\infty} \frac{(-1)^k}{k!\Gamma(-n+k+1)} \left(\frac{x}{2}\right)^{2k-n} \equiv J_{-n}(x)$$

$J_{-n}(x)$ 称为 $-n$ **阶贝塞尔函数**。

利用达朗贝尔判别法不难验证级数(4.76)和(4.77)对于任何 x 值(在级数(4.77)中 $x \neq 0$)都是收敛的，因此，当 n 不等于非负整数时，$J_n(x)$ 和 $J_{-n}(x)$ 都是方程(4.72)的解，而且是线性无关的，因为它们可展开为由 x 的不同幂次开始的级数，从而它们的比不可能是常数。于是方程(4.72)的通解可写为

$$y = c_1 J_n(x) + c_2 J_{-n}(x)$$

其中，c_1, c_2 是任意常数。

当 n 为自然数，而 $\alpha = -n$ 时，就不能从式(4.75)中确定 $a_{2k}(k > n)$，因此不能像上面一样求得方程的通解。这时可以用4.3.1节介绍过的降阶法，求出方程(4.72)的与 $J_n(x)$ 线性无关的特解。事实上，由公式(4.68)直接得到方程(4.72)的通解为

$$y = J_n(x)\left[c_1 + c_2\int \frac{1}{J_n^2(x)} e^{-\int \frac{1}{x}dx} dx\right] = J_n(x)\left[c_1 + c_2\int \frac{dx}{xJ_n^2(x)}\right]$$

其中，c_1, c_2 是任意常数。

例 4.29 求方程 $x^2y'' + xy' + \left(4x^2 - \frac{9}{25}\right)y = 0$ 的通解。

解 引入新变量 $t = 2x$，我们有

$$\frac{dy}{dx} = \frac{dy}{dt}\frac{dt}{dx} = 2\frac{dy}{dt}$$

$$\frac{d^2y}{dx^2} = \frac{d}{dt}\left(2\frac{dy}{dt}\right)\cdot\frac{dt}{dx} = 4\frac{d^2y}{dt^2}$$

将上述关系式代入原方程，得到

$$t^2\frac{d^2y}{dt^2} + t\frac{dy}{dt} + \left(t^2 - \frac{9}{25}\right)y = 0 \tag{4.78}$$

这是 $n = \frac{3}{5}$ 的贝塞尔方程。由例4.28可知，方程(4.78)的通解可表示为

$$y = c_1 J_{\frac{3}{5}}(t) + c_2 J_{-\frac{3}{5}}(t)$$

代回原来变量，就得到原方程的通解

$$y = c_1 J_{\frac{3}{5}}(2x) + c_2 J_{-\frac{3}{5}}(2x)$$

其中，c_1，c_2 是任意常数。

4.3.3　第二宇宙速度计算

作为 4.3 节的应用，现在来计算物体能够摆脱地球引力束缚的最小速度，即所谓第二宇宙速度。在这个速度下，物体将摆脱地球的引力，像地球一样绕着太阳运行。

首先建立物体垂直上抛运动的微分方程，以 M 和 m 分别表示地球和物体的质量，按牛顿万有引力定律，作用于物体的引力 F(空气阻力忽略不计) 为

$$F = k\frac{mM}{r^2} \tag{4.79}$$

其中，r 表示地球的中心和物体重心之间的距离；k 为万有引力常数。因此，物体运动规律应满足以下微分方程

$$m\frac{\mathrm{d}^2 r}{\mathrm{d}t^2} = -k\frac{mM}{r^2}$$

或

$$\frac{\mathrm{d}^2 r}{\mathrm{d}t^2} = -k\frac{M}{r^2} \tag{4.80}$$

其中，负号表示物体的加速度是负的。

设地球半径为 $R(R = 6.3\times 10^6\,\mathrm{m})$，物体第二宇宙速度为 V_0，因此，当物体刚刚离开地球表面时，有 $r = R, \frac{\mathrm{d}r}{\mathrm{d}t} = V_0$，即应取初始条件为，当 $t = 0$ 时，

$$r = R,\quad \frac{\mathrm{d}r}{\mathrm{d}t} = V_0$$

方程(4.80)不显含自变量 t，应用 4.3.1 节讨论过的方法，即令 $\frac{\mathrm{d}r}{\mathrm{d}t} = V$，把方程(4.80)降阶成为一阶方程

$$V\frac{\mathrm{d}V}{\mathrm{d}r} = -k\frac{M}{r^2}$$

解得

$$\frac{V^2}{2} = kM\frac{1}{r} + c$$

注意到这时初始条件为

$$r = R \text{ 时}, V = V_0$$

利用这些数据即可决定常数 c：

$$c = \frac{V_0^2}{2} - \frac{kM}{R}$$

因而

$$\frac{V^2}{2}=\frac{kM}{r}+\left(\frac{V_0^2}{2}-\frac{kM}{R}\right) \tag{4.81}$$

因为物体运动速度必须始终保持是正的，即$\frac{V^2}{2}>0$，而随着r的不断增大，$\frac{kM}{r}$变得任意小，因此，由式(4.81)看到，条件$\frac{V^2}{2}>0$要对所有的r都成立，只能使不等式

$$\frac{V_0^2}{2}-\frac{kM}{R}\geqslant 0$$

或

$$V_0\geqslant\sqrt{\frac{2kM}{R}}$$

成立。因而第二宇宙速度由式(4.82)决定：

$$V_0=\sqrt{\frac{2kM}{R}} \tag{4.82}$$

在地球的表面，即$r=R$时，重力加速度为g($g=9.81\ \mathrm{m/s^2}$)，由此根据式(4.82)，就有

$$g=k\frac{M}{R^2}$$

于是$kM=gR^2$，以此代入式(4.82)得到

$$V_0=\sqrt{2gR}=\sqrt{2\times 9.81\times 63\times 10^5}\,(\mathrm{m/s})\approx 11.2\times 10^3\,(\mathrm{m/s})$$

通常所说的第二宇宙速度指的就是$V_0=11.2\mathrm{km/s}$这个速度。

习题 4.3

1. 求解下列方程。

(1)$x''=\frac{1}{2x'}\left(这里\ x'=\frac{\mathrm{d}x}{\mathrm{d}t},x''=\frac{\mathrm{d}^2x}{\mathrm{d}t^2},下同\right)$

(2)$xx''-(x')^2+(x')^3=0$

(3)$x''+\frac{2}{1-x}(x')^2=0$

(4)$x''+\sqrt{1-(x')^2}=0$

(5)$ax''+[1+(x')^2]^{\frac{3}{2}}=0$(常数$a\neq 0$)

(6)$x''-\frac{1}{t}x'+(x')^2=0$

(7)$x''+tx'+x=0,x(0)=0,x'(0)=1$

(8)$x''-tx=0,x(0)=1,x'(0)=0$

(9)$x''-tx'-x=0$

2. 求解贝塞尔方程 $t^2x''+tx'+\left(t^2-\dfrac{1}{4}\right)x=0$。

3. 一个物体在大气中降落，初速度为零，空气阻力与速度的二次方成正比，求该物体的运动规律。

4. 对于二阶齐次线性微分方程 $x''+p(t)x'+q(t)x=0$，其中 $p(t)$，$q(t)$ 为连续函数，试证：

(1) 若 $p(t)\equiv -tq(t)$，则 $x=t$ 是方程的解；

(2) 若存在常数 m 使得 $m^2+mp(t)+q(t)\equiv 0$，则方程有解 $x=e^{mt}$。

5. 假设 $\varphi(t,c_1,c_2,\cdots,c_{n-k})$ 是方程(4.56) 的通解，而函数 $\varphi(t,c_1,c_2,\cdots,c_n)$ 是 $x^{(k)}=\varphi(t,c_1,c_2,\cdots,c_{n-k})$ 的通解，试证：$\varphi(t,c_1,c_2,\cdots,c_n)$ 就是方程(4.55) 的通解，这里 $c_1,c_2,\cdots,c_{n-k},\cdots,c_n$ 为任意常数。

第 5 章

线性微分方程组

【学习目标】

(1) 理解线性微分方程组解的存在唯一性定理，掌握一阶齐(非齐) 次线性微分方程组解的性质与结构。

(2) 理解 n 阶线性微分方程与一阶线性微分方程组的关系。

(3) 掌握求解非齐次线性微分方程组的常数变易法。

(4) 理解常系数齐次线性微分方程组基解矩阵的概念，掌握求基解矩阵的方法。

(5) 掌握求解常系数线性微分方程组的拉普拉斯变换法。

【重难点】 求解常系数非齐次线性微分方程组。

【主要内容】 n 阶线性微分方程与一阶线性微分方程组的关系，一阶线性微分方程组解的存在唯一性定理；齐(非齐) 次线性微分方程组解的性质与结构，求解非齐次线性微分方程组的常数变易法；常系数齐次线性微分方程组的基解矩阵及求基解矩阵的方法；求解常系数线性微分方程组的拉普拉斯变换法。

5.1 存在唯一性定理

5.1.1 记号和定义

考察形如

$$\begin{cases} x_1' = a_{11}(t)x_1 + a_{12}(t)x_2 + \cdots + a_{1n}(t)x_n + f_1(t) \\ x_2' = a_{21}(t)x_1 + a_{22}(t)x_2 + \cdots + a_{2n}(t)x_n + f_2(t) \\ \cdots\cdots \\ x_n' = a_{n1}(t)x_1 + a_{n2}(t)x_2 + \cdots + a_{nn}(t)x_n + f_n(t) \end{cases} \tag{5.1}$$

的一阶线性微分方程组，已知函数 $a_{ij}(t)(i,j=1,2,\cdots,n)$ 和 $f_i(t)(i=1,2,\cdots,n)$ 在区间 $[a,b]$(本章的区间 $[a,b]$ 指的都是 $a\leqslant t\leqslant b$) 上是连续的。方程组(5.1) 关于 $x_1,x_2,\cdots,x_n$ 及 $x_1',x_2',\cdots,x_n'$ 是线性的。

引进下面的记号：

$$\boldsymbol{A}(t)=\begin{bmatrix} a_{11}(t) & a_{12}(t) & \cdots & a_{1n}(t) \\ a_{21}(t) & a_{22}(t) & \cdots & a_{2n}(t) \\ \vdots & \vdots & & \vdots \\ a_{n1}(t) & a_{n2}(t) & \cdots & a_{nn}(t) \end{bmatrix} \tag{5.2}$$

这里 $\boldsymbol{A}(t)$ 是 $n\times n$ 矩阵,其元素是 n^2 个函数 $a_{ij}(t)(i,j=1,2,\cdots,n)$。

$$\boldsymbol{f}(t)=\begin{bmatrix} f_1(t) \\ f_2(t) \\ \vdots \\ f_n(t) \end{bmatrix},\quad \boldsymbol{x}=\begin{bmatrix} x_1 \\ x_2 \\ \vdots \\ x_n \end{bmatrix},\quad \boldsymbol{x}'=\begin{bmatrix} x_1' \\ x_2' \\ \vdots \\ x_n' \end{bmatrix} \tag{5.3}$$

其中,$\boldsymbol{f}(t),\boldsymbol{x},\boldsymbol{x}'$ 都是 $n\times 1$ 矩阵或 n 维列向量。

注意,矩阵相加、矩阵相乘、矩阵与纯量相乘等性质对于以函数作为元素的矩阵同样成立。这样,方程组(5.1)可以写成下面的形式

$$\boldsymbol{x}'=\boldsymbol{A}(t)\boldsymbol{x}+\boldsymbol{f}(t) \tag{5.4}$$

引进概念:一个矩阵或者一个向量在区间$[a,b]$上是连续的,如果其每一个元素都是区间$[a,b]$上的连续函数。

一个 $n\times n$ 矩阵 $\boldsymbol{B}(t)$ 或者一个 n 维列向量 $\boldsymbol{u}(t)$:

$$\boldsymbol{B}(t)=\begin{bmatrix} b_{11}(t) & b_{12}(t) & \cdots & b_{1n}(t) \\ b_{21}(t) & b_{22}(t) & \cdots & b_{2n}(t) \\ \vdots & \vdots & & \vdots \\ b_{n1}(t) & b_{n2}(t) & \cdots & b_{nn}(t) \end{bmatrix},\quad \boldsymbol{u}(t)=\begin{bmatrix} u_1(t) \\ u_2(t) \\ \vdots \\ u_n(t) \end{bmatrix}$$

在区间$[a,b]$上是可微的,如果它们的每一个元素都在区间$[a,b]$上可微。它们的导数分别由下式给出:

$$\boldsymbol{B}'(t)=\begin{bmatrix} b_{11}'(t) & b_{12}'(t) & \cdots & b_{1n}'(t) \\ b_{21}'(t) & b_{22}'(t) & \cdots & b_{2n}'(t) \\ \vdots & \vdots & & \vdots \\ b_{n1}'(t) & b_{n2}'(t) & \cdots & b_{nn}'(t) \end{bmatrix},\quad \boldsymbol{u}'(t)=\begin{bmatrix} u_1'(t) \\ u_2'(t) \\ \vdots \\ u_n'(t) \end{bmatrix}$$

不难证明,如果 $n\times n$ 矩阵 $\boldsymbol{A}(t),\boldsymbol{B}(t)$ 及 n 维向量 $\boldsymbol{u}(t),\boldsymbol{v}(t)$ 是可微的,那么下列等式成立:

(1) $(\boldsymbol{A}(t)+\boldsymbol{B}(t))'=\boldsymbol{A}'(t)+\boldsymbol{B}'(t)$

$(\boldsymbol{u}(t)+\boldsymbol{v}(t))'=\boldsymbol{u}'(t)+\boldsymbol{v}'(t)$

(2) $(\boldsymbol{A}(t)\cdot\boldsymbol{B}(t))'=\boldsymbol{A}'(t)\boldsymbol{B}(t)+\boldsymbol{A}(t)'\boldsymbol{B}(t)$

(3) $(\boldsymbol{A}(t)\cdot\boldsymbol{u}(t))'=\boldsymbol{A}'(t)\boldsymbol{u}(t)+\boldsymbol{A}(t)\boldsymbol{u}'(t)$

类似地,矩阵 $\boldsymbol{B}(t)$ 或者向量 $\boldsymbol{u}(t)$ 在区间$[a,b]$上是可积的,如果它们的每一个元素都在区间$[a,b]$上可积,它们的积分分别由下式给出:

$$\int_a^b \boldsymbol{B}(t)\mathrm{d}t = \begin{bmatrix} \int_a^b b_{11}(t)\mathrm{d}t & \int_a^b b_{12}(t)\mathrm{d}t & \cdots & \int_a^b b_{1n}(t)\mathrm{d}t \\ \int_a^b b_{21}(t)\mathrm{d}t & \int_a^b b_{22}(t)\mathrm{d}t & \cdots & \int_a^b b_{2n}(t)\mathrm{d}t \\ \vdots & \vdots & & \vdots \\ \int_a^b b_{n1}(t)\mathrm{d}t & \int_a^b b_{n2}(t)\mathrm{d}t & \cdots & \int_a^b b_{nn}(t)\mathrm{d}t \end{bmatrix}, \quad \int_a^b \boldsymbol{u}(t)\mathrm{d}t = \begin{bmatrix} \int_a^b u_1(t)\mathrm{d}t \\ \int_a^b u_2(t)\mathrm{d}t \\ \vdots \\ \int_a^b u_n(t)\mathrm{d}t \end{bmatrix}$$

现在我们给出方程(5.4)的解的定义。

定义 5.1 设 $\boldsymbol{A}(t)$ 是区间 $[a,b]$ 上的连续的 $n\times n$ 矩阵，$\boldsymbol{f}(t)$ 是同一区间 $[a,b]$ 上的连续 n 维向量。方程组(5.4)

$$\boldsymbol{x}' = \boldsymbol{A}(t)\boldsymbol{x} + \boldsymbol{f}(t)$$

在某区间 $[\alpha,\beta]$（这里 $[\alpha,\beta]\subset[a,b]$）的解就是向量 $\boldsymbol{u}(t)$，其导数 $\boldsymbol{u}'(t)$ 在区间 $[\alpha,\beta]$ 上连续且满足

$$\boldsymbol{u}'(t) = \boldsymbol{A}(t)\boldsymbol{u}(t) + \boldsymbol{f}(t), \quad \alpha \leqslant t \leqslant \beta$$

现在考虑带有初始条件 $\boldsymbol{x}(t_0)=\boldsymbol{\eta}$ 的方程组(5.4)，这里 t_0 是区间 $[a,b]$ 上的已知数，$\boldsymbol{\eta}$ 是 n 维欧几里得空间的已知向量，在这样的条件下求解方程组称为初值问题。

定义 5.2 初值问题

$$\boldsymbol{x}' = \boldsymbol{A}(t)\boldsymbol{x} + \boldsymbol{f}(t), \quad \boldsymbol{x}(t_0) = \boldsymbol{\eta} \tag{5.5}$$

的解就是方程组(5.4)在包含 t_0 的区间 $[\alpha,\beta]$ 上的解 $\boldsymbol{u}(t)$，使得 $\boldsymbol{u}(t_0)=\boldsymbol{\eta}$。

例 5.1 验证向量 $\boldsymbol{u}(t) = \begin{bmatrix} \mathrm{e}^{-t} \\ -\mathrm{e}^{-t} \end{bmatrix}$ 是初值问题 $\boldsymbol{x}' = \begin{bmatrix} 0 & 1 \\ 1 & 0 \end{bmatrix}\boldsymbol{x}$，$\boldsymbol{x}(0) = \begin{bmatrix} 1 \\ -1 \end{bmatrix}$ 在区间 $t\in(-\infty,+\infty)$ 上的解。

证明 显然

$$\boldsymbol{u}(0) = \begin{bmatrix} \mathrm{e}^{-0} \\ -\mathrm{e}^{-0} \end{bmatrix} = \begin{bmatrix} 1 \\ -1 \end{bmatrix}$$

因为 e^{-t} 和 $-\mathrm{e}^{-t}$ 处处有连续导数，得到

$$\boldsymbol{u}'(t) = \begin{bmatrix} -\mathrm{e}^{-t} \\ \mathrm{e}^{-t} \end{bmatrix} = \begin{bmatrix} 0 & 1 \\ 1 & 0 \end{bmatrix}\begin{bmatrix} \mathrm{e}^{-t} \\ -\mathrm{e}^{-t} \end{bmatrix} = \begin{bmatrix} 0 & 1 \\ 1 & 0 \end{bmatrix}\boldsymbol{u}(t)$$

因此，$\boldsymbol{u}(t)$ 是给定初值问题的解。

正如在第 2 章所讲到的，当 $n=1$ 时，可以得到初值问题(5.5)的解的明显表达式，当 $n\geqslant 2$ 时，情况就复杂多了。

第 4 章中讨论了带有初始条件的 n 阶线性微分方程的初值问题。现在进一步指出，可以通过下面的方法，将 n 阶线性微分方程的初值问题化为形如式(5.5)的线性微分方程组的初值问题。

考虑 n 阶线性微分方程的初值问题

$$\begin{cases} x^{(n)} + a_1(t)x^{(n-1)} + \cdots + a_{n-1}(t)x' + a_n(t)x = f(t) \\ x(t_0) = \eta_1, x'(t_0) = \eta_2, \cdots, x^{(n-1)}(t_0) = \eta_n \end{cases} \tag{5.6}$$

其中，$a_1(t), a_2(t), \cdots, a_n(t), f(t)$ 是区间 $[a,b]$ 上的已知连续函数，$t_0 \in [a,b]$，$\eta_1, \eta_2, \cdots, \eta_n$ 是已知常数。初值问题(5.6)可以化为下列线性微分方程组的初值问题

$$\begin{cases} \boldsymbol{x}' = \begin{bmatrix} 0 & 1 & 0 & \cdots & 0 \\ 0 & 0 & 1 & \cdots & 0 \\ \vdots & \vdots & \vdots & & \vdots \\ 0 & 0 & 0 & \cdots & 1 \\ -a_n(t) & -a_{n-1}(t) & -a_{n-2}(t) & \cdots & -a_1(t) \end{bmatrix} \boldsymbol{x} + \begin{bmatrix} 0 \\ 0 \\ 0 \\ \vdots \\ f(t) \end{bmatrix} \\ \boldsymbol{x}(t_0) = \begin{bmatrix} \eta_1 \\ \eta_2 \\ \vdots \\ \eta_n \end{bmatrix} = \boldsymbol{\eta} \end{cases} \tag{5.7}$$

其中，

$$\boldsymbol{x} = \begin{bmatrix} x_1 \\ x_2 \\ \vdots \\ x_n \end{bmatrix}, \quad \boldsymbol{x}' = \begin{bmatrix} x_1' \\ x_2' \\ \vdots \\ x_n' \end{bmatrix}$$

事实上，令 $x_1 = x, x_2 = x', x_3 = x'', \cdots, x_n = x^{(n-1)}$，这时

$x_1' = x' = x_2$

$x_2' = x'' = x_3$

……

$x_{n-1}' = x^{(n-1)} = x_n \quad x_n' = x^{(n)} = -a_n(t)x_1 - a_{n-1}(t)x_2 - \cdots - a_1(t)x_n + f(t)$

而且有

$$x_1(t_0) = x(t_0) = \eta_1, x_2(t_0) = x'(t_0) = \eta_2, \cdots, x_n(t_0) = x^{(n-1)}(t_0) = \eta_n$$

现在假设 $\psi(t)$ 是在包含 t_0 的区间 $[a,b]$ 内初值问题(5.6)的任一解。由此，得知 $\psi(t), \psi'(t), \cdots, \psi^{(n)}(t)$ 在 $[a,b]$ 上存在、连续，满足方程(5.6)且 $\psi(t_0) = \eta_1, \psi'(t_0) = \eta_2, \cdots, \psi^{(n-1)}(t_0) = \eta_n$。令

$$\boldsymbol{\varphi}(t) = \begin{bmatrix} \varphi_1(t) \\ \varphi_2(t) \\ \vdots \\ \varphi_n(t) \end{bmatrix}$$

其中，$\varphi_1(t) = \psi(t), \varphi_2(t) = \psi'(t), \cdots, \varphi_n(t) = \psi^{(n-1)}(t) (a \leqslant t \leqslant b)$，那么，显然有 $\boldsymbol{\varphi}(t_0) = \boldsymbol{\eta}$。此外，有

$$\boldsymbol{\varphi}'(t)=\begin{bmatrix}\varphi_1'(t)\\ \varphi_2'(t)\\ \vdots\\ \varphi_{n-1}'(t)\\ \varphi_n'(t)\end{bmatrix}=\begin{bmatrix}\psi'(t)\\ \psi''(t)\\ \vdots\\ \psi^{(n-1)}(t)\\ \psi^{(n)}(t)\end{bmatrix}=\begin{bmatrix}\varphi_2(t)\\ \varphi_3(t)\\ \vdots\\ \varphi_n(t)\\ -a_1(t)\psi^{(n-1)}(t)-\cdots-a_n(t)\psi(t)+f(t)\end{bmatrix}$$

$$=\begin{bmatrix}\varphi_2(t)\\ \varphi_3(t)\\ \vdots\\ \varphi_n(t)\\ -a_n(t)\varphi_1(t)-\cdots-a_1(t)\varphi_n(t)+f(t)\end{bmatrix}$$

$$=\begin{bmatrix}0 & 1 & 0 & \cdots & 0\\ 0 & 0 & 1 & \cdots & 0\\ \vdots & \vdots & \vdots & & \vdots\\ 0 & 0 & 0 & \cdots & 1\\ -a_n(t) & -a_{n-1}(t) & \cdots & -a_2(t) & -a_1(t)\end{bmatrix}\begin{bmatrix}\varphi_1(t)\\ \varphi_2(t)\\ \vdots\\ \varphi_{n-1}(t)\\ \varphi_n(t)\end{bmatrix}+\begin{bmatrix}0\\ 0\\ \vdots\\ 0\\ f(t)\end{bmatrix}$$

这就表示此特定的向量 $\boldsymbol{\varphi}(t)$ 是方程组(5.7) 的解。反之,假设向量 $\boldsymbol{u}(t)$ 是在包含 t_0 的区间$[a,b]$上(5.7) 的解,令

$$\boldsymbol{u}(t)=\begin{bmatrix}u_1(t)\\ u_2(t)\\ \vdots\\ u_n(t)\end{bmatrix}$$

并定义函数 $w(t)=u_1(t)$,由方程组(5.7) 的第一个方程,我们得到 $w'(t)=u_1'(t)=u_2(t)$,由第二个方程得到 $w''(t)=u_2'(t)=u_3(t)$,…,由第 $n-1$ 个方程得到$w^{(n-1)}(t)=u_{n-1}'(t)=u_n(t)$,由第 n 个方程得到

$$\begin{aligned}w^{(n)}(t)=u_n'(t)&=-a_n(t)u_1(t)-a_{n-1}(t)u_2(t)-\cdots-a_2(t)u_{n-1}(t)-a_1(t)u_n(t)+f(t)\\ &=-a_1(t)w^{(n-1)}(t)-a_2(t)w^{(n-2)}(t)-\cdots-a_n(t)w(t)+f(t)\end{aligned}$$

由此即得

$$w^{(n)}(t)+a_1(t)w^{(n-1)}(t)+a_2(t)w^{(n-2)}(t)+\cdots+a_n(t)w(t)=f(t)$$

同时,也得到

$$w(t_0)=u_1(t_0)=\eta_1,\quad \cdots,\quad w^{(n-1)}(t_0)=u_n(t_0)=\eta_n$$

这就是说,$w(t)$ 是方程(5.6) 的一个解。

总之,由上面的讨论,已经证明了初值问题(5.6) 与(5.7) 在下面的意义下是等价的:给定其中一个初值问题的解,可以构造另一个初值问题的解。

值得指出的是,每一个 n 阶线性微分方程都可化为由 n 个一阶线性微分方程构成的

方程组,反之却不成立。例如方程组

$$\boldsymbol{x}' = \begin{bmatrix} 1 & 0 \\ 0 & 1 \end{bmatrix} \boldsymbol{x}, \quad \boldsymbol{x} = \begin{bmatrix} x_1 \\ x_2 \end{bmatrix}$$

不能化为一个二阶微分方程。

5.1.2　存在唯一性定理详述

本小节我们研究初值问题

$$\boldsymbol{x}' = \boldsymbol{A}(t)\boldsymbol{x} + \boldsymbol{f}(t), \quad \boldsymbol{x}(t_0) = \boldsymbol{\eta}$$

的解的存在唯一性定理。类似于第 3 章,此部分也通过 5 个小命题,采用逐次逼近法来证明定理。因为现在讨论的是方程组(写成向量的形式),所以有些地方稍微复杂些,而且要引进向量、矩阵的“范数”及向量函数序列的收敛性等概念;然而由于方程是线性的,所以有些地方又显得简单些,而且结论也加强了。总之,我们要比较第 3 章中的证明和现在的证明的异同,从对比中加深对问题的理解。

对于 $n \times n$ 矩阵 $\boldsymbol{A} = [a_{ij}]_{n\times n}$ 和 n 维向量 $\boldsymbol{x} = \begin{bmatrix} x_1 \\ x_2 \\ \vdots \\ x_n \end{bmatrix}$,定义它们的范数分别为

$$\| \boldsymbol{A} \| = \sum_{i,j=1}^{n} |a_{ij}|, \quad \| \boldsymbol{x} \| = \sum_{i=1}^{n} |x_i|$$

设 $\boldsymbol{A},\boldsymbol{B}$ 是 $n \times n$ 矩阵,$\boldsymbol{x},\boldsymbol{y}$ 是 n 维向量,这时容易验证下面两个性质:

(1) $\| \boldsymbol{AB} \| \leqslant \| \boldsymbol{A} \| \cdot \| \boldsymbol{B} \|, \quad \| \boldsymbol{Ax} \| \leqslant \| \boldsymbol{A} \| \cdot \| \boldsymbol{x} \|$

(2) $\| \boldsymbol{A} + \boldsymbol{B} \| \leqslant \| \boldsymbol{A} \| + \| \boldsymbol{B} \|, \quad \| \boldsymbol{x} + \boldsymbol{y} \| \leqslant \| \boldsymbol{x} \| + \| \boldsymbol{y} \|$

如果对每一个 $i(i = 1,2,\cdots,n)$,数列 $\{x_{ik}\}$ 都是收敛的,那么向量序列 $\{\boldsymbol{x}_k\}$,$\boldsymbol{x}_k = \begin{bmatrix} x_{1k} \\ x_{2k} \\ \vdots \\ x_{nk} \end{bmatrix}$ 也是收敛的。

如果对于每一个 $i(i = 1,2,\cdots,n)$,函数序列 $\{x_{ik}(t)\}$ 在区间 $[a,b]$ 上是收敛的(一致收敛的),那么向量函数序列 $\{\boldsymbol{x}_k(t)\}$,$\boldsymbol{x}_k(t) = \begin{bmatrix} x_{1k}(t) \\ x_{2k}(t) \\ \vdots \\ x_{nk}(t) \end{bmatrix}$ 在区间 $[a,b]$ 上是收敛的(一致收敛的)。易知,区间 $[a,b]$ 上的连续向量函数序列 $\{\boldsymbol{x}_k(t)\}$ 的一致收敛极限向量函数仍是连续的。

向量函数级数 $\sum_{k=1}^{\infty} \boldsymbol{x}_k(t)$ 在区间$[a,b]$上是收敛的(一致收敛的),如果其部分和构成的向量函数序列在区间$[a,b]$上是收敛的(一致收敛的)。

判别通常的函数级数的一致收敛性的魏尔斯特拉斯(Weierstrass)判别法对于向量函数级数也是成立的,这就是说,如果

$$\| \boldsymbol{x}_k(t) \| \leqslant M_k, \quad a \leqslant t \leqslant b$$

而级数 $\sum_{k=1}^{\infty} M_k$ 是收敛的,则 $\sum_{k=1}^{\infty} \boldsymbol{x}_k(t)$ 在区间$[a,b]$上是一致收敛的。

积分号下取极限的定理对于向量函数也成立,这就是说,如果连续向量函数序列$\{\boldsymbol{x}_k(t)\}$在区间$[a,b]$上是一致收敛的,则

$$\lim_{k\to\infty}\int_a^b \boldsymbol{x}_k(t)\,\mathrm{d}t = \int_a^b \lim_{k\to\infty}\boldsymbol{x}_k(t)\,\mathrm{d}t$$

注:以上谈到的是向量序列的有关定义和结果,对于一般矩阵序列,可以得到类似的定义和结果。

例如,如果对于一切 $i,j=1,2,\cdots,n$,数列$\{a_{ij}^{(k)}\}$都是收敛的,那么 $n\times n$ 矩阵序列$\{\boldsymbol{A}_k\}$(其中 $\boldsymbol{A}_k=[a_{ij}^{(k)}]_{n\times n}$)是收敛的。

无穷矩阵级数

$$\sum_{k=1}^{\infty} \boldsymbol{A}_k = \boldsymbol{A}_1 + \boldsymbol{A}_2 + \cdots + \boldsymbol{A}_k + \cdots$$

称为收敛的,如果其部分和所构成序列是收敛的。

如果对于每一个整数 k,都有

$$\| \boldsymbol{A}_k \| \leqslant M_k$$

而数值级数 $\sum_{k=1}^{\infty} M_k$ 是收敛的,则 $\sum_{k=1}^{\infty} \boldsymbol{A}_k$ 也是收敛的。

同样,可以给出无穷矩阵函数级数 $\sum_{k=1}^{\infty} \boldsymbol{A}_k(t)$ 的一致收敛性的定义和有关结果。

定理 5.1(存在唯一性定理) 如果 $\boldsymbol{A}(t)$ 是 $n\times n$ 矩阵,$\boldsymbol{f}(t)$ 是 n 维列向量,它们都在区间$[a,b]$上连续,则对于区间$[a,b]$上的任意数 t_0 及任一常数 n 维列向量

$$\boldsymbol{\eta} = \begin{bmatrix} \eta_1 \\ \eta_2 \\ \vdots \\ \eta_n \end{bmatrix}$$

方程组

$$\boldsymbol{x}' = \boldsymbol{A}(t)\boldsymbol{x} + \boldsymbol{f}(t)$$

存在唯一解 $\boldsymbol{\varphi}(t)$,定义于整个区间$[a,b]$上,且满足初始条件

$$\boldsymbol{\varphi}(t_0) = \boldsymbol{\eta}$$

类似于第 3 章，以下用 5 个小命题来证明定理 5.1。

命题 1　设 $\boldsymbol{\varphi}(t)$ 是方程组(5.4)的定义于区间$[a,b]$上满足初始条件 $\boldsymbol{\varphi}(t_0)=\boldsymbol{\eta}$ 的解，则 $\boldsymbol{\varphi}(t)$ 是积分方程

$$\boldsymbol{x}(t)=\boldsymbol{\eta}+\int_{t_0}^{t}[\boldsymbol{A}(s)\boldsymbol{x}(s)+\boldsymbol{f}(s)]\mathrm{d}s,\quad a\leqslant t\leqslant b \tag{5.8}$$

的定义于区间$[a,b]$上的连续解，反之亦然。

证明完全类似于第 3 章，此不赘述。

现在取 $\boldsymbol{\varphi}_0(t)=\boldsymbol{\eta}$，构造皮卡逐次逼近向量函数序列如下：

$$\begin{cases}\boldsymbol{\varphi}_0(t)=\boldsymbol{\eta}\\ \boldsymbol{\varphi}_k(t)=\boldsymbol{\eta}+\displaystyle\int_{t_0}^{t}[\boldsymbol{A}(s)\boldsymbol{\varphi}_{k-1}(s)+\boldsymbol{f}(s)]\mathrm{d}s,a\leqslant t\leqslant b,k=1,2,\cdots\end{cases}$$

向量函数 $\boldsymbol{\varphi}_k(t)$ 称为方程组(5.4)的第 k 次近似解。应用数学归纳法立刻推得命题 2 ～ 5：

命题 2　对于所有的正整数 k，向量函数 $\boldsymbol{\varphi}_k(t)$ 在区间$[a,b]$上有定义且连续。

命题 3　向量函数序列$\{\boldsymbol{\varphi}_k(t)\}$在区间$[a,b]$上是一致收敛的。

命题 4　$\boldsymbol{\varphi}(t)$ 是积分方程(5.8)的定义在区间$[a,b]$上的连续解。

命题 5　设 $\boldsymbol{\psi}(t)$ 是积分方程(5.8)的定义于$[a,b]$上的一个连续解，则 $\boldsymbol{\varphi}(t)=\boldsymbol{\psi}(t)(a\leqslant t\leqslant b)$。

综合命题 1 ～ 5，即得到存在唯一性定理的证明。

值得指出的是，关于线性微分方程组(5.4)的解 $\boldsymbol{\varphi}(t)$ 的定义区间是系数矩阵 $\boldsymbol{A}(t)$ 和非齐次项 $\boldsymbol{f}(t)$ 在其上连续的整个区间$[a,b]$。在构造逐次逼近函数序列$\{\boldsymbol{\varphi}_k(t)\}$时，$\boldsymbol{\varphi}_k(t)$ 的定义区间已经是整个$[a,b]$，不像第 3 章对于一般方程那样，解只存在于 t_0 的某个邻域，然后经过延拓才能使解定义在较大的区间。

注意到 5.1.1 节中关于 n 阶线性微分方程的初值问题(5.6)与线性微分方程组的初值问题(5.7)的等价性的论述，立即由本节的存在唯一性定理可以推得关于 n 阶线性微分方程的解的存在唯一性定理。

推论 5.1(即第 4 章的定理 4.1)　如果 $a_1(t),\cdots,a_n(t),f(t)$ 都是区间$[a,b]$上的连续函数，则对于区间$[a,b]$上的任意数 t_0 及任意的 $\eta_1,\eta_2,\cdots,\eta_n$，方程

$$x^{(n)}+a_1(t)x^{(n-1)}+\cdots+a_{n-1}(t)x'+a_n(t)x=f(t)$$

存在唯一解 $w(t)$ 定义于整个区间$[a,b]$上，且满足初始条件：

$$w(t_0)=\eta_1,\quad w'(t_0)=\eta_2,\quad \cdots,\quad w^{(n-1)}(t_0)=\eta_n$$

习题 5.1

1. 给定方程组

$$\boldsymbol{x}'=\begin{bmatrix}0&1\\-1&0\end{bmatrix}\boldsymbol{x},\quad \boldsymbol{x}=\begin{bmatrix}x_1\\x_2\end{bmatrix} \tag{①}$$

(1) 试验证 $\boldsymbol{u}(t)=\begin{bmatrix}\cos t\\ -\sin t\end{bmatrix}$，$\boldsymbol{v}(t)=\begin{bmatrix}\sin t\\ \cos t\end{bmatrix}$分别是方程组 ① 的满足初始条件 $\boldsymbol{u}(0)=\begin{bmatrix}1\\ 0\end{bmatrix}$，$\boldsymbol{v}(0)=\begin{bmatrix}0\\ 1\end{bmatrix}$的解。

(2) 试验证 $\boldsymbol{w}(t)=c_1\boldsymbol{u}(t)+c_2\boldsymbol{v}(t)$ 是方程组 ① 的满足初始条件 $\boldsymbol{w}(0)=\begin{bmatrix}c_1\\ c_2\end{bmatrix}$的解，其中 c_1，c_2 是任意常数。

2. 将下面的初值问题分别化为与之等价的一阶方程组的初值问题：

(1) $x''+2x'+7tx=\mathrm{e}^{-t}$，$x(1)=7$，$x'(1)=-2$

(2) $x^{(4)}+x=t\mathrm{e}^t$，$x(0)=1$，$x'(0)=-1$，$x''(0)=2$，$x'''(0)=0$

(3) $\begin{cases}x''+5y'-7x+6y=\mathrm{e}^t\\ y''-2y+13y'-15x=\cos t\end{cases}$

$x(0)=1$，$x'(0)=0$，$y(0)=0$，$y'(0)=1$

3. 试用逐次逼近法求方程组

$$\boldsymbol{x}'=\begin{bmatrix}0 & 1\\ -1 & 0\end{bmatrix}\boldsymbol{x},\quad \boldsymbol{x}=\begin{bmatrix}x_1\\ x_2\end{bmatrix}$$

满足初始条件 $\boldsymbol{x}(0)=\begin{bmatrix}0\\ 1\end{bmatrix}$的第三次近似解。

5.2 线性微分方程组的一般理论

现在讨论线性微分方程组(5.4)

$$\boldsymbol{x}'=\boldsymbol{A}(t)\boldsymbol{x}+\boldsymbol{f}(t)$$

的一般理论，主要是研究其解的结构问题。

如果 $\boldsymbol{f}(t)\neq\boldsymbol{0}$，则式(5.4) 称为非齐次线性微分方程组。

如果 $\boldsymbol{f}(t)=\boldsymbol{0}$，则方程的形式为

$$\boldsymbol{x}'=\boldsymbol{A}(t)\boldsymbol{x} \tag{5.9}$$

称式(5.9) 为**齐次线性微分方程组**，通常式(5.9) 称为对应于式(5.4) 的齐次线性微分方程组。

5.2.1 齐次线性微分方程组

本小节主要研究齐次线性微分方程组(5.9) 的所有解的集合的代数结构问题。假设矩阵 $\boldsymbol{A}(t)$ 在区间$[a,b]$上是连续的。

设 $\boldsymbol{u}(t)$ 和 $\boldsymbol{v}(t)$ 是方程组(5.9) 的任意两个解，α 和 β 是两个任意常数。根据向量函数的微分法则，即知 $\alpha\boldsymbol{u}(t)+\beta\boldsymbol{v}(t)$ 也是方程组(5.9) 的解，由此得到齐次线性微分方程组解

的叠加原理。

定理 5.2(叠加原理)　如果 $\boldsymbol{u}(t)$ 和 $\boldsymbol{v}(t)$ 是方程组(5.9) 的解,则它们的线性组合 $\alpha\boldsymbol{u}(t)+\beta\boldsymbol{v}(t)$ 也是方程组(5.9) 的解,这里 α,β 是任意常数。

定理 5.2 说明,方程组(5.9) 的所有解的集合构成了一个线性空间。自然要问:此空间的维数是多少呢?为此,引进向量函数 $\boldsymbol{x}_1(t),\boldsymbol{x}_2(t),\cdots,\boldsymbol{x}_m(t)$ 线性相关与线性无关的概念。

设 $\boldsymbol{x}_1(t),\boldsymbol{x}_2(t),\cdots,\boldsymbol{x}_m(t)$ 是定义在区间$[a,b]$上的向量函数,如果存在不全为零的常数 $c_1,c_2,\cdots,c_m$,使得等式

$$c_1\boldsymbol{x}_1(t)+c_2\boldsymbol{x}_2(t)+\cdots+c_m\boldsymbol{x}_m(t)=\boldsymbol{0},\quad a\leqslant t\leqslant b$$

成立,称向量函数 $\boldsymbol{x}_1(t),\boldsymbol{x}_2(t),\cdots,\boldsymbol{x}_m(t)$ 在区间$[a,b]$上线性相关,否则,称 $\boldsymbol{x}_1(t),\boldsymbol{x}_2(t),\cdots,\boldsymbol{x}_m(t)$ 线性无关。

设有 n 个定义在区间$[a,b]$ 上的向量函数

$$\boldsymbol{x}_1(t)=\begin{bmatrix}x_{11}(t)\\x_{21}(t)\\\vdots\\x_{n1}(t)\end{bmatrix},\cdots,\boldsymbol{x}_n(t)=\begin{bmatrix}x_{1n}(t)\\x_{2n}(t)\\\vdots\\x_{nn}(t)\end{bmatrix}$$

由这 n 个向量函数构成的行列式

$$W[\boldsymbol{x}_1(t),\boldsymbol{x}_2(t),\cdots,\boldsymbol{x}_n(t)]=W(t)=\begin{vmatrix}x_{11}(t)&x_{12}(t)&\cdots&x_{1n}(t)\\x_{21}(t)&x_{22}(t)&\cdots&x_{2n}(t)\\\vdots&\vdots&&\vdots\\x_{n1}(t)&x_{n2}(t)&\cdots&x_{nn}(t)\end{vmatrix}$$

称为这些向量函数的朗斯基行列式。

定理 5.3　如果向量函数 $\boldsymbol{x}_1(t),\boldsymbol{x}_2(t),\cdots,\boldsymbol{x}_n(t)$ 在区间$[a,b]$ 上线性相关,则它们的朗斯基行列式 $W(t)=0,a\leqslant t\leqslant b$。

证明　由假设可知存在不全为零的常数 $c_1,c_2,\cdots,c_n$ 使得

$$c_1\boldsymbol{x}_1(t)+c_2\boldsymbol{x}_2(t)+\cdots+c_n\boldsymbol{x}_n(t)=\boldsymbol{0},\quad a\leqslant t\leqslant b \tag{5.10}$$

将式(5.10) 看成是以 $c_1,c_2,\cdots,c_n$ 为未知量的齐次线性方程组,该方程组的系数行列式就是 $\boldsymbol{x}_1(t),\boldsymbol{x}_2(t),\cdots,\boldsymbol{x}_n(t)$ 的朗斯基行列式 $W(t)$。由齐次线性方程组的理论知道,要此方程组有非零解,则其系数行列式应为零,即

$$W(t)\equiv 0,\quad a\leqslant t\leqslant b$$

定理证毕。

定理 5.4　如果方程组(5.9) 的解 $\boldsymbol{x}_1(t),\boldsymbol{x}_2(t),\cdots,\boldsymbol{x}_n(t)$ 线性无关,那么,它们的朗斯基行列式 $W(t)\neq 0,a\leqslant t\leqslant b$。

证明　我们采用反证法。设有某一个 $t_0,a\leqslant t_0\leqslant b$,使得 $W(t_0)=0$。考虑下面的齐次线性方程组:

$$c_1\boldsymbol{x}_1(t_0)+c_2\boldsymbol{x}_2(t_0)+\cdots+c_n\boldsymbol{x}_n(t_0)=\boldsymbol{0} \tag{5.11}$$

其系数行列式就是$W(t_0)$,因为$W(t_0)=0$,所以式(5.11)有非零解$\tilde{c}_1,\tilde{c}_2,\cdots,\tilde{c}_n$,以非零解$\tilde{c}_1,\tilde{c}_2,\cdots,\tilde{c}_n$构成向量函数$\boldsymbol{x}(t)$:

$$\boldsymbol{x}(t)=\tilde{c}_1\boldsymbol{x}_1(t)+\tilde{c}_2\boldsymbol{x}_2(t)+\cdots+\tilde{c}_n\boldsymbol{x}_n(t) \tag{5.12}$$

根据定理5.2,易知$\boldsymbol{x}(t)$是方程组(5.9)的解。注意到式(5.11),知道这个解$\boldsymbol{x}(t)$满足初始条件

$$\boldsymbol{x}(t_0)=\boldsymbol{0} \tag{5.13}$$

但是,在$[a,b]$上恒等于零的向量函数$\boldsymbol{0}$也是方程组(5.9)的满足初始条件(5.13)的解。由解的唯一性知$\boldsymbol{x}(t)=\boldsymbol{0}$,即

$$\tilde{c}_1\boldsymbol{x}_1(t)+\tilde{c}_2\boldsymbol{x}_2(t)+\cdots+\tilde{c}_n\boldsymbol{x}_n(t)=\boldsymbol{0},\quad a\leqslant t\leqslant b$$

因为$\tilde{c}_1,\tilde{c}_2,\cdots,\tilde{c}_n$不全为零,这就与$\boldsymbol{x}_1(t),\boldsymbol{x}_2(t),\cdots,\boldsymbol{x}_n(t)$线性无关的假设矛盾,定理得证。

由定理5.3、定理5.4可以知道,由方程组(5.9)的n个解$\boldsymbol{x}_1(t),\boldsymbol{x}_2(t),\cdots,\boldsymbol{x}_n(t)$构成的朗斯基行列式$W(t)$或者恒等于零,或者恒不等于零。

定理5.5 方程组(5.9)一定存在n个线性无关的解$\boldsymbol{x}_1(t),\boldsymbol{x}_2(t),\cdots,\boldsymbol{x}_n(t)$。

证明 任取$t_0\in[a,b]$,根据解的存在唯一性定理,方程组(5.9)分别满足初始条件

$$\boldsymbol{x}_1(t_0)=\begin{bmatrix}1\\0\\0\\\vdots\\0\end{bmatrix},\quad \boldsymbol{x}_2(t_0)=\begin{bmatrix}0\\1\\0\\\vdots\\0\end{bmatrix},\quad \cdots,\quad \boldsymbol{x}_n(t_0)=\begin{bmatrix}0\\0\\0\\\vdots\\1\end{bmatrix}$$

的解$\boldsymbol{x}_1(t),\boldsymbol{x}_2(t),\cdots,\boldsymbol{x}_n(t)$一定存在。又因为这$n$个解$\boldsymbol{x}_1(t),\boldsymbol{x}_2(t),\cdots,\boldsymbol{x}_n(t)$的朗斯基行列式$W(t_0)=1\neq 0$,故根据定理5.3,$\boldsymbol{x}_1(t),\boldsymbol{x}_2(t),\cdots,\boldsymbol{x}_n(t)$是线性无关的,定理证毕。

定理5.6 如果$\boldsymbol{x}_1(t),\boldsymbol{x}_2(t),\cdots,\boldsymbol{x}_n(t)$是方程组(5.9)的$n$个线性无关的解,则方程组(5.9)的任一解$\boldsymbol{x}(t)$均可表为

$$\boldsymbol{x}(t)=c_1\boldsymbol{x}_1(t)+c_2\boldsymbol{x}_2(t)+\cdots+c_n\boldsymbol{x}_n(t)$$

其中,$c_1,c_2,\cdots,c_n$是相应的确定常数。

证明 任取$t_0\in[a,b]$,令

$$\boldsymbol{x}(t_0)=c_1\boldsymbol{x}_1(t_0)+c_2\boldsymbol{x}_2(t_0)+\cdots+c_n\boldsymbol{x}_n(t_0) \tag{5.14}$$

将式(5.14)看作是以$c_1,c_2,\cdots,c_n$为未知量的线性方程组,该方程组的系数行列式就是$W(t_0)$。因为$\boldsymbol{x}_1(t),\boldsymbol{x}_2(t),\cdots,\boldsymbol{x}_n(t)$是线性无关的,根据定理5.4知$W(t_0)\neq 0$。由线性方程组的理论知,方程组(5.14)有唯一解$c_1,c_2,\cdots,c_n$。以这组确定了的$c_1,c_2,\cdots,c_n$构成向量函数$c_1\boldsymbol{x}_1(t)+c_2\boldsymbol{x}_2(t)+\cdots+c_n\boldsymbol{x}_n(t)$,那么,根据叠加原理,其是方程组(5.9)的解。注意到方程组(5.14),可知方程组(5.9)的两个解$\boldsymbol{x}(t)$及$c_1\boldsymbol{x}_1(t)+c_2\boldsymbol{x}_2(t)+\cdots+c_n\boldsymbol{x}_n(t)$

具有相同的初始条件。由解的唯一性，得到

$$\boldsymbol{x}(t)=c_1\boldsymbol{x}_1(t)+c_2\boldsymbol{x}_2(t)+\cdots+c_n\boldsymbol{x}_n(t)$$

定理证毕。

推论 5.2　方程组(5.9)的线性无关解的最大个数等于 n。

方程组(5.9)的 n 个线性无关的解 $\boldsymbol{x}_1(t),\boldsymbol{x}_2(t),\cdots,\boldsymbol{x}_n(t)$ 称为方程组(5.9)的一个基本解组。显然，方程组(5.9)具有无穷多个不同的基本解组。

由定理 5.5 和定理 5.6 知道，方程组(5.9)的解空间的维数是 n，即方程组(5.9)的所有解的集合构成了一个 n 维的线性空间。

注意到 5.1.1 小节关于 n 阶线性微分方程的初值问题(5.6)与线性微分方程组的初值问题(5.7)的等价性论述，本节的所有定理都可以平行地推论到 n 阶线性微分方程上去。

从本节的定理 5.2 容易推得第 4 章的定理 4.2。参看 4.1.2 节中关于标量函数组的线性相关概念，可以证明：一组 $n-1$ 次可微的标量函数 $x_1(t),x_2(t),\cdots,x_m(t)$ 线性相关的充要条件是向量函数

$$\begin{bmatrix}x_1(t)\\x_1'(t)\\\vdots\\x_1^{(n-1)}(t)\end{bmatrix},\begin{bmatrix}x_2(t)\\x_2'(t)\\\vdots\\x_2^{(n-1)}(t)\end{bmatrix},\cdots,\begin{bmatrix}x_m(t)\\x_m'(t)\\\vdots\\x_m^{(n-1)}(t)\end{bmatrix}\tag{$*$}$$

线性相关。

事实上，如果 $x_1(t),x_2(t),\cdots,x_m(t)$ 线性相关，则存在不全为零的常数 $c_1,c_2,\cdots,c_m$ 使得

$$c_1x_1(t)+c_2x_2(t)+\cdots+c_mx_m(t)=0$$

将上式对 t 微分 1 次，2 次，…，$n-1$ 次，得到

$$c_1x_1'(t)+c_2x_2'(t)+\cdots+c_mx_m'(t)=0$$
$$c_1x_1''(t)+c_2x_2''(t)+\cdots+c_mx_m''(t)=0$$
$$\cdots\cdots$$
$$c_1x_1^{(n-1)}(t)+c_2x_2^{(n-1)}(t)+\cdots+c_mx_m^{(n-1)}(t)=0$$

即有

$$c_1\begin{bmatrix}x_1(t)\\x_1'(t)\\\vdots\\x_1^{(n-1)}(t)\end{bmatrix}+c_2\begin{bmatrix}x_2(t)\\x_2'(t)\\\vdots\\x_2^{(n-1)}(t)\end{bmatrix}+\cdots+c_m\begin{bmatrix}x_m(t)\\x_m'(t)\\\vdots\\x_m^{(n-1)}(t)\end{bmatrix}=\boldsymbol{0}\tag{$**$}$$

这就是说，向量函数组($*$)是线性相关的。反之，如果向量函数组($*$)线性相关，则存在不全为零的常数 $c_1,c_2,\cdots,c_m$ 使得($**$)成立，当然有 $c_1x_1(t)+c_2x_2(t)+\cdots+c_mx_m(t)=0$，这就表明 $x_1(t),x_2(t),\cdots,x_m(t)$ 线性相关。

推论 5.3　如果 $x_1(t),x_2(t),\cdots,x_n(t)$ 是 n 阶微分方程

$$x^{(n)}+a_1(t)x^{(n-1)}+\cdots+a_n(t)x=0 \tag{5.15}$$

的 n 个线性无关解，其中 $a_1(t),\cdots,a_n(t)$ 是区间 $[a,b]$ 上的连续函数，则方程(5.15)的任一解 $x(t)$ 均可表为

$$x(t)=c_1x_1(t)+c_2x_2(t)+\cdots+c_nx_n(t)$$

其中，$c_1,c_2,\cdots,c_n$ 是相应的确定常数。

如果 $x_1(t),x_2(t),\cdots,x_n(t)$ 是方程(5.15)的 n 个线性无关解，根据 n 阶微分方程通解的概念及 $W[x_1(t),x(t),\cdots,x_n(t)]\neq 0$，函数 $x(t)=c_1x_1(t)+c_2x_2(t)+\cdots+c_nx_n(t)$ 就是方程(5.15)的通解，其中，$c_1,c_2,\cdots,c_n$ 是任意常数。

现在，将本节的定理写成矩阵的形式。

如果一个 $n\times n$ 矩阵的每一列都是方程组(5.9)的解，称这个矩阵为方程组(5.9)的解矩阵。如果其列在 $[a,b]$ 上是线性无关的解矩阵，称为在 $[a,b]$ 上方程组(5.9)的基解矩阵。用 $\boldsymbol{\Phi}(t)$ 表示由方程组(5.9)的 n 个线性无关的解 $\boldsymbol{\varphi}_1(t),\boldsymbol{\varphi}_2(t),\cdots,\boldsymbol{\varphi}_n(t)$ 作为列构成的基解矩阵。

定理 5.5 和定理 5.6 可表述为如下的定理 5.5*；定理 5.3 和定理 5.4 可表述为如下的定理 5.6*。

定理 5.5*　方程组(5.9)一定存在一个基解矩阵 $\boldsymbol{\Phi}(t)$。如果 $\boldsymbol{\psi}(t)$ 是方程组(5.9)的任一解，那么

$$\boldsymbol{\psi}(t)=\boldsymbol{\Phi}(t)\boldsymbol{c} \tag{5.16}$$

其中，$\boldsymbol{c}$ 是确定的 n 维常数列向量。

定理 5.6*　方程组(5.9)的一个解矩阵 $\boldsymbol{\Phi}(t)$ 是基解矩阵的充要条件是 $\det\boldsymbol{\Phi}(t)\neq 0(a\leqslant t\leqslant b)$。而且，如果对某一个 $t_0\in[a,b]$，$\det\boldsymbol{\Phi}(t_0)\neq 0$，则 $\det\boldsymbol{\Phi}(t)\neq 0$，$a\leqslant t\leqslant b$。($\det\boldsymbol{\Phi}(t)$ 表示矩阵 $\boldsymbol{\Phi}(t)$ 的行列式)。

注：行列式恒等于零的矩阵的列向量未必是线性相关的。

例 5.2　验证

$$\boldsymbol{\Phi}(t)=\begin{bmatrix}e^t & te^t\\ 0 & e^t\end{bmatrix}$$

是方程组

$$\boldsymbol{x}'=\begin{bmatrix}1 & 1\\ 0 & 1\end{bmatrix}\boldsymbol{x}$$

的基解矩阵，$\boldsymbol{x}=\begin{bmatrix}x_1\\ x_2\end{bmatrix}$。

解　首先，证明 $\boldsymbol{\Phi}(t)$ 是解矩阵。令 $\boldsymbol{\varphi}_1(t)$ 表示 $\boldsymbol{\Phi}(t)$ 的第一列，这时

$$\boldsymbol{\varphi}_1'(t)=\begin{bmatrix}e^t\\ 0\end{bmatrix}=\begin{bmatrix}1 & 1\\ 0 & 1\end{bmatrix}\begin{bmatrix}e^t\\ 0\end{bmatrix}=\begin{bmatrix}1 & 1\\ 0 & 1\end{bmatrix}\boldsymbol{\varphi}_1(t)$$

这表示 $\boldsymbol{\varphi}_1(t)$ 是一个解。同样，如果以 $\boldsymbol{\varphi}_2(t)$ 表示 $\boldsymbol{\Phi}(t)$ 的第二列，我们有

$$\boldsymbol{\varphi}_2'(t) = \begin{bmatrix} (t+1)e^t \\ e^t \end{bmatrix} = \begin{bmatrix} 1 & 1 \\ 0 & 1 \end{bmatrix}\begin{bmatrix} te^t \\ e^t \end{bmatrix} = \begin{bmatrix} 1 & 1 \\ 0 & 1 \end{bmatrix}\boldsymbol{\varphi}_2(t)$$

这表示 $\boldsymbol{\varphi}_2(t)$ 也是一个解。因此，$\boldsymbol{\Phi}(t) = [\boldsymbol{\varphi}_1(t), \boldsymbol{\varphi}_2(t)]$ 是解矩阵。

其次，根据定理 5.6*，因为 $\det\boldsymbol{\Phi}(t) = e^{2t} \neq 0$，所以 $\boldsymbol{\Phi}(t)$ 是基解矩阵。

推论 5.4　如果 $\boldsymbol{\Phi}(t)$ 是方程组(5.9) 在区间$[a,b]$上的基解矩阵，$\boldsymbol{C}$ 是非奇异的 $n\times n$ 常数矩阵，那么，$\boldsymbol{\Phi}(t)\boldsymbol{C}$ 也是方程组(5.9) 在区间$[a,b]$上的基解矩阵。

证明　首先，根据基解矩阵的定义易知，方程组(5.9) 的任一解矩阵 $\boldsymbol{X}(t)$ 必满足关系

$$\boldsymbol{X}'(t) = \boldsymbol{A}(t)\boldsymbol{X}(t)(a \leqslant t \leqslant b)$$

反之亦然。现令

$$\boldsymbol{\psi}(t) = \boldsymbol{\Phi}(t)\boldsymbol{C}(a \leqslant t \leqslant b)$$

微分上式，并注意到 $\boldsymbol{\Phi}(t)$ 为方程的基解矩阵，$\boldsymbol{C}$ 为常数矩阵，得到

$$\boldsymbol{\psi}'(t) = \boldsymbol{\Phi}'(t)\boldsymbol{C} = \boldsymbol{A}(t)\boldsymbol{\Phi}(t)\boldsymbol{C} = \boldsymbol{A}(t)\boldsymbol{\psi}(t)$$

即 $\boldsymbol{\psi}(t)$ 是方程组(5.9) 的解矩阵。又由 $\boldsymbol{C}$ 的非奇异性，有

$$\det\boldsymbol{\psi}(t) = \det\boldsymbol{\Phi}(t) \cdot \det\boldsymbol{C} \neq 0(a \leqslant t \leqslant b)$$

因此由定理 5.6* 知，$\boldsymbol{\psi}(t)$ 即 $\boldsymbol{\Phi}(t)\boldsymbol{C}$ 是方程组(5.9) 的基解矩阵。

推论 5.5　如果 $\boldsymbol{\Phi}(t)$，$\boldsymbol{\psi}(t)$ 在区间$[a,b]$上是 $\boldsymbol{x}' = \boldsymbol{A}(t)\boldsymbol{x}$ 的两个基解矩阵，那么，存在一个非奇异 $n\times n$ 常数矩阵 $\boldsymbol{C}$，使得在区间$[a,b]$上 $\boldsymbol{\psi}(t) = \boldsymbol{\Phi}(t)\boldsymbol{C}$。

证明　因为 $\boldsymbol{\Phi}(t)$ 为基解矩阵，故其逆矩阵 $\boldsymbol{\Phi}^{-1}(t)$ 一定存在。现令

$$\boldsymbol{\Phi}^{-1}(t)\boldsymbol{\psi}(t) = \boldsymbol{X}(t)(a \leqslant t \leqslant b)$$

或

$$\boldsymbol{\psi}(t) = \boldsymbol{\Phi}(t)\boldsymbol{X}(t)(a \leqslant t \leqslant b)$$

易知 $\boldsymbol{X}(t)$ 是 $n\times n$ 可微矩阵，且

$$\det\boldsymbol{X}(t) \neq 0(a \leqslant t \leqslant b)$$

于是

$$\begin{aligned}\boldsymbol{A}(t)\boldsymbol{\psi}(t) &= \boldsymbol{\psi}'(t) = \boldsymbol{\Phi}'(t)\boldsymbol{X}(t) + \boldsymbol{\Phi}(t)\boldsymbol{X}'(t) \\ &= \boldsymbol{A}(t)\boldsymbol{\Phi}(t)\boldsymbol{X}(t) + \boldsymbol{\Phi}(t)\boldsymbol{X}'(t) = \boldsymbol{A}(t)\boldsymbol{\psi}(t) + \boldsymbol{\Phi}(t)\boldsymbol{X}'(t)(a \leqslant t \leqslant b)\end{aligned}$$

由此推知 $\boldsymbol{\Phi}(t)\boldsymbol{X}'(t) = 0$ 或 $\boldsymbol{X}'(t) = \boldsymbol{0}(a \leqslant t \leqslant b)$，即 $\boldsymbol{X}(t)$ 为常数矩阵，记为 $\boldsymbol{C}$。因此有

$$\boldsymbol{\psi}(t) = \boldsymbol{\Phi}(t)\boldsymbol{C}(a \leqslant t \leqslant b)$$

其中，$\boldsymbol{C} = \boldsymbol{\Phi}^{-1}(t)\boldsymbol{\psi}(t)$ 为非奇异的 $n\times n$ 常数矩阵，推论 5.5 得证。

5.2.2　非齐次线性微分方程组

本小节讨论非齐次线性微分方程组(5.4)

$$\boldsymbol{x}' = \boldsymbol{A}(t)\boldsymbol{x} + \boldsymbol{f}(t)$$

的解的结构问题，这里$\boldsymbol{A}(t)$是区间$[a,b]$上的已知$n\times n$连续矩阵；$\boldsymbol{f}(t)$是区间$[a,b]$上的已知n维连续列向量。向量$\boldsymbol{f}(t)$通常称为强迫项，如果方程组(5.4)描述的是一个力学系统，$\boldsymbol{f}(t)$就代表外力。

容易验证方程组(5.4)的两个简单性质：

性质 5.1 如果$\boldsymbol{\varphi}(t)$是方程组(5.4)的解，$\boldsymbol{\psi}(t)$是(5.4)对应的齐次线性微分方程组(5.9)的解，则$\boldsymbol{\varphi}(t)+\boldsymbol{\psi}(t)$是方程组(5.4)的解。

性质 5.2 如果$\tilde{\boldsymbol{\varphi}}(t)$和$\overline{\boldsymbol{\varphi}}(t)$是方程组(5.4)的两个解，则$\tilde{\boldsymbol{\varphi}}(t)-\overline{\boldsymbol{\varphi}}(t)$是方程组(5.9)的解。

下面的定理5.7给出方程组(5.4)的解的结构。

定理 5.7 设$\boldsymbol{\Phi}(t)$是方程组(5.9)的基解矩阵，$\overline{\boldsymbol{\varphi}}(t)$是方程组(5.4)的某一解，则方程组(5.4)的任一解$\boldsymbol{\varphi}(t)$都可表示为

$$\boldsymbol{\varphi}(t)=\boldsymbol{\Phi}(t)\boldsymbol{c}+\overline{\boldsymbol{\varphi}}(t) \tag{5.17}$$

其中，$\boldsymbol{c}$是确定的常数列向量。

证明 由性质5.2知道$\boldsymbol{\varphi}(t)-\overline{\boldsymbol{\varphi}}(t)$是方程组(5.9)的解，再由5.2.1的定理5.5*，得到

$$\boldsymbol{\varphi}(t)-\overline{\boldsymbol{\varphi}}(t)=\boldsymbol{\Phi}(t)\boldsymbol{c}$$

其中，$\boldsymbol{c}$是确定的常数列向量，由此即得

$$\boldsymbol{\varphi}(t)=\boldsymbol{\Phi}(t)\boldsymbol{c}+\overline{\boldsymbol{\varphi}}(t)$$

定理证毕。

定理5.7告诉我们，为了寻求方程组(5.9)的任一解，只要知道方程组(5.4)的一个解和其对应的齐次线性微分方程组(5.9)的基解矩阵。在知道方程组(5.9)的基解矩阵$\boldsymbol{\Phi}(t)$的情况下，寻求方程组(5.4)的解$\boldsymbol{\varphi}(t)$的简单的方法是常数变易法。

由定理5.5*可知，如果$\boldsymbol{c}$是常数列向量，则$\boldsymbol{\varphi}(t)=\boldsymbol{\Phi}(t)\boldsymbol{c}$是方程组(5.9)的解，其不可能是方程组(5.4)的解。因此，将$\boldsymbol{c}$变易为t的向量函数，而试图寻求方程组(5.4)的形如

$$\boldsymbol{\varphi}(t)=\boldsymbol{\Phi}(t)\boldsymbol{c}(t) \tag{5.18}$$

的解。这里$\boldsymbol{c}(t)$是待定的向量函数。

假设方程组(5.4)存在形如式(5.18)的解，这时，将式(5.18)代入方程组(5.4)得到

$$\boldsymbol{\Phi}'(t)\boldsymbol{c}(t)+\boldsymbol{\Phi}(t)\boldsymbol{c}'(t)=\boldsymbol{A}(t)\boldsymbol{\Phi}(t)\boldsymbol{c}(t)+\boldsymbol{f}(t)$$

因为$\boldsymbol{\Phi}(t)$是方程组(5.9)的基解矩阵，所以$\boldsymbol{\Phi}'(t)=\boldsymbol{A}(t)\boldsymbol{\Phi}(t)$，由此上式中含有$\boldsymbol{A}(t)\boldsymbol{\Phi}(t)\boldsymbol{c}(t)$的项便被消去了。因而$\boldsymbol{c}(t)$必须满足关系式

$$\boldsymbol{\Phi}(t)\boldsymbol{c}'(t)=\boldsymbol{f}(t) \tag{5.19}$$

因为在区间$[a,b]$上$\boldsymbol{\Phi}(t)$是非奇异的，所以$\boldsymbol{\Phi}^{-1}(t)$存在。用$\boldsymbol{\Phi}^{-1}(t)$左乘式(5.19)两边，积分得到

$$\boldsymbol{c}(t)=\int_{t_0}^{t}\boldsymbol{\Phi}^{-1}(s)\boldsymbol{f}(s)\mathrm{d}s,\quad t_0,t\in[a,b]$$

其中，$\boldsymbol{c}(t_0)=\boldsymbol{0}$。这样，式(5.18)变为

$$\boldsymbol{\varphi}(t)=\boldsymbol{\Phi}(t)\int_{t_0}^{t}\boldsymbol{\Phi}^{-1}(s)\boldsymbol{f}(s)\mathrm{d}s,\quad t_0,t\in[a,b] \tag{5.20}$$

因此,如果方程组(5.4)有一个形如式(5.18)的解 $\boldsymbol{\varphi}(t)$,则 $\boldsymbol{\varphi}(t)$ 由公式(5.20)决定。

反之,用公式(5.20)决定的向量函数 $\boldsymbol{\varphi}(t)$ 必定是方程组(5.4)的解。事实上,由式(5.20)微分得到

$$\begin{aligned}\boldsymbol{\varphi}'(t)&=\boldsymbol{\Phi}'(t)\int_{t_0}^{t}\boldsymbol{\Phi}^{-1}(s)\boldsymbol{f}(s)\mathrm{d}s+\boldsymbol{\Phi}(t)\boldsymbol{\Phi}^{-1}(t)\boldsymbol{f}(t)\\&=\boldsymbol{A}(t)\boldsymbol{\Phi}(t)\int_{t_0}^{t}\boldsymbol{\Phi}^{-1}(s)\boldsymbol{f}(s)\mathrm{d}s+\boldsymbol{f}(t)\end{aligned}$$

再利用公式(5.20),即得

$$\boldsymbol{\varphi}'(t)=\boldsymbol{A}(t)\boldsymbol{\varphi}(t)+\boldsymbol{f}(t)$$

显然,还有 $\boldsymbol{\varphi}(t_0)=\boldsymbol{0}$,这样一来,就得到了下面的定理 5.8。

定理 5.8　如果 $\boldsymbol{\Phi}(t)$ 是方程组(5.9)的基解矩阵,则向量函数

$$\boldsymbol{\varphi}(t)=\boldsymbol{\Phi}(t)\int_{t_0}^{t}\boldsymbol{\Phi}^{-1}(s)\boldsymbol{f}(s)\mathrm{d}s$$

是方程组(5.9)的解,且满足初始条件 $\boldsymbol{\varphi}(t_0)=\boldsymbol{0}$。

由定理 5.7 和定理 5.8 容易看出方程组(5.9)的满足初始条件

$$\boldsymbol{\varphi}(t_0)=\boldsymbol{\eta}$$

的解 $\boldsymbol{\varphi}(t)$ 由下面公式给出:

$$\boldsymbol{\varphi}(t)=\boldsymbol{\Phi}(t)\boldsymbol{\Phi}^{-1}(t_0)\boldsymbol{\eta}+\boldsymbol{\Phi}(t)\int_{t_0}^{t}\boldsymbol{\Phi}^{-1}(s)\boldsymbol{f}(s)\mathrm{d}s \tag{5.21}$$

其中,$\boldsymbol{\varphi}_h(t)=\boldsymbol{\Phi}(t)\boldsymbol{\Phi}^{-1}(t_0)\boldsymbol{\eta}$ 是方程组(5.19)的满足初始条件

$$\boldsymbol{\varphi}_h(t_0)=\boldsymbol{\eta}$$

的解。公式(5.20)或公式(5.21)称为非齐次线性微分方程组(5.4)的常数变易公式。

例 5.3　求解 $\boldsymbol{x}'=\begin{bmatrix}1&1\\0&1\end{bmatrix}\boldsymbol{x}+\begin{bmatrix}\mathrm{e}^{-t}\\0\end{bmatrix}$,其中 $\boldsymbol{x}=\begin{bmatrix}x_1\\x_2\end{bmatrix}$,$\boldsymbol{x}(0)=\begin{bmatrix}-1\\1\end{bmatrix}$。

解　在例 5.2 中我们已经知道 $\boldsymbol{\Phi}(t)=\begin{bmatrix}\mathrm{e}^t&t\mathrm{e}^t\\0&\mathrm{e}^t\end{bmatrix}$是对应的齐次线性方程组的基解矩阵。对矩阵 $\boldsymbol{\Phi}(t)$ 取逆,得到

$$\boldsymbol{\Phi}^{-1}(s)=\frac{\begin{bmatrix}\mathrm{e}^s&s\mathrm{e}^s\\0&\mathrm{e}^s\end{bmatrix}}{\mathrm{e}^{2s}}=\begin{bmatrix}1&-s\\0&1\end{bmatrix}\mathrm{e}^{-s}$$

这样,由定理 5.8,满足初始条件

$$\boldsymbol{\psi}(0)=\begin{bmatrix}0\\0\end{bmatrix}$$

的解就是

$$\boldsymbol{\psi}(t)=\begin{bmatrix}e^t & te^t\\0 & e^t\end{bmatrix}\int_0^t e^{-s}\begin{bmatrix}1 & -s\\0 & 1\end{bmatrix}\begin{bmatrix}e^{-s}\\0\end{bmatrix}ds=\begin{bmatrix}e^t & te^t\\0 & e^t\end{bmatrix}\int_0^t\begin{bmatrix}e^{-2s}\\0\end{bmatrix}ds$$

$$=\begin{bmatrix}e^t & te^t\\0 & e^t\end{bmatrix}\begin{bmatrix}\dfrac{1}{2}(1-e^{-2t})\\0\end{bmatrix}=\begin{bmatrix}\dfrac{1}{2}(e^t-e^{-t})\\0\end{bmatrix}$$

因为 $\boldsymbol{\Phi}(0)=\boldsymbol{E}$,对应的齐次线性微分方程组满足初始条件

$$\boldsymbol{\varphi}_h(0)=\begin{bmatrix}-1\\1\end{bmatrix}$$

的解就是

$$\boldsymbol{\varphi}_h(t)=\boldsymbol{\Phi}(t)\begin{bmatrix}-1\\1\end{bmatrix}=\begin{bmatrix}(t-1)e^t\\e^t\end{bmatrix}$$

由公式(5.21),所求解就是

$$\boldsymbol{\varphi}(t)=\boldsymbol{\varphi}_h(t)+\boldsymbol{\psi}(t)=\begin{bmatrix}(t-1)e^t\\e^t\end{bmatrix}+\begin{bmatrix}\dfrac{1}{2}(e^t-e^{-t})\\0\end{bmatrix}=\begin{bmatrix}te^t-\dfrac{1}{2}(e^t+e^{-t})\\e^t\end{bmatrix}$$

注意到 5.1.1 节关于 n 阶线性微分方程的初值问题(5.6) 与线性微分方程组的初值问题(5.7) 等价性的讨论,可以得到关于 n 阶非齐次线性微分方程的常数变易公式。

推论 5.6 如果 $a_1(t),a_2(t),\cdots,a_n(t),f(t)$ 都是区间 $[a,b]$ 上的连续函数,$x_1(t)$, $x_2(t),\cdots,x_n(t)$ 是区间 $[a,b]$ 上齐次线性微分方程

$$x^{(n)}+a_1(t)x^{(n-1)}+\cdots+a_n(t)x=0$$

的基本解组,那么,非齐次线性微分方程

$$x^{(n)}+a_1(t)x^{(n-1)}+\cdots+a_n(t)x=f(t) \tag{5.22}$$

的满足初始条件

$$\varphi(t_0)=0,\quad \varphi'(t_0)=0,\quad \cdots,\quad \varphi^{(n-1)}(t_0)=0,\quad t_0\in[a,b]$$

的解由以下式给出:

$$\varphi(t)=\sum_{k=1}^{n}x_k(t)\int_{t_0}^{t}\left\{\frac{W_k[x_1(s),x_2(s),\cdots,x_n(s)]}{W[x_1(s),x_2(s),\cdots,x_n(s)]}\right\}f(s)ds \tag{5.23}$$

其中,$W[x_1(s),x_2(s),\cdots,x_n(s)]$ 是 $x_1(s),x_2(s),\cdots,x_n(s)$ 的朗斯基行列式;$W_k[x_1(s),x_2(s),\cdots,x_n(s)]$ 是在 $W[x_1(s),x_2(s),\cdots,x_n(s)]$ 中的第 k 列代以 $(0,0,\cdots,0,1)^{\mathrm{T}}$ 替换后得到的行列式,而且方程(5.22) 的任一解 $u(t)$ 都具有形式

$$u(t)=c_1x_1(t)+c_2x_2(t)+\cdots+c_nx_n(t)+\varphi(t) \tag{5.24}$$

其中,$c_1,c_2,\cdots,c_n$ 是适当选取的常数。

公式(5.23) 称为方程(5.22) 的常数变易公式。

这时方程(5.22) 的通解可以表为

$$x=c_1x_1(t)+c_2x_2(t)+\cdots+c_nx_n(t)+\varphi(t)$$

其中,$c_1,c_2,\cdots,c_n$ 是任意常数。并且由推论 5.6 知道,它包括了方程(5.22) 的所有解。这

就是第 4 章定理 4.7 的结论。

当 $n=2$ 时，公式(5.23) 就是

$$\varphi(t)=x_1(t)\int_{t_0}^{t}\left\{\frac{W_1[x_1(s),x_2(s)]}{W[x_1(s),x_2(s)]}\right\}f(s)\mathrm{d}s+x_2(t)\int_{t_0}^{t}\left\{\frac{W_2[x_1(s),x_2(s)]}{W[x_1(s),x_2(s)]}\right\}f(s)\mathrm{d}s$$

但是又有

$$W_1[x_1(s),x_2(s)]=\begin{vmatrix}0 & x_2(s)\\ 1 & x_2'(s)\end{vmatrix}=-x_2(s)$$

$$W_2[x_1(s),x_2(s)]=\begin{vmatrix}x_1(s) & 0\\ x_1'(s) & 1\end{vmatrix}=x_1(s)$$

因此，当 $n=2$ 时，常数变易公式变为

$$\varphi(t)=\int_{t_0}^{t}\left\{\frac{x_2(t)x_1(s)-x_1(t)x_2(s)}{W[x_1(s),x_2(s)]}\right\}f(s)\mathrm{d}s \tag{5.25}$$

而通解就是

$$x=c_1x_1(t)+c_2x_2(t)+\varphi(t) \tag{5.26}$$

其中，c_1,c_2 是任意常数。

例 5.4　试求方程 $x''+x=\tan t$ 的一个解。

解　易知对应的齐次线性方程 $x''+x=0$ 的基本解组为 $x_1(t)=\cos t, x_2(t)=\sin t$。直接利用公式(5.25) 来求方程的一个解。这时

$$W[x_1(t),x_2(t)]=\begin{vmatrix}\cos t & \sin t\\ -\sin t & \cos t\end{vmatrix}=1$$

由公式(5.25) 即得(取 $t_0=0$)

$$\begin{aligned}\varphi(t)&=\int_0^t(\sin t\cos s-\cos t\sin s)\tan s\mathrm{d}s\\&=\sin t\int_0^t\sin s\mathrm{d}s-\cos t\int_0^t\sin s\tan s\mathrm{d}s\\&=\sin t(1-\cos t)+\cos t(\sin t-\ln|\sec t+\tan t|)\\&=\sin t-\cos t\ln|\sec t+\tan t|\end{aligned}$$

注：因为 $\sin t$ 是对应的齐次线性方程的一个解，所以函数 $\bar{\varphi}(t)=-\cos t\cdot\ln|\sec t+\tan t|$ 也是原方程的一个解。

习题 5.2

1. 试验证 $\boldsymbol{\Phi}=\begin{bmatrix}t^2 & t\\ 2t & 1\end{bmatrix}$是方程组 $\boldsymbol{x}'=\begin{bmatrix}0 & 1\\ -\frac{2}{t^2} & \frac{2}{t}\end{bmatrix}\boldsymbol{x}, \boldsymbol{x}=\begin{bmatrix}x_1\\ x_2\end{bmatrix}$，在任何不包含原点的区间$[a,b]$上的基解矩阵。

2. 考虑方程组 $\boldsymbol{x}' = \boldsymbol{A}(t)\boldsymbol{x}$，其中 $\boldsymbol{A}(t)$ 是区间 $[a,b]$ 上的连续 $n\times n$ 矩阵，其元素为 $a_{ij}(t), i, j = 1,2,\cdots,n$。

(1) 如果 $\boldsymbol{x}_1(t), \boldsymbol{x}_2(t), \cdots, \boldsymbol{x}_n(t)$ 是方程组(5.9)的任意 n 个解，那么它们的朗斯基行列式 $W[\boldsymbol{x}_1(t), \boldsymbol{x}_2(t), \cdots, \boldsymbol{x}_n(t)] \equiv W(t)$ 满足一阶线性微分方程 $W' = [a_{11}(t) + a_{22}(t) + \cdots + a_{nn}(t)]W$；

(2) 利用解(1)中的一阶线性微分方程，证明：$W(t) = W(t_0)\mathrm{e}^{\int_{t_0}^{t}[a_{11}(s)+a_{22}(s)+\cdots a_{nn}(s)]\mathrm{d}s}$，$t_0, t \in [a,b]$。

3. 设 $\boldsymbol{A}(t)$ 为区间 $[a,b]$ 上的连续 $n\times n$ 实矩阵，$\boldsymbol{\Phi}$ 为方程 $\boldsymbol{x}' = \boldsymbol{A}(t)\boldsymbol{x}$ 的基解矩阵，而 $\boldsymbol{x} = \boldsymbol{\varphi}(t)$ 为其一解，试证：

(1) 对于方程 $\boldsymbol{y}' = -\boldsymbol{A}^{\mathrm{T}}(t)\boldsymbol{y}$ 的任一解 $\boldsymbol{y} = \boldsymbol{\Psi}(t)$，必有 $\boldsymbol{\Psi}^{\mathrm{T}}(t)\boldsymbol{\varphi}(t) =$ 常数；

(2) $\boldsymbol{\Psi}(t)$ 为方程 $\boldsymbol{y}' = -\boldsymbol{A}^{T}(t)\boldsymbol{y}$ 的基解矩阵的充要条件是存在非奇异的常数矩阵 $\boldsymbol{C}$，使 $\boldsymbol{\Psi}^{\mathrm{T}}(t)\boldsymbol{\varphi}(t) = \boldsymbol{C}$。

4. 设 $\boldsymbol{\Phi}$ 为方程 $\boldsymbol{x}' = \boldsymbol{A}\boldsymbol{x}$（$\boldsymbol{A}$ 为 $n\times n$ 常数矩阵）的标准基解矩阵（即 $\boldsymbol{\Phi}(0) = \boldsymbol{E}$），证明：$\boldsymbol{\Phi}(t)\boldsymbol{\Phi}^{-1}(t_0) = \boldsymbol{\Phi}(t - t_0)$，其中 t_0 为某一值。

5. 设 $\boldsymbol{A}(t), \boldsymbol{f}(t)$ 分别为在区间 $[a,b]$ 上连续的 $n\times n$ 矩阵和 n 维列向量，证明：方程组 $\boldsymbol{x}' = \boldsymbol{A}(t)\boldsymbol{x} + \boldsymbol{f}(t)$ 存在且最多存在 $(n+1)$ 个线性无关解。

6. 试证非齐次线性微分方程组的叠加原理：$\boldsymbol{x}_1(t), \boldsymbol{x}_2(t)$ 分别是

$\boldsymbol{x}' = \boldsymbol{A}(t)\boldsymbol{x} + \boldsymbol{f}_1(t)$，　$\boldsymbol{x}' = \boldsymbol{A}(t)\boldsymbol{x} + \boldsymbol{f}_2(t)$ 的解，则 $\boldsymbol{x}_1(t) + \boldsymbol{x}_2(t)$ 是方程组

$\boldsymbol{x}' = \boldsymbol{A}(t)\boldsymbol{x} + \boldsymbol{f}_1(t) + \boldsymbol{f}_2(t)$ 的解。

7. 考虑方程组 $\boldsymbol{x}' = \boldsymbol{A}\boldsymbol{x} + \boldsymbol{f}(t)$，其中

$$\boldsymbol{A} = \begin{bmatrix} 2 & 1 \\ 0 & 2 \end{bmatrix}, \quad \boldsymbol{x} = \begin{bmatrix} x_1 \\ x_2 \end{bmatrix}, \quad \boldsymbol{f}(t) = \begin{bmatrix} \sin t \\ \cos t \end{bmatrix}$$

(1) 试验证 $\boldsymbol{\Phi}(t) = \begin{bmatrix} \mathrm{e}^{2t} & t\mathrm{e}^{2t} \\ 0 & \mathrm{e}^{2t} \end{bmatrix}$ 是 $\boldsymbol{x}' = \boldsymbol{A}\boldsymbol{x}$ 的基解矩阵；

(2) 试求 $\boldsymbol{x}' = \boldsymbol{A}\boldsymbol{x} + \boldsymbol{f}(t)$ 的满足初始条件 $\boldsymbol{\varphi}(0) = \begin{bmatrix} 1 \\ -1 \end{bmatrix}$ 的解 $\boldsymbol{\varphi}(t)$。

8. $\boldsymbol{x}' = \boldsymbol{A}\boldsymbol{x} + \boldsymbol{f}(t)$，其中

$$\boldsymbol{A} = \begin{bmatrix} 2 & 1 \\ 0 & 2 \end{bmatrix}, \quad \boldsymbol{x} = \begin{bmatrix} x_1 \\ x_2 \end{bmatrix}, \quad \boldsymbol{f}(t) = \begin{bmatrix} 0 \\ \mathrm{e}^{2t} \end{bmatrix}$$

试求满足初始条件 $\boldsymbol{\varphi}(0) = \begin{bmatrix} 1 \\ -1 \end{bmatrix}$ 的解 $\boldsymbol{\varphi}(t)$。

9. 试求下列方程的通解：

(1) $x'' + x = \sec t, -\dfrac{\pi}{2} < t < \dfrac{\pi}{2}$；　(2) $x''' - 8x = \mathrm{e}^{2t}$。

10. 给定方程 $x'' + 8x' + 7x = f(t)$，其中 $f(t)$ 在 $t \in [0, +\infty)$ 上连续，试利用常数

变易公式，证明：

(1) 如果 $f(t)$ 在 $t\in[0,+\infty)$ 上有界，则原方程的每一个解在 $t\in[0,+\infty)$ 上有界；

(2) 如果当 $t\to\infty$ 时，$f(t)\to 0$，则原方程的每一个解 $\varphi(t)\to 0$(当 $t\to\infty$ 时)。

11. 给定方程组(5.9)

$$\boldsymbol{x}'=\boldsymbol{A}(t)\boldsymbol{x}$$

这里 $\boldsymbol{A}(t)$ 是区间 $[a,b]$ 上的连续 $n\times n$ 矩阵，设 $\boldsymbol{\varphi}(t)$ 是方程组(5.9)的一个基解矩阵，n 维向量函数 $\boldsymbol{F}(t,\boldsymbol{x})$ 在 $a\leqslant t\leqslant b$，$\|\boldsymbol{x}\|<\infty$ 上连续，$t_0\in[a,b]$，试证明：初值问题

$$\begin{cases}\boldsymbol{x}'=\boldsymbol{A}(t)\boldsymbol{x}+\boldsymbol{F}(t,\boldsymbol{x})\\ \boldsymbol{\varphi}(t_0)=\boldsymbol{\eta}\end{cases} \tag{①}$$

的唯一解 $\boldsymbol{\varphi}(t)$ 是积分方程组

$$\boldsymbol{x}(t)=\boldsymbol{\varphi}(t)\boldsymbol{\varphi}^{-1}(t_0)\boldsymbol{\eta}+\int_{t_0}^{t}\boldsymbol{\varphi}(t)\boldsymbol{\varphi}^{-1}(s)\boldsymbol{F}(s,\boldsymbol{x}(s))\mathrm{d}s \tag{②}$$

的连续解。反之，方程组 ② 的连续解也是初值问题 ① 的解。

5.3　常系数线性微分方程组

本节研究常系数线性微分方程组的问题，主要讨论齐次线性微分方程组

$$\boldsymbol{x}'=\boldsymbol{A}\boldsymbol{x} \tag{5.27}$$

的基解矩阵的结构，这里 $\boldsymbol{A}$ 是 $n\times n$ 常数矩阵。我们将通过代数的方法，寻求方程组(5.27)的一个基解矩阵。最后讨论拉普拉斯变换在常系数线性微分方程组中的应用。

5.3.1　矩阵指数 exp$\boldsymbol{A}$ 的定义和性质

为了寻求方程组(5.27)的一个基解矩阵，需要定义矩阵指数 exp$\boldsymbol{A}$(或写作 $\mathrm{e}^{\boldsymbol{A}}$)，这要利用 5.1.2 小节中关于矩阵序列的有关定义和结果。

如果 $\boldsymbol{A}$ 是一个 $n\times n$ 常数矩阵，定义矩阵指数 exp$\boldsymbol{A}$ 为下面的矩阵级数的和

$$\exp\boldsymbol{A}=\sum_{k=0}^{\infty}\frac{\boldsymbol{A}^k}{k!}=\boldsymbol{E}+\boldsymbol{A}+\frac{\boldsymbol{A}^2}{2!}+\cdots+\frac{\boldsymbol{A}^m}{m!}+\cdots \tag{5.28}$$

其中，$\boldsymbol{E}$ 为 n 阶单位矩阵；$\boldsymbol{A}^m$ 是矩阵 $\boldsymbol{A}$ 的 m 次幂。这里规定 $\boldsymbol{A}^0=\boldsymbol{E}$，$0!=1$。这个级数对于所有的 $\boldsymbol{A}$ 都是收敛的，因而，exp$\boldsymbol{A}$ 是一个确定的矩阵。

事实上，由 5.1.2 小节中矩阵范数的性质，易知对于一切正整数 k，有

$$\left\|\frac{\boldsymbol{A}^k}{k!}\right\|\leqslant\frac{\|\boldsymbol{A}\|^k}{k!}$$

又因对于任一矩阵 $\boldsymbol{A}$，$\|\boldsymbol{A}\|$ 是一个确定的实数，所以数值级数 $\|\boldsymbol{E}\|+\|\boldsymbol{A}\|+\frac{\|\boldsymbol{A}\|^2}{2!}+\cdots+\frac{\|\boldsymbol{A}\|^m}{m!}+\cdots$ 是收敛的(注意，其和是 $n-1+\mathrm{e}^{\|\boldsymbol{A}\|}$)。由 5.1.2 小节知道，如果一个矩阵级数的每一项的范数都小于一个收敛的数值级数的对应项，则这个矩阵级

数是收敛的，因而级数(5.28)对于一切矩阵 **A** 都是绝对收敛的。

级数

$$\exp \boldsymbol{A}t = \sum_{k=0}^{\infty} \frac{\boldsymbol{A}^k t^k}{k!} \tag{5.29}$$

在 t 的任何有限区间上是一致收敛的。事实上，对于一切正整数 k，当 $|t| \leqslant c$（c 是某一正常数）时，有

$$\left\| \frac{\boldsymbol{A}^k t^k}{k!} \right\| \leqslant \frac{\|\boldsymbol{A}\|^k |t|^k}{k!} \leqslant \frac{\|\boldsymbol{A}\|^k c^k}{k!}$$

而数值级数 $\sum_{k=0}^{\infty} \frac{(\|\boldsymbol{A}\| c)^k}{k!}$ 是收敛的，因而级数(5.29)是一致收敛的。

矩阵指数 $\exp\boldsymbol{A}$ 有如下性质。

(1) 如果矩阵 $\boldsymbol{A}, \boldsymbol{B}$ 是可交换的，即 $\boldsymbol{AB} = \boldsymbol{BA}$，则

$$\exp(\boldsymbol{A} + \boldsymbol{B}) = \exp\boldsymbol{A}\exp\boldsymbol{B} \tag{5.30}$$

事实上，由于矩阵级数(5.28)是绝对收敛的，因而关于绝对收敛数值级数运算的一些定理，如项的重新排列不改变级数的收敛性和级数的和，以及级数的乘法定理等都同样地可以用到矩阵级数中来。

由二项式定理及 $\boldsymbol{AB} = \boldsymbol{BA}$，得

$$\exp(\boldsymbol{A} + \boldsymbol{B}) = \sum_{k=0}^{\infty} \frac{(\boldsymbol{A} + \boldsymbol{B})^k}{k!} = \sum_{k=0}^{\infty} \left[\sum_{l=0}^{k} \frac{\boldsymbol{A}^l \boldsymbol{B}^{k-l}}{l!(k-l)!} \right] \tag{5.31}$$

另一方面，由绝对收敛级数的乘法定理得

$$\begin{aligned} \exp\boldsymbol{A}\exp\boldsymbol{B} &= \sum_{i=0}^{\infty} \frac{\boldsymbol{A}^i}{i!} \left(\sum_{j=0}^{\infty} \frac{\boldsymbol{B}^j}{j!} \right) \\ &= \sum_{k=0}^{\infty} \left[\sum_{l=0}^{k} \frac{\boldsymbol{A}^l \boldsymbol{B}^{k-l}}{l!(k-l)!} \right] \end{aligned} \tag{5.32}$$

比较式(5.31)和式(5.32)，推得式(5.30)。

(2) 对于任何矩阵 $\boldsymbol{A}$，$(\exp\boldsymbol{A})^{-1}$ 存在，且

$$(\exp\boldsymbol{A})^{-1} = \exp(-\boldsymbol{A}) \tag{5.33}$$

事实上，$\boldsymbol{A}$ 与 $-\boldsymbol{A}$ 是可交换的，故在式(5.30)中，令 $\boldsymbol{B} = -\boldsymbol{A}$，推得

$$\exp\boldsymbol{A}\exp(-\boldsymbol{A}) = \exp(\boldsymbol{A} + (-\boldsymbol{A})) = \exp\boldsymbol{0} = \boldsymbol{E}$$

由此即有

$$(\exp\boldsymbol{A})^{-1} = \exp(-\boldsymbol{A})$$

(3) 如果 $\boldsymbol{T}$ 是非奇异矩阵，则

$$\exp(\boldsymbol{T}^{-1}\boldsymbol{A}\boldsymbol{T}) = \boldsymbol{T}^{-1}(\exp\boldsymbol{A})\boldsymbol{T} \tag{5.34}$$

事实上

$$\begin{aligned} \exp(\boldsymbol{T}^{-1}\boldsymbol{A}\boldsymbol{T}) &= \boldsymbol{E} + \sum_{k=1}^{\infty} \frac{(\boldsymbol{T}^{-1}\boldsymbol{A}\boldsymbol{T})^k}{k!} \\ &= \boldsymbol{E} + \sum_{k=l}^{\infty} \frac{\boldsymbol{T}^{-1}\boldsymbol{A}^k\boldsymbol{T}}{k!} \end{aligned}$$

$$= \boldsymbol{E} + \boldsymbol{T}^{-1}\left(\sum_{k=1}^{\infty}\frac{\boldsymbol{A}^k}{k\,!}\right)\boldsymbol{T} = \boldsymbol{T}^{-1}(\exp\boldsymbol{A})\boldsymbol{T}$$

定理 5.9　矩阵

$$\boldsymbol{\Phi}(t) = \exp\boldsymbol{A}t \tag{5.35}$$

是方程组(5.27) 的基解矩阵，且 $\boldsymbol{\Phi}(0) = \boldsymbol{E}$。

证明　由定义易知 $\boldsymbol{\Phi}(0) = \boldsymbol{E}$，微分式(5.35)，得到

$$\boldsymbol{\Phi}'(t) = (\exp\boldsymbol{A}t)' = \boldsymbol{A} + \frac{\boldsymbol{A}^2 t}{1!} + \frac{\boldsymbol{A}^3 t^2}{2!} + \cdots + \frac{\boldsymbol{A}^k t^{k-1}}{(k-1)!} + \cdots = \boldsymbol{A}\exp\boldsymbol{A}t = \boldsymbol{A}\boldsymbol{\Phi}(t)$$

这就表明，$\boldsymbol{\Phi}(t)$ 是方程组(5.27) 的解矩阵，又因为 $\det\boldsymbol{\Phi}(0) = \det\boldsymbol{E} = 1$，因此，$\boldsymbol{\Phi}(t)$ 是(5.27) 的基解矩阵。证毕。

由定理 5.9，可以利用这个基解矩阵推知方程组(5.27) 的任一解 $\boldsymbol{\varphi}(t)$ 都具有形式

$$\boldsymbol{\varphi}(t) = (\exp\boldsymbol{A}t)\boldsymbol{c} \tag{5.36}$$

其中，$\boldsymbol{c}$ 是一个常数向量。

在某些特殊情况下，容易得到方程组(5.27) 的基解矩阵 $\exp\boldsymbol{A}t$ 的具体形式。

例 5.5　如果 $\boldsymbol{A}$ 是一个对角矩阵，$\boldsymbol{A} = \begin{bmatrix} a_1 & 0 & \cdots & 0 \\ 0 & a_2 & \cdots & 0 \\ \vdots & \vdots & & \vdots \\ 0 & 0 & \cdots & a_n \end{bmatrix}$（非主对角线上的元素都是零），试找出 $\boldsymbol{x}' = \boldsymbol{A}\boldsymbol{x}$ 的基解矩阵。

解　由级数(5.28) 可得

$$\exp\boldsymbol{A}t = \boldsymbol{E} + \begin{bmatrix} a_1 & 0 & \cdots & 0 \\ 0 & a_2 & \cdots & 0 \\ \vdots & \vdots & & \vdots \\ 0 & 0 & \cdots & a_n \end{bmatrix}\frac{t}{1!} + \begin{bmatrix} a_1^2 & 0 & \cdots & 0 \\ 0 & a_2^2 & \cdots & 0 \\ \vdots & \vdots & \cdots & \vdots \\ 0 & 0 & \cdots & a_n^2 \end{bmatrix}\frac{t^2}{2!} + \cdots + \begin{bmatrix} a_1^k & 0 & \cdots & 0 \\ 0 & a_2^k & \cdots & 0 \\ \vdots & \vdots & & \vdots \\ 0 & 0 & \cdots & a_n^k \end{bmatrix}\frac{t^k}{k!} + \cdots$$

$$= \begin{bmatrix} e^{a_1 t} & 0 & \cdots & 0 \\ 0 & e^{a_2 t} & \cdots & 0 \\ \vdots & \vdots & & \vdots \\ 0 & 0 & \cdots & e^{a_n t} \end{bmatrix}$$

根据定理 5.9 可知，这就是一个基解矩阵，当然，这个结果是很明显的，因为在现在的情况下，方程组可以写成 $x_k' = a_k x_k$，$k = 1,2,\cdots,n$，可以分别对其进行积分。

例 5.6　试求 $\boldsymbol{x}' = \begin{bmatrix} 2 & 1 \\ 0 & 2 \end{bmatrix}\boldsymbol{x}$ 的基解矩阵。

解　因为 $\boldsymbol{A} = \begin{bmatrix} 2 & 1 \\ 0 & 2 \end{bmatrix} = \begin{bmatrix} 2 & 0 \\ 0 & 2 \end{bmatrix} + \begin{bmatrix} 0 & 1 \\ 0 & 0 \end{bmatrix}$，而且后面的两个矩阵是可交换的，得到

$$\exp \boldsymbol{A}t = \exp\begin{bmatrix}2 & 0\\0 & 2\end{bmatrix}t \cdot \exp\begin{bmatrix}0 & 1\\0 & 0\end{bmatrix}t$$
$$= \begin{bmatrix}e^{2t} & 0\\0 & e^{2t}\end{bmatrix}\left\{\boldsymbol{E} + \begin{bmatrix}0 & 1\\0 & 0\end{bmatrix}t + \begin{bmatrix}0 & 1\\0 & 0\end{bmatrix}^2\frac{t^2}{2!} + \cdots\right\}$$

但是，

$$\begin{bmatrix}0 & 1\\0 & 0\end{bmatrix}^2 = \begin{bmatrix}0 & 0\\0 & 0\end{bmatrix}$$

所以，级数只有两项。因此，基解矩阵就是

$$\exp \boldsymbol{A}t = e^{2t}\begin{bmatrix}1 & t\\0 & 1\end{bmatrix}$$

5.3.2 基解矩阵的计算公式

定理5.9告诉我们，方程组(5.27)的基解矩阵就是 $\exp\boldsymbol{A}t$。但是 $\exp\boldsymbol{A}t$ 是一个矩阵级数，这个矩阵的每一个元素是什么呢?事实上还没有具体给出，上面只就一些很特殊的情况，计算了 $\exp\boldsymbol{A}t$ 的元素。本小节利用线性代数的基本知识，仔细地讨论 $\exp\boldsymbol{A}t$ 的计算方法，从而解决常系数线性微分方程组的基解矩阵的结构问题。

为了计算方程组(5.27)的基解矩阵 $\exp\boldsymbol{A}t$，需要引进矩阵的特征值和特征向量的概念。

类似于第4章的4.2.2小节，试图寻求方程组(5.27)

$$\boldsymbol{x}' = \boldsymbol{A}\boldsymbol{x}$$

的形如

$$\boldsymbol{\varphi}(t) = e^{\lambda t}\boldsymbol{c}, \quad \boldsymbol{c} \neq \boldsymbol{0} \tag{5.37}$$

的解，其中常数 λ 和向量 $\boldsymbol{c}$ 是待定的。为此，将式(5.37)代入方程组(5.27)，得到

$$\lambda e^{\lambda t}\boldsymbol{c} = \boldsymbol{A}e^{\lambda t}\boldsymbol{c}$$

因为 $e^{\lambda t} \neq 0$，上式变为

$$(\lambda\boldsymbol{E} - \boldsymbol{A})\boldsymbol{c} = \boldsymbol{0} \tag{5.38}$$

这就表示，$e^{\lambda t}\boldsymbol{c}$ 是方程组(5.27)的解的充要条件是常数 λ 和向量 $\boldsymbol{c}$ 满足方程(5.38)。方程(5.38)可以看作是向量 $\boldsymbol{c}$ 的 n 个分量的一个齐次线性方程组，根据线性代数知识，这个方程组具有非零解的充要条件就是 λ 满足方程

$$\det(\lambda\boldsymbol{E} - \boldsymbol{A}) = 0$$

这就引出了下面的定义：

假设 $\boldsymbol{A}$ 是一个 $n \times n$ 常数矩阵，使得关于 $\boldsymbol{u}$ 的线性方程组

$$(\lambda\boldsymbol{E} - \boldsymbol{A})\boldsymbol{u} = \boldsymbol{0} \tag{5.39}$$

具有非零解的常数 λ 称为 $\boldsymbol{A}$ 的一个特征值。方程组(5.39)的对应于任一特征值 λ 的非零解 $\boldsymbol{u}$ 称为 $\boldsymbol{A}$ 的对应于特征值 λ 的特征向量。

n 次多项式

$$p(\lambda) \equiv \det(\lambda \boldsymbol{E} - \boldsymbol{A})$$

称为 $\boldsymbol{A}$ 的特征多项式，n 次代数方程

$$p(\lambda) = 0 \tag{5.40}$$

称为 $\boldsymbol{A}$ 的特征方程，也称其为方程组(5.27)的特征方程。

根据上面的讨论，$e^{\lambda t}\boldsymbol{c}$ 是方程组(5.27)的解，当且仅当 λ 是 $\boldsymbol{A}$ 的特征值，且 $\boldsymbol{c}$ 是对应于 λ 的特征向量。$\boldsymbol{A}$ 的特征值就是特征方程(5.40)的根。因为 n 次代数方程有 n 个根，所以 $\boldsymbol{A}$ 有 n 个特征值，当然不一定 n 个都互不相同。如果 $\lambda = \lambda_0$ 是特征方程的单根，则称 λ_0 是简单特征根。如果 $\lambda = \lambda_0$ 是特征方程的 k 重根，则称 λ_0 是 k 重特征根。

例 5.7　试求矩阵 $\boldsymbol{A} = \begin{bmatrix} 3 & 5 \\ -5 & 3 \end{bmatrix}$ 的特征值和对应的特征向量。

解　$\boldsymbol{A}$ 的特征值就是特征方程

$$\det(\boldsymbol{A} - \lambda \boldsymbol{E}) = \begin{vmatrix} 3-\lambda & 5 \\ -5 & 3-\lambda \end{vmatrix} = \lambda^2 - 6\lambda + 34 = 0$$

的根。解之得到 $\lambda_{1,2} = 3 \pm 5\mathrm{i}$。对应于特征值 $\lambda_1 = 3 + 5\mathrm{i}$ 的特征向量

$$\boldsymbol{u} = \begin{bmatrix} u_1 \\ u_2 \end{bmatrix}$$

必须满足线性方程组

$$(\boldsymbol{A} - \lambda_1 \boldsymbol{E})\boldsymbol{u} = \begin{bmatrix} -5\mathrm{i} & 5 \\ -5 & -5\mathrm{i} \end{bmatrix} \begin{bmatrix} u_1 \\ u_2 \end{bmatrix} = \boldsymbol{0}$$

因此，u_1，u_2 满足方程组

$$\begin{cases} -\mathrm{i}u_1 + u_2 = 0 \\ -u_1 - \mathrm{i}u_2 = 0 \end{cases}$$

所以，对于任意常数 $\alpha \neq 0$，有

$$\boldsymbol{u} = \alpha \begin{bmatrix} 1 \\ \mathrm{i} \end{bmatrix}$$

是对应于 $\lambda_1 = 3 + 5\mathrm{i}$ 的特征向量。类似地，可以求得对应于 $\lambda_2 = 3 - 5\mathrm{i}$ 的特征向量为

$$\boldsymbol{v} = \beta \begin{bmatrix} i \\ 1 \end{bmatrix}$$

其中，$\beta \neq 0$ 是任意常数。

例 5.8　试求矩阵 $\boldsymbol{A} = \begin{bmatrix} 2 & 1 \\ -1 & 4 \end{bmatrix}$ 的特征值和对应的特征向量。

解　特征方程为

$$\det(\lambda \boldsymbol{E} - \boldsymbol{A}) = \begin{vmatrix} \lambda - 2 & -1 \\ 1 & \lambda - 4 \end{vmatrix} = \lambda^2 - 6\lambda + 9 = 0$$

因此,$\lambda=3$ 是 $\boldsymbol{A}$ 的二重特征值。为了寻求对应于 $\lambda=3$ 的特征向量,考虑方程组

$$(3\boldsymbol{E}-\boldsymbol{A})\boldsymbol{c}=\begin{bmatrix}1 & -1\\1 & -1\end{bmatrix}\begin{bmatrix}c_1\\c_2\end{bmatrix}=\boldsymbol{0}$$

或者

$$\begin{cases}c_1-c_2=0\\c_1-c_2=0\end{cases}$$

因此,向量

$$\boldsymbol{c}=\alpha\begin{bmatrix}1\\1\end{bmatrix}$$

是对应于特征值 $\lambda=3$ 的特征向量,其中 $\alpha\neq 0$ 是任意常数。

一个 $n\times n$ 矩阵最多有 n 个线性无关的特征向量。当然,在任何情况下,最低限度有一个特征向量,因为最低限度有一个特征值。

首先,讨论当 $\boldsymbol{A}$ 具有 n 个线性无关的特征向量时(特别当 $\boldsymbol{A}$ 具有 n 个不同的特征值时,就是这种情形),微分方程组(5.27)的基解矩阵的计算方法。

定理 5.10　如果矩阵 $\boldsymbol{A}$ 具有 n 个线性无关的特征向量 $\boldsymbol{v}_1,\boldsymbol{v}_2,\cdots,\boldsymbol{v}_n$,它们对应的特征值分别为 $\lambda_1,\lambda_2,\cdots,\lambda_n$(不必各不相同),那么矩阵

$$\boldsymbol{\Phi}(t)=[\mathrm{e}^{\lambda_1 t}\boldsymbol{v}_1,\mathrm{e}^{\lambda_2 t}\boldsymbol{v}_2,\cdots,\mathrm{e}^{\lambda_n t}\boldsymbol{v}_n],\quad -\infty<t<+\infty$$

是常系数线性微分方程组(5.27)

$$\boldsymbol{x}'=\boldsymbol{A}\boldsymbol{x}$$

的一个基解矩阵。

证明　由上面关于特征值和特征向量的讨论知道,每一个向量函数 $\mathrm{e}^{\lambda_j t}\boldsymbol{v}_j\,(j=1,2,\cdots,n)$ 都是方程组(5.27)的一个解。因此,矩阵

$$\boldsymbol{\Phi}(t)=[\mathrm{e}^{\lambda_1 t}\boldsymbol{v}_1,\mathrm{e}^{\lambda_2 t}\boldsymbol{v}_2,\cdots,\mathrm{e}^{\lambda_n t}\boldsymbol{v}_n]$$

是方程组(5.27)的一个解矩阵。因为向量 $\boldsymbol{v}_1,\boldsymbol{v}_2,\cdots,\boldsymbol{v}_n$ 是线性无关的,所以

$$\det\boldsymbol{\Phi}(0)=\det[\boldsymbol{v}_1,\boldsymbol{v}_2,\cdots,\boldsymbol{v}_n]\neq 0$$

根据 5.2.1 小节的定理 5.6* 推得,$\boldsymbol{\Phi}(t)$ 是方程组(5.27)的一个基解矩阵。定理证毕。

例 5.9　试求方程组 $\boldsymbol{x}'=\boldsymbol{A}\boldsymbol{x}$ 的一个基解矩阵,其中 $\boldsymbol{A}=\begin{bmatrix}3 & 5\\-5 & 3\end{bmatrix}$。

解　由例 5.7 知道,$\lambda_1=3+5\mathrm{i}$ 和 $\lambda_2=3-5\mathrm{i}$ 是 $\boldsymbol{A}$ 的特征值,而

$$\boldsymbol{v}_1=\begin{bmatrix}1\\\mathrm{i}\end{bmatrix},\quad \boldsymbol{v}_2=\begin{bmatrix}\mathrm{i}\\1\end{bmatrix}$$

是对应于 λ_1,λ_2 的两个线性无关的特征向量。根据定理 5.10,矩阵 $\boldsymbol{\Phi}(t)=\begin{bmatrix}\mathrm{e}^{(3+5\mathrm{i})t} & \mathrm{i}\mathrm{e}^{(3-5\mathrm{i})t}\\\mathrm{i}\mathrm{e}^{(3+5\mathrm{i})t} & \mathrm{e}^{(3-5\mathrm{i})t}\end{bmatrix}$ 就是一个基解矩阵。

一般来说，定理 5.10 中的 $\boldsymbol{\Phi}(t)$ 不一定就是 $\exp\boldsymbol{A}t$。然而，根据 5.2.1 小节的推论 5.6*，可以确定它们之间的关系。因为 $\exp\boldsymbol{A}t$ 和 $\boldsymbol{\Phi}(t)$ 都是方程组(5.27)的基解矩阵，所以存在一个非奇异的常数矩阵 $\boldsymbol{C}$，使得

$$\exp\boldsymbol{A}t = \boldsymbol{\Phi}(t)\boldsymbol{C}$$

在上式中，令 $t=0$，我们得到 $\boldsymbol{C}=\boldsymbol{\Phi}^{-1}(0)$，因此有

$$\exp\boldsymbol{A}t = \boldsymbol{\Phi}(t)\boldsymbol{\Phi}^{-1}(0) \tag{5.41}$$

根据式(5.41)，$\exp\boldsymbol{A}t$ 的计算问题相当于方程组(5.27)的任一基解矩阵的计算问题。注意，公式(5.41)还有一个用途，这就是下面的附注 5.1 所指出的。

附注 5.1　如果 $\boldsymbol{A}$ 是实的矩阵，那么 $\exp\boldsymbol{A}t$ 也是实的，因此，当 $\boldsymbol{A}$ 是实的，公式(5.41)给出了一个构造实的基解矩阵的方法。

例 5.10　试求例 5.9 的实基解矩阵(或计算 $\exp\boldsymbol{A}t$)。

解　根据式(5.41)及附注 5.1，从例 5.9 中得

$$\exp\boldsymbol{A}t = \begin{bmatrix} e^{(3+5i)t} & ie^{(3-5i)t} \\ ie^{(3+5i)t} & e^{(3-5i)t} \end{bmatrix}\begin{bmatrix} 1 & i \\ i & 1 \end{bmatrix}^{-1} = \frac{1}{2}\begin{bmatrix} e^{(3+5i)t} & ie^{(3-5i)t} \\ ie^{(3+5i)t} & e^{(3-5i)t} \end{bmatrix}\begin{bmatrix} 1 & -i \\ -i & 1 \end{bmatrix}$$

$$= \frac{1}{2}\begin{bmatrix} e^{(3+5i)t}+e^{(3-5i)t} & -i(e^{(3+5i)t}-e^{(3-5i)t}) \\ i(e^{(3+5i)t}-e^{(3-5i)t}) & e^{(3+5i)t}+e^{(3-5i)t} \end{bmatrix} = e^{3t}\begin{bmatrix} \cos 5t & \sin 5t \\ -\sin 5t & \cos 5t \end{bmatrix}$$

现在讨论当 $\boldsymbol{A}$ 是任意的 $n\times n$ 矩阵时，方程组(5.27)的基解矩阵的计算方法，先引进一些有关的线性代数知识。

假设 $\boldsymbol{A}$ 是一个 $n\times n$ 矩阵，$\lambda_1,\lambda_2,\cdots,\lambda_k$ 是 $\boldsymbol{A}$ 的不同的特征值，它们的重数分别为 $n_1,n_2,\cdots,n_k$，这里 $n_1+n_2+\cdots+n_k=n$。那么对应于每一个 n_j 重特征值 λ_j，线性方程组

$$(\boldsymbol{A}-\lambda_j\boldsymbol{E})^{n_j}\boldsymbol{u}=\boldsymbol{0} \tag{5.42}$$

的解的全体构成 n 维欧几里得空间的一个 n_j 维子空间 $U_j(j=1,2,\cdots k)$，并且 n 维欧几里得空间可表示为 $U_1,U_2,\cdots,U_k$ 的直接和。

这就是说，对于 n 维欧几里得空间的每一个向量 $\boldsymbol{u}$，存在唯一的向量组 $\boldsymbol{u}_1,\boldsymbol{u}_2,\cdots,\boldsymbol{u}_k$，其中 $\boldsymbol{u}_j\in U_j(j=1,2,\cdots,k)$，使得

$$\boldsymbol{u}=\boldsymbol{u}_1+\boldsymbol{u}_2+\cdots+\boldsymbol{u}_k \tag{5.43}$$

关于分解式(5.43)，举出其两个特殊情形。如果 $\boldsymbol{A}$ 的所有特征值各不相同，这就是说，如果每一个 $n_j=1(j=1,2,\cdots k)$，而 $k=n$。那么，对于任一个向量 $\boldsymbol{u}$，分解式(5.43)中的 $\boldsymbol{u}_j$ 可以表示为 $\boldsymbol{u}_j=c_j\boldsymbol{v}_j$，其中 $\boldsymbol{v}_1,\boldsymbol{v}_2,\cdots,\boldsymbol{v}_n$ 是 $\boldsymbol{A}$ 的一组线性无关的特征向量，$c_j(j=1,2,\cdots n)$ 是一些常数。如果 $\boldsymbol{A}$ 只有一个特征值，即 $k=1$，这时不必对 n 维欧几里得空间进行分解。

现在利用刚刚引述过的线性代数知识着手寻求方程组(5.27)的基解矩阵，先从寻求任一满足初始条件 $\boldsymbol{\varphi}(0)=\boldsymbol{\eta}$ 的解 $\boldsymbol{\varphi}(t)$ 开始。从定理 5.9 知道，$\boldsymbol{\varphi}(t)$ 可以表示为 $\boldsymbol{\varphi}(t)=(\exp\boldsymbol{A}t)\boldsymbol{\eta}$，而将 $(\exp\boldsymbol{A}t)\boldsymbol{\eta}$ 明显地计算出来，即要确切知道 $\boldsymbol{\varphi}(t)$ 的每一个分量。根据 $\exp\boldsymbol{A}t$ 的定义，一般来说，$(\exp\boldsymbol{A}t)\boldsymbol{\eta}$ 的分量是一个无穷级数，因而难以计算。这里的要点

就是将初始向量$\boldsymbol{\eta}$进行分解，从而使得$(\exp\boldsymbol{A}t)\boldsymbol{\eta}$的分量可以表示为$t$的指数函数与$t$的幂函数乘积的有限项的线性组合。

假设$\lambda_1,\lambda_2,\cdots,\lambda_k$分别是矩阵$\boldsymbol{A}$的$n_1,n_2,\cdots,n_k$重不同特征值。这时由式(5.43)，有

$$\boldsymbol{\eta}=\boldsymbol{v}_1+\boldsymbol{v}_2+\cdots+\boldsymbol{v}_k \tag{5.44}$$

其中，$\boldsymbol{v}_j\in U_j,j=1,2,\cdots k$，因为子空间$U_j$是由方程组(5.42)产生的，$\boldsymbol{v}_j$一定是方程组(5.42)的解。由此即得

$$(\boldsymbol{A}-\lambda_j\boldsymbol{E})^l\boldsymbol{v}_j=\boldsymbol{0},\quad l\geqslant n_j(j=1,2,\cdots,k) \tag{5.45}$$

注意到当矩阵是对角矩阵时，由例5.5知道，$\exp\boldsymbol{A}t$是很容易求得的，这时得到

$$\mathrm{e}^{\lambda_j t}\exp(-\lambda_j\boldsymbol{E}t)=\mathrm{e}^{\lambda_j t}\begin{bmatrix}\mathrm{e}^{-\lambda_j t} & \cdots & 0\\ \vdots & \ddots & \vdots\\ 0 & \cdots & \mathrm{e}^{-\lambda_j t}\end{bmatrix}=\boldsymbol{E}$$

由此，并根据等式(5.45)，即有

$$\begin{aligned}(\exp\boldsymbol{A}t)\boldsymbol{v}_j&=(\exp\boldsymbol{A}t)\mathrm{e}^{\lambda_j t}[\exp(-\lambda_j\boldsymbol{E}t)]\boldsymbol{v}_j=\mathrm{e}^{\lambda_j t}[\exp(\boldsymbol{A}-\lambda_j\boldsymbol{E})t]\boldsymbol{v}_j\\&=\mathrm{e}^{\lambda_j t}\left[\boldsymbol{E}+t(\boldsymbol{A}-\lambda_j\boldsymbol{E})+\frac{t^2}{2!}(\boldsymbol{A}-\lambda_j\boldsymbol{E})^2+\cdots+\frac{t^{n_j-1}}{(n_j-1)!}(\boldsymbol{A}-\lambda_j\boldsymbol{E})^{n_j-1}\right]\boldsymbol{v}_j\end{aligned}$$

再根据等式(5.44)，知微分方程组(5.27)的解$\boldsymbol{\varphi}(t)=(\exp\boldsymbol{A}t)\boldsymbol{\eta}$可表示为

$$\begin{aligned}\boldsymbol{\varphi}(t)&=(\exp\boldsymbol{A}t)\boldsymbol{\eta}=(\exp\boldsymbol{A}t)\sum_{j=1}^{k}\boldsymbol{v}_j=\sum_{j=1}^{k}(\exp\boldsymbol{A}t)\boldsymbol{v}_j\\&=\sum_{j=1}^{k}\mathrm{e}^{\lambda_j t}\left[\boldsymbol{E}+t(\boldsymbol{A}-\lambda_j\boldsymbol{E})+\frac{t^2}{2!}(\boldsymbol{A}-\lambda_j\boldsymbol{E})^2+\cdots+\frac{t^{n_j-1}}{(n_j-1)!}(\boldsymbol{A}-\lambda_j\boldsymbol{E})^{n_j-1}\right]\boldsymbol{v}_j\end{aligned}$$

所以，方程组(5.27)满足$\boldsymbol{\varphi}(0)=\boldsymbol{\eta}$的解$\boldsymbol{\varphi}(t)$最后可以写成

$$\boldsymbol{\varphi}(t)=\sum_{j=1}^{k}\mathrm{e}^{\lambda_j t}\left[\sum_{i=0}^{n_j-1}\frac{t^i}{i!}(\boldsymbol{A}-\lambda_j\boldsymbol{E})^i\right]\boldsymbol{v}_j \tag{5.46}$$

在特别情形，当$\boldsymbol{A}$只有一个特征值时，无需将初始向量分解为式(5.44)，这时对于任意$\boldsymbol{u}$，都有

$$(\boldsymbol{A}-\lambda\boldsymbol{E})^n\boldsymbol{u}=\boldsymbol{0}$$

这就是说，$(\boldsymbol{A}-\lambda\boldsymbol{E})^n$是一个零矩阵，这样一来，由$\exp\boldsymbol{A}t$的定义，得到

$$\exp\boldsymbol{A}t=\mathrm{e}^{\lambda t}\exp(\boldsymbol{A}-\lambda\boldsymbol{E})t=\mathrm{e}^{\lambda t}\sum_{i=0}^{n-1}\frac{t^i}{i!}(\boldsymbol{A}-\lambda\boldsymbol{E})^i \tag{5.47}$$

为了从式(5.46)中得到$\exp\boldsymbol{A}t$，只要注意到

$$\exp\boldsymbol{A}t=(\exp\boldsymbol{A}t)\boldsymbol{E}=[(\exp\boldsymbol{A}t)\boldsymbol{e}_1,(\exp\boldsymbol{A}t)\boldsymbol{e}_2,\cdots,(\exp\boldsymbol{A}t)\boldsymbol{e}_n]$$

其中，

$$\boldsymbol{e}_1=\begin{bmatrix}1\\0\\\vdots\\0\\0\end{bmatrix},\quad\boldsymbol{e}_2=\begin{bmatrix}0\\1\\0\\\vdots\\0\end{bmatrix},\quad\cdots,\quad\boldsymbol{e}_n=\begin{bmatrix}0\\0\\\vdots\\0\\1\end{bmatrix}$$

是单位向量，这就是说，依次令 $\boldsymbol{\eta}=\boldsymbol{e}_1,\boldsymbol{\eta}=\boldsymbol{e}_2,\cdots,\boldsymbol{\eta}=\boldsymbol{e}_n$，求得 n 个解，以这 n 个解作为列即可得到 $\exp\boldsymbol{A}t$。

例 5.11 如果 $\boldsymbol{A}$ 是例 5.8 的矩阵，试解初值问题 $\boldsymbol{x}'=\boldsymbol{A}\boldsymbol{x},\boldsymbol{\varphi}(0)=\boldsymbol{\eta}$，并求 $\exp\boldsymbol{A}t$。

解 从例 5.8 知道，$\lambda_1=3$ 是 $\boldsymbol{A}$ 的二重特征值，这时 $n_1=2$，只有一个子空间 U_1，将 $n_1=2$ 及 $\boldsymbol{\eta}=\begin{bmatrix}\eta_1\\ \eta_2\end{bmatrix}$ 代入式(5.46) 即得

$$\boldsymbol{\varphi}(t)=\mathrm{e}^{3t}[\boldsymbol{E}+t(\boldsymbol{A}-3\boldsymbol{E})]\boldsymbol{\eta}=\mathrm{e}^{3t}\left\{\boldsymbol{E}+t\begin{bmatrix}-1 & 1\\ -1 & 1\end{bmatrix}\right\}\begin{bmatrix}\eta_1\\ \eta_2\end{bmatrix}=\mathrm{e}^{3t}\begin{bmatrix}\eta_1+t(-\eta_1+\eta_2)\\ \eta_2+t(-\eta_1+\eta_2)\end{bmatrix} \tag{5.48}$$

利用公式(5.47)，即得

$$\exp\boldsymbol{A}t=\mathrm{e}^{3t}[\boldsymbol{E}+t(\boldsymbol{A}-3\boldsymbol{E})]=\mathrm{e}^{3t}\left\{\boldsymbol{E}+t\begin{bmatrix}-1 & 1\\ -1 & 1\end{bmatrix}\right\}=\mathrm{e}^{3t}\begin{bmatrix}1-t & t\\ -t & 1+t\end{bmatrix}$$

或者，分别令

$$\boldsymbol{\eta}=\boldsymbol{e}_1=\begin{bmatrix}1\\ 0\end{bmatrix},\quad \boldsymbol{\eta}=\boldsymbol{e}_2=\begin{bmatrix}0\\ 1\end{bmatrix}$$

然后代入式(5.48)，亦同样得到上面的结果

$$\exp\boldsymbol{A}t=\mathrm{e}^{3t}\begin{bmatrix}1-t & t\\ -t & 1+t\end{bmatrix}$$

例 5.12 如果 $\boldsymbol{A}=\begin{bmatrix}-4 & 1 & 0 & 0 & 0\\ 0 & -4 & 1 & 0 & 0\\ 0 & 0 & -4 & 0 & 0\\ 0 & 0 & 0 & -4 & 0\\ 0 & 0 & 0 & 0 & -4\end{bmatrix}$，试求 $\exp\boldsymbol{A}t$。

解 这里 $n=5,\lambda=-4$ 是 $\boldsymbol{A}$ 的 5 重特征值，直接计算可得 $(\boldsymbol{A}+4\boldsymbol{E})^3=\boldsymbol{0}$。因此，由公式(5.47) 可得

$$\exp\boldsymbol{A}t=\mathrm{e}^{-4t}\left[\boldsymbol{E}+t(\boldsymbol{A}+4\boldsymbol{E})+\frac{t^2}{2!}(\boldsymbol{A}+4\boldsymbol{E})^2\right]$$

则有

$$\exp\boldsymbol{A}t=\mathrm{e}^{-4t}\left\{\begin{bmatrix}1&0&0&0&0\\0&1&0&0&0\\0&0&1&0&0\\0&0&0&1&0\\0&0&0&0&1\end{bmatrix}+t\begin{bmatrix}0&1&0&0&0\\0&0&1&0&0\\0&0&0&0&0\\0&0&0&0&0\\0&0&0&0&0\end{bmatrix}+\frac{t^2}{2!}\begin{bmatrix}0&0&1&0&0\\0&0&0&0&0\\0&0&0&0&0\\0&0&0&0&0\\0&0&0&0&0\end{bmatrix}\right\}$$

$$
= e^{-4t}\begin{bmatrix} 1 & t & \frac{t^2}{2!} & 0 & 0 \\ 0 & 1 & t & 0 & 0 \\ 0 & 0 & 1 & 0 & 0 \\ 0 & 0 & 0 & 1 & 0 \\ 0 & 0 & 0 & 0 & 1 \end{bmatrix}
$$

例 5.13 考虑方程组$\begin{cases} x_1' = 3x_1 - x_2 + x_3 \\ x_2' = 2x_1 + x_3 \\ x_3' = x_1 - x_2 + 2x_3 \end{cases}$，这里系数矩阵 $\boldsymbol{A} = \begin{bmatrix} 3 & -1 & 1 \\ 2 & 0 & 1 \\ 1 & -1 & 2 \end{bmatrix}$，试求满足初始条件 $\boldsymbol{\varphi}(0) = \begin{bmatrix} \eta_1 \\ \eta_2 \\ \eta_3 \end{bmatrix} = \boldsymbol{\eta}$ 的解 $\boldsymbol{\varphi}(t)$，并求 $\exp\boldsymbol{A}t$。

解 $\boldsymbol{A}$ 的特征方程为

$$
\det(\lambda\boldsymbol{E} - \boldsymbol{A}) = (\lambda - 1)(\lambda - 2)^2 = 0
$$

$\lambda_1 = 1, \lambda_2 = 2$ 分别为 $n_1 = 1, n_2 = 2$ 重特征值，为了确定三维欧几里得空间的子空间 U_1 和 U_2，根据方程组(5.42)，需要考虑下面方程组：

$$
(\boldsymbol{A} - \boldsymbol{E})\boldsymbol{u} = \boldsymbol{0} \text{ 和 } (\boldsymbol{A} - 2\boldsymbol{E})^2\boldsymbol{u} = \boldsymbol{0}
$$

首先讨论

$$
(\boldsymbol{A} - \boldsymbol{E})\boldsymbol{u} = \begin{bmatrix} 2 & -1 & 1 \\ 2 & -1 & 1 \\ 1 & -1 & 1 \end{bmatrix}\boldsymbol{u} = \boldsymbol{0}
$$

或

$$
\begin{cases} 2u_1 - u_2 + u_3 = 0 \\ 2u_1 - u_2 + u_3 = 0 \\ u_1 - u_2 + u_3 = 0 \end{cases}
$$

这个方程组的解为

$$
\boldsymbol{u}_1 = \begin{bmatrix} 0 \\ \alpha \\ \alpha \end{bmatrix}
$$

其中，α 为任意常数。子空间 U_1 是由向量 $\boldsymbol{u}_1$ 所扩张形成的。

其次讨论

$$
(\boldsymbol{A} - 2\boldsymbol{E})^2\boldsymbol{u} = \begin{bmatrix} 0 & 0 & 0 \\ -1 & 1 & 0 \\ -1 & 1 & 0 \end{bmatrix}\boldsymbol{u} = \boldsymbol{0}
$$

或

$$\begin{cases}-u_1+u_2=0\\-u_1+u_2=0\end{cases}$$

这个方程组的解为

$$\boldsymbol{u}_2=\begin{bmatrix}\beta\\\beta\\\gamma\end{bmatrix}$$

其中,β,γ 是任意常数。子空间 U_2 是由向量 $\boldsymbol{u}_2$ 所扩张形成的。

现在需要找出向量 $\boldsymbol{v}_1\in U_1,\boldsymbol{v}_2\in U_2$,使得能够将初始向量 $\boldsymbol{\eta}$ 写成式(5.44)的形式。因为 $\boldsymbol{v}_1\in U_1,\boldsymbol{v}_2\in U_2$,所以

$$\boldsymbol{v}_1=\begin{bmatrix}0\\\alpha\\\alpha\end{bmatrix},\quad \boldsymbol{v}_2=\begin{bmatrix}\beta\\\beta\\\gamma\end{bmatrix}$$

其中,α,β,γ 是某些常数,这样一来,则有

$$\begin{bmatrix}\eta_1\\\eta_2\\\eta_3\end{bmatrix}=\begin{bmatrix}0\\\alpha\\\alpha\end{bmatrix}+\begin{bmatrix}\beta\\\beta\\\gamma\end{bmatrix}=\begin{bmatrix}\beta\\\alpha+\beta\\\alpha+\gamma\end{bmatrix}$$

因而 $\beta=\eta_1,\alpha+\beta=\eta_2,\alpha+\gamma=\eta_3$,解之得到 $\alpha=\eta_2-\eta_1,\beta=\eta_1,\gamma=\eta_3-\eta_2+\eta_1$,且

$$\boldsymbol{v}_1=\begin{bmatrix}0\\\eta_2-\eta_1\\\eta_2-\eta_1\end{bmatrix},\quad \boldsymbol{v}_2=\begin{bmatrix}\eta_1\\\eta_1\\\eta_3-\eta_2+\eta_1\end{bmatrix}$$

根据公式(5.46),得到满足初始条件 $\boldsymbol{\varphi}(0)=\boldsymbol{\eta}$ 的解为

$$\begin{aligned}\boldsymbol{\varphi}(t)&=\mathrm{e}^t\boldsymbol{E}\boldsymbol{v}_1+\mathrm{e}^{2t}(\boldsymbol{E}+t(\boldsymbol{A}-2\boldsymbol{E}))\boldsymbol{v}_2\\&=\mathrm{e}^t\begin{bmatrix}0\\\eta_2-\eta_1\\\eta_2-\eta_1\end{bmatrix}+\mathrm{e}^{2t}\left[\boldsymbol{E}+t\begin{bmatrix}1&-1&1\\2&-2&1\\1&-1&0\end{bmatrix}\right]\begin{bmatrix}\eta_1\\\eta_1\\\eta_3-\eta_2+\eta_1\end{bmatrix}\\&=\mathrm{e}^t\begin{bmatrix}0\\\eta_2-\eta_1\\\eta_2-\eta_1\end{bmatrix}+\mathrm{e}^{2t}\begin{bmatrix}1+t&-t&t\\2t&1-2t&t\\t&-t&1\end{bmatrix}\begin{bmatrix}\eta_1\\\eta_1\\\eta_3-\eta_2+\eta_1\end{bmatrix}\\&=\mathrm{e}^t\begin{bmatrix}0\\\eta_2-\eta_1\\\eta_2-\eta_1\end{bmatrix}+\mathrm{e}^{2t}\begin{bmatrix}\eta_1+t(\eta_3-\eta_2+\eta_1)\\\eta_1+t(\eta_3-\eta_2+\eta_1)\\\eta_3-\eta_2+\eta_1\end{bmatrix}\end{aligned}$$

为了得到 $\exp\boldsymbol{A}t$,依次令 $\boldsymbol{\eta}$ 等于

$$\begin{bmatrix}1\\0\\0\end{bmatrix},\quad\begin{bmatrix}0\\1\\0\end{bmatrix},\quad\begin{bmatrix}0\\0\\1\end{bmatrix}$$

代入上式，得到三个线性无关的解。利用这三个解作为列，即得

$$\exp \boldsymbol{A}t = \begin{bmatrix} (1+t)e^{2t} & -te^{2t} & te^{2t} \\ -e^{t}+(1+t)e^{2t} & e^{t}-te^{2t} & te^{2t} \\ -e^{t}+e^{2t} & e^{t}-e^{2t} & e^{2t} \end{bmatrix}$$

应该指出，公式(5.46) 是本节的主要结果。公式(5.46) 告诉我们，常系数线性微分方程组(5.27) 的任一解都可以通过有限次代数运算求出来。在常微分方程的理论上和应用上，微分方程组的解在 $t \to \infty$ 时的性态的研究都是非常重要的。作为公式(5.46) 在这方面的一个直接应用，可以得到下面的定理 5.11。

定理 5.11　给定常系数线性微分方程组(5.27)

$$\boldsymbol{x}' = \boldsymbol{A}\boldsymbol{x}$$

那么：(1) 如果 $\boldsymbol{A}$ 的特征值的实部都是负的，则方程组(5.27) 的任一解当 $t \to +\infty$ 时都趋于零。

(2) 如果 $\boldsymbol{A}$ 的特征值的实部都是非正的，且实部为零的特征值都是简单特征值，则方程组(5.27) 的任一解当 $t \to +\infty$ 时都保持有界。

(3) 如果 $\boldsymbol{A}$ 的特征值至少有一个具有正实部，则方程组(5.27) 至少有一个解当 $t \to +\infty$ 时趋于无穷。

证明　根据公式(5.46)，知道方程组(5.27) 的任一解都可以表示为 t 的指数函数与 t 的幂函数乘积的线性组合，再根据指数函数的简单性质及定理(5.11) 中(1)、(2) 两部分所作的假设，即可得(1)、(2) 的证明。为了证明(3)，设 $\lambda = \alpha + i\beta$ 是 $\boldsymbol{A}$ 的特征值，其中 α, β 是实数且 $\alpha > 0$。取 $\boldsymbol{\eta}$ 为 $\boldsymbol{A}$ 的对应于特征值 λ 的特征向量，则向量函数

$$\boldsymbol{\varphi}(t) = e^{\lambda t}\boldsymbol{\eta}$$

是方程组(5.27) 的一个解，于是有

$$\| \boldsymbol{\varphi}(t) \| = e^{\alpha t} \| \boldsymbol{\eta} \| \to +\infty (\text{当 } t \to +\infty \text{ 时})$$

这就是所要证明的。

本小节所讨论的步骤及公式(5.46) 提供了一个实际计算方程组(5.27) 的基解矩阵的方法。在这里我们主要应用了有关空间分解的结论。

附注 5.2　利用约当标准型计算基解矩阵。

对于矩阵 $\boldsymbol{A}$，由矩阵理论知道，必存在非奇异的矩阵 $\boldsymbol{T}$，使得

$$\boldsymbol{T}^{-1}\boldsymbol{A}\boldsymbol{T} = \boldsymbol{J} \tag{5.49}$$

其中，$\boldsymbol{J}$ 具有约当标准型，即

$$\boldsymbol{J} = \begin{bmatrix} \boldsymbol{J}_1 & \boldsymbol{0} & \boldsymbol{0} & \boldsymbol{0} \\ \boldsymbol{0} & \boldsymbol{J}_2 & \boldsymbol{0} & \boldsymbol{0} \\ \boldsymbol{0} & \boldsymbol{0} & \ddots & \boldsymbol{0} \\ \boldsymbol{0} & \boldsymbol{0} & \boldsymbol{0} & \boldsymbol{J}_l \end{bmatrix}$$

其中，

$$\boldsymbol{J}_j = \begin{bmatrix} \lambda_j & 1 & 0 & 0 & 0 & 0 \\ 0 & \lambda_j & 1 & 0 & 0 & 0 \\ 0 & 0 & \ddots & \ddots & 0 & 0 \\ 0 & 0 & 0 & \ddots & \ddots & 0 \\ 0 & 0 & 0 & 0 & \ddots & 1 \\ 0 & 0 & 0 & 0 & 0 & \lambda_j \end{bmatrix} (j = 1,2,\cdots,l)$$

为 n_j 阶矩阵，并且 $n_1 + n_2 + \cdots + n_l = n$，而 l 为矩阵$(\boldsymbol{A} - \lambda\boldsymbol{E})$的初级因子的个数；$\lambda_1, \lambda_2, \cdots, \lambda_l$ 是特征方程(5.40)的根，其间可能有相同者；矩阵中空白的元素均为零。

由于矩阵 $\boldsymbol{J}$ 及 $\boldsymbol{J}_j (j = 1,2,\cdots,l)$ 的特殊形式，利用定义式(5.28)容易计算得到

$$\exp\boldsymbol{J}t = \begin{bmatrix} \exp\boldsymbol{J}_1 t & 0 & 0 & 0 \\ 0 & \exp\boldsymbol{J}_2 t & 0 & 0 \\ 0 & 0 & \ddots & 0 \\ 0 & 0 & 0 & \exp\boldsymbol{J}_l t \end{bmatrix} \tag{5.50}$$

其中，

$$\exp\boldsymbol{J}_j t = \begin{bmatrix} 1 & t & \frac{t^2}{2!} & \cdots & \frac{t^{n_j-1}}{(n_j-1)!} \\ 0 & 1 & t & \cdots & \frac{t^{n_j-2}}{(n_j-2)!} \\ 0 & 0 & \ddots & \ddots & \vdots \\ 0 & 0 & 0 & \ddots & \vdots \\ 0 & 0 & 0 & \cdots & 1 \end{bmatrix} e^{\lambda_j t} \tag{5.51}$$

所以，如果矩阵 $\boldsymbol{J}$ 是约当标准型，那么可以计算得到 $\exp\boldsymbol{J}t$，由式(5.49)及矩阵指数的性质(3)，可以得到微分方程组(5.27)的基解矩阵 $\exp\boldsymbol{A}t$ 的计算公式：

$$\exp\boldsymbol{A}t = \exp(\boldsymbol{T}\boldsymbol{J}\boldsymbol{T}^{-1})t = \boldsymbol{T}(\exp\boldsymbol{J}t)\boldsymbol{T}^{-1} \tag{5.52}$$

当然，根据 5.2.1 小节的推论 5.4，矩阵

$$\boldsymbol{\psi}(t) = \boldsymbol{T}\exp\boldsymbol{J}t \tag{5.53}$$

也是方程组(5.27)的基解矩阵。由公式(5.52)或者(5.53)都可以得到基解矩阵的具体结构，问题是非奇异矩阵 $\boldsymbol{T}$ 的计算比较麻烦。

附注 5.3　计算基解矩阵 $\exp\boldsymbol{A}t$ 的另一方法。

用直接代入的方法应用哈密顿-凯莱定理容易验证

$$\exp\boldsymbol{A}t = \sum_{j=0}^{n-1} r_{j+1}(t)\boldsymbol{P}_j$$

其中，$\boldsymbol{P}_0 = \boldsymbol{E}, \boldsymbol{P}_j = \prod_{k=1}^{j} (\boldsymbol{A} - \lambda_k \boldsymbol{E}), j = 1,2,\cdots,n$。$r_1(t), r_2(t), \cdots, r_n(t)$ 是初值问题

$$\begin{cases} r_1' = \lambda_1 r_1 \\ r_j' = r_{j-1} + \lambda_j r_j (j = 1,2,\cdots,n) \\ r_1(0) = 1, r_j(0) = 0 (j = 1,2,\cdots,n) \end{cases}$$

的解，$\lambda_1,\lambda_2,\cdots,\lambda_n$ 是矩阵 $\boldsymbol{A}$ 的特征值（不必相异）。

现在应用这一方法计算例5.13给出的方程的基解矩阵 $\exp\boldsymbol{A}t$，这时 $\lambda_1=1,\lambda_2=\lambda_3=2$，求解初值问题：

$$\begin{cases} r_1'=r_1 \\ r_2'=r_1+2r_2 \\ r_3'=r_2+2r_3 \\ r_1(0)=1,r_2(0)=r_3(0)=0 \end{cases}$$

得到 $r_1=\mathrm{e}^t,r_2=\mathrm{e}^{2t}-\mathrm{e}^t,r_3=(t-1)\mathrm{e}^{2t}+\mathrm{e}^t$，计算得

$$\boldsymbol{P}_1=\boldsymbol{A}-\boldsymbol{E}=\begin{bmatrix} 2 & -1 & 1 \\ 2 & -1 & 1 \\ 1 & -1 & 1 \end{bmatrix}$$

$$\boldsymbol{P}_2=(\boldsymbol{A}-\boldsymbol{E})(\boldsymbol{A}-2\boldsymbol{E})=\begin{bmatrix} 1 & -1 & 1 \\ 1 & -1 & 1 \\ 0 & 0 & 0 \end{bmatrix}$$

最后得到

$$\exp\boldsymbol{A}t=\sum_{j=0}^{2}r_{j+1}(t)\boldsymbol{P}_j=\begin{bmatrix} (1+t)\mathrm{e}^{2t} & -t\mathrm{e}^{2t} & t\mathrm{e}^{2t} \\ (1+t)\mathrm{e}^{2t}-\mathrm{e}^t & -t\mathrm{e}^{2t}+\mathrm{e}^t & t\mathrm{e}^{2t} \\ \mathrm{e}^{2t}-\mathrm{e}^t & -\mathrm{e}^{2t}+\mathrm{e}^t & \mathrm{e}^{2t} \end{bmatrix}$$

与例5.13所得结果相同。

最后，给出非齐次线性微分方程组(5.4)

$$\boldsymbol{x}'=\boldsymbol{A}\boldsymbol{x}+\boldsymbol{f}(t)$$

的常数变易公式，这里 $\boldsymbol{A}$ 是 $n\times n$ 常数矩阵，$\boldsymbol{f}(t)$ 是已知的连续向量函数。因为方程组(5.4)对应的齐次线性方程组(5.27)的基解矩阵为 $\boldsymbol{\Phi}(t)=\exp\boldsymbol{A}t$，所以，5.2.2小节中的常数变易公式在形式上变得特别简单。这时，有 $\boldsymbol{\Phi}^{-1}(s)=\exp(-s\boldsymbol{A})$，$\boldsymbol{\Phi}(t)\boldsymbol{\Phi}^{-1}(s)=\exp[(t-s)\boldsymbol{A}]$，若初始条件是 $\boldsymbol{\varphi}(t_0)=\boldsymbol{\eta}$，则 $\boldsymbol{\varphi}_k(t)=\exp[(t-t_0)\boldsymbol{A}]\boldsymbol{\eta}$，方程组(5.54)的解就是

$$\boldsymbol{\varphi}(t)=\exp[(t-t_0)\boldsymbol{A}]\boldsymbol{\eta}+\int_{t_0}^{t}\exp[(t-s)\boldsymbol{A}]\boldsymbol{f}(s)\mathrm{d}s \tag{5.54}$$

可以利用本小节提供的方法具体构造基解矩阵 $\exp\boldsymbol{A}t$。然而，除非是某些特殊的情形，要去具体计算式(5.54)中的积分式也是不容易的。

例5.14　设 $\boldsymbol{A}=\begin{bmatrix} 3 & 5 \\ -5 & 3 \end{bmatrix}$，$\boldsymbol{f}(t)=\begin{bmatrix} \mathrm{e}^{-t} \\ 0 \end{bmatrix}$，试求方程组 $\boldsymbol{x}'=\boldsymbol{A}\boldsymbol{x}+\boldsymbol{f}(t)$ 满足初始条件 $\boldsymbol{\varphi}(0)=\begin{bmatrix} 0 \\ 1 \end{bmatrix}$ 的解 $\boldsymbol{\varphi}(t)$。

解　由前面的例5.10可知，将

$$\exp \boldsymbol{A}t = e^{3t}\begin{bmatrix} \cos 5t & \sin 5t \\ -\sin 5t & \cos 5t \end{bmatrix}$$

代入公式(5.54)，得到($t_0 = 0$)

$$\boldsymbol{\varphi}(t) = e^{3t}\begin{bmatrix} \cos 5t & \sin 5t \\ -\sin 5t & \cos 5t \end{bmatrix}\begin{bmatrix} 0 \\ 1 \end{bmatrix} + \int_0^t e^{3(t-s)}\begin{bmatrix} \cos 5(t-s) & \sin 5(t-s) \\ -\sin 5(t-s) & \cos 5(t-s) \end{bmatrix}\begin{bmatrix} e^{-s} \\ 0 \end{bmatrix}ds$$

计算上面的积分如下：

$$\boldsymbol{\varphi}(t) = e^{3t}\begin{bmatrix} \sin 5t \\ \cos 5t \end{bmatrix} + e^{3t}\int_0^t e^{-4s}\begin{bmatrix} \cos 5t\cos 5s + \sin 5t\sin 5s \\ -\sin 5t\cos 5s + \cos 5t\sin 5s \end{bmatrix}ds$$

利用公式或者分部积分法，得到

$$\int_0^t e^{-4s}\cos 5s\,ds = \frac{e^{-4s}}{16+25}(-4\cos 5s + 5\sin 5s)\Big|_0^1$$

$$\int_0^t e^{-4s}\sin 5s\,ds = \frac{e^{-4s}}{16+25}(-4\sin 5s - 5\cos 5s)\Big|_0^1$$

最后得到

$$\boldsymbol{\varphi}(t) = \frac{1}{41}e^{3t}\begin{bmatrix} 4\cos 5t + 46\sin 5t - 4e^{-4t} \\ 46\cos 5t - 4\sin 5t - 5e^{-4t} \end{bmatrix}$$

5.3.3　拉普拉斯变换的应用

拉普拉斯变换可以用于解常系数高阶线性微分方程，也可以用于解常系数线性微分方程组。为此，首先将拉普拉斯变换推广到向量函数的情形。定义

$$L[\boldsymbol{f}(t)] = \int_0^{+\infty} e^{-st}\boldsymbol{f}(t)dt$$

其中，$\boldsymbol{f}(t)$ 是 n 维向量函数，要求其每一个分量都存在拉普拉斯变换。

其次，建立下面的定理 5.12，它保证了对常系数线性微分方程(组) 施行拉普拉斯变换的可能性。

考虑常系数线性微分方程组

$$\boldsymbol{x}' = \boldsymbol{A}\boldsymbol{x} + \boldsymbol{f}(t)$$

其中，$\boldsymbol{A}$ 为 $n \times n$ 常数矩阵，$\boldsymbol{f}(t)$ 为 $t \in [0, +\infty)$ 上的连续 n 维向量函数(包括 $\boldsymbol{f}(t) = \boldsymbol{0}$ 的情形)。

定理 5.12　如果对向量函数 $\boldsymbol{f}(t)$，存在常数 $M > 0$ 及 $\sigma > 0$ 时，不等式

$$\| \boldsymbol{f}(t) \| \leqslant Me^{\sigma t} \tag{5.55}$$

对所有充分大的 t 都成立，则初值问题

$$\boldsymbol{x}' = \boldsymbol{A}\boldsymbol{x} + \boldsymbol{f}(t), \quad \boldsymbol{x}(0) = \boldsymbol{\eta}$$

的解 $\boldsymbol{\varphi}(t)$ 及其导数 $\boldsymbol{\varphi}'(t)$ 均像 $\boldsymbol{f}(t)$ 一样满足类似(5.55)的不等式，从而它们的拉普拉斯变换都存在。

证明　根据假设存在足够大的 T，使当 $t \geqslant T$ 使，$\| \boldsymbol{f}(t) \| \leqslant Me^{\sigma t}$，而

$$\begin{aligned}\boldsymbol{\varphi}(t) &= \boldsymbol{\eta} + \int_0^t [\boldsymbol{A}\boldsymbol{\varphi}(s) + \boldsymbol{f}(s)]\mathrm{d}s \\ &= \boldsymbol{\eta} + \int_0^T [\boldsymbol{A}\boldsymbol{\varphi}(s) + \boldsymbol{f}(s)]\mathrm{d}s + \int_T^t [\boldsymbol{A}\boldsymbol{\varphi}(s) + \boldsymbol{f}(s)]\mathrm{d}s\end{aligned}$$

注意到在所假设条件下，解 $\boldsymbol{\varphi}(t)(\boldsymbol{\varphi}(0) = \boldsymbol{\eta})$ 于 $0 \leqslant t < +\infty$ 存在、唯一且连续，故在 $[0,T]$ 上 $\boldsymbol{A}\boldsymbol{\varphi}(t) + \boldsymbol{f}(t)$ 有界，即存在 $K > 0$ 使

$$\left\| \boldsymbol{\eta} + \int_0^T [\boldsymbol{A}\boldsymbol{\varphi}(s) + \boldsymbol{f}(s)]\mathrm{d}s \right\| \leqslant K$$

于是有

$$\| \boldsymbol{\varphi}(t) \| \leqslant K + \frac{M}{\sigma}\mathrm{e}^{\sigma t} + \int_T^t \| \boldsymbol{A} \| \cdot \| \boldsymbol{\varphi}(s) \| \mathrm{d}s$$

两边乘以 $\mathrm{e}^{-\sigma t}$，并注意到当 $t \geqslant s$ 时 $\mathrm{e}^{-\sigma t} \leqslant \mathrm{e}^{-\sigma s}$，得到

$$\| \boldsymbol{\varphi}(t) \| \mathrm{e}^{-\sigma t} \leqslant K\mathrm{e}^{-\sigma t} + \frac{M}{\sigma} + \int_T^t \| \boldsymbol{A} \| \cdot \| \boldsymbol{\varphi}(s) \| \mathrm{e}^{-\sigma s}\mathrm{d}s$$

令 $L = K\mathrm{e}^{-\sigma T} + \dfrac{M}{\sigma}$ 及 $r(t) = \| \boldsymbol{\varphi}(t) \| \mathrm{e}^{-\sigma t}$，则当 $t \geqslant T$ 时，$K\mathrm{e}^{-\sigma t} + \dfrac{M}{\sigma} \leqslant L$，$r(t) \geqslant 0$ 且

$$r(t) \leqslant L + \int_T^t \| \boldsymbol{A} \| r(s)\mathrm{d}s$$

由此根据格朗沃尔不等式即得

$$r(t) \leqslant L\exp[\| \boldsymbol{A} \| (t - T)], \quad t \geqslant T$$

或

$$\| \boldsymbol{\varphi}(t) \| \leqslant L\exp(- \| \boldsymbol{A} \| T)r(t) \cdot \exp[(\| \boldsymbol{A} \| + \sigma)t], \quad t \geqslant T$$

又 $\boldsymbol{\varphi}'(t) = \boldsymbol{A}\boldsymbol{\varphi}(t) + \boldsymbol{f}(t)$，则当 $t \geqslant T$ 时就有

$$\begin{aligned}\| \boldsymbol{\varphi}'(t) \| &\leqslant \| \boldsymbol{A} \| \cdot \| \boldsymbol{\varphi}(t) \| + \| \boldsymbol{f}(t) \| \\ &\leqslant \| \boldsymbol{A} \| L\exp(- \| \boldsymbol{A} \| T) \cdot \exp[(\| \boldsymbol{A} \| + \sigma)t] + M\mathrm{e}^{\sigma t} \\ &\leqslant [\| \boldsymbol{A} \| L\exp(- \| \boldsymbol{A} \| T) + M]\exp[(\| \boldsymbol{A} \| + \sigma)t]\end{aligned}$$

这就是说，对向量函数 $\boldsymbol{\varphi}(t)$ 及 $\boldsymbol{\varphi}'(t)$，存在相应的常数 M 和 σ 使不等式(5.56)成立。易见它们的每一个分量都是原函数，从而拉普拉斯变换存在。因此，向量函数 $\boldsymbol{f}(t)$ 及 $\boldsymbol{\varphi}(t)$，$\boldsymbol{\varphi}'(t)$ 的拉普拉斯变换均存在。

推论 5.7 如果对于数值函数 $f(t)$，存在常数 $M > 0$ 及 $\sigma > 0$，使不等式

$$| f(t) | \leqslant M\mathrm{e}^{\sigma t}$$

对所有充分大的 t 都成立，则常系数线性微分方程的初值问题

$$\begin{cases} x^{(n)} + a_1 x^{(n-1)} + \cdots + a_n x = f(t) \\ x(0) = x_0, x'(0) = x_0', \cdots, x^{(n-1)}(0) = x_0^{(n-1)} \end{cases} \tag{5.56}$$

的解及其直至 n 阶导数均存在拉普拉斯变换。

例 5.15 利用拉普拉斯变换求解例 5.14。

解 将方程组写成分量形式，即

$$\begin{cases}x_1' = 3x_1 + 5x_2 + e^{-t} \\ x_2' = -5x_1 + 3x_2, \varphi_1(0) = 0, \varphi_2(0) = 1\end{cases}$$

令 $X_1(s) = L[\varphi_1(t)], X_2(s) = L[\varphi_2(t)]$，以 $x_1 = \varphi_1(t), x_2 = \varphi_2(t)$ 代入分量方程组后，对方程组施行拉普拉斯变换(依定理 5.12，这是可能的)，得到

$$\begin{cases}sX_1(s) = 3X_1(s) + 5X_2(s) + \dfrac{1}{s+1} \\ sX_2(s) - 1 = -5X_1(s) + 3X_2(s)\end{cases}$$

即

$$\begin{cases}(s-3)X_1(s) - 5X_2(s) = \dfrac{1}{s+1} \\ 5X_1(s) + (s-3)X_2(s) = 1\end{cases}$$

由此解得

$$\begin{cases}X_1(s) = \dfrac{\dfrac{s-3}{s+1} + 5}{(s-3)^2 + 5^2} = \dfrac{1}{41}\left[4\dfrac{s-3}{(s-3)^2+5^2} + 46\dfrac{5}{(s-3)^2+5^2} - 4\dfrac{1}{s+1}\right] \\ X_2(s) = \dfrac{s-3-\dfrac{5}{s+1}}{(s-3)^2+5^2} = \dfrac{1}{41}\left[46\dfrac{s-3}{(s-3)^2+5^2} - 4\dfrac{5}{(s-3)^2+5^2} - 5\dfrac{1}{s+1}\right]\end{cases}$$

取反变换或查拉普拉斯变换表即得

$$\varphi_1(t) = \frac{1}{41}e^{3t}(4\cos 5t + 46\sin 5t - 4e^{-4t}),\quad \varphi_2(t) = \frac{1}{41}e^{3t}(46\cos 5t - 4\sin 5t - 5e^{-4t})$$

所得结果跟例 5.14 一致。

例 5.16　试求方程组

$$\begin{cases}x_1' = 2x_1 + x_2 \\ x_2' = -x_1 + 4x_2\end{cases}$$

满足初始条件 $\varphi_1(0) = 0, \varphi_2(0) = 1$ 的解 $(\varphi_1(t), \varphi_2(t))$，并求出其基解矩阵。

解　令 $X_1(s) = L[\varphi_1(t)], X_2(s) = L[\varphi_2(t)]$。假设 $x_1 = \varphi_1(t), x_2 = \varphi_2(t)$ 满足微分方程组，对方程取拉普拉斯变换，得到

$$\begin{cases}sX_1(s) - \varphi_1(0) = 2X_1(s) + X_2(s) \\ sX_2(s) - \varphi_2(0) = -X_1(s) + 4X_2(s)\end{cases}$$

即

$$\begin{cases}(s-2)X_1(s) - X_2(s) = \varphi_1(0) = 0 \\ X_1(s) + (s-4)X_2(s) = \varphi_2(0) = 1\end{cases}$$

解出 $X_1(s), X_2(s)$，得到

$$X_1(s) = \frac{1}{(s-3)^2},\quad X_2(s) = \frac{s-2}{(s-3)^2} = \frac{1}{s-3} + \frac{1}{(s-3)^2}$$

取反变换，即得

$$\varphi_1(t)=te^{3t},\quad \varphi_2(t)=e^{3t}+te^{3t}=(1+t)e^{3t}$$

为了寻求基解矩阵，再求满足初始条件$\psi_1(0)=1,\psi_2(0)=0$的解$(\psi_1(t),\psi_2(t))$。如前述一样，得到方程组

$$\begin{cases}(s-2)X_1(s)-X_2(s)=\psi_1(0)=1\\X_1(s)+(s-4)X_2(s)=\psi_2(0)=0\end{cases}$$

的解为

$$X_1(s)=\frac{s-4}{(s-3)^2}=\frac{1}{s-3}-\frac{1}{(s-3)^2},\quad X_2(s)=\frac{-1}{(s-3)^2}$$

取反变换，得到

$$\psi_1(t)=(1-t)e^{3t},\quad \psi_2(t)=-te^{3t}$$

这样一来，所求基解矩阵就是

$$\boldsymbol{\Phi}(t)=\begin{bmatrix}\psi_1(t) & \varphi_1(t)\\ \psi_2(t) & \varphi_2(t)\end{bmatrix}=e^{3t}\begin{bmatrix}1-t & t\\ -t & 1+t\end{bmatrix}$$

应用拉普拉斯变换还可以直接去解高阶的常系数线性微分方程组，而不必将其先化为一阶的常系数线性微分方程组。

例 5.17 试求方程组

$$\begin{cases}x_1''-2x_1'-x_2'+2x_2=0\\x_1'-2x_1+x_2'=-2e^{-t}\end{cases}$$

满足初始条件$\varphi_1(0)=3,\varphi_1'(0)=2,\varphi_2(0)=0$的解$(\varphi_1(t),\varphi_2(t))$。

解 令$X_1(s)=L[\varphi_1(t)],X_2(s)=L[\varphi_2(t)]$，对方程组取拉普拉斯变换，得到

$$\begin{cases}[s^2X_1(s)-3s-2]-2[sX_1(s)-3]-sX_2(s)+2X_2(s)=0\\[sX_1(s)-3]-2X_1(s)+sX_2(s)=\dfrac{-2}{s+1}\end{cases}$$

整理后得到

$$\begin{cases}(s^2-2s)X_1(s)-(s-2)X_2(s)=3s-4\\(s-2)X_1(s)+sX_2(s)=\dfrac{3s+1}{s+1}\end{cases}$$

解上面的方程组，即有

$$\begin{cases}X_1(s)=\dfrac{3s^2-4s-1}{(s+1)(s-1)(s-2)}=\dfrac{1}{s-1}+\dfrac{1}{s+1}+\dfrac{1}{s-2}\\X_2(s)=\dfrac{2}{(s+1)(s-1)}=\dfrac{1}{s-1}-\dfrac{1}{s+1}\end{cases}$$

再取反变换即可得到解

$$\varphi_1(t)=e^t+e^{-t}+e^{2t},\quad \varphi_2(t)=e^t-e^{-t}$$

拉普拉斯变换可以提供另一种寻求常系数线性微分方程组(5.27)

$$\boldsymbol{x}'=\boldsymbol{A}\boldsymbol{x}$$

的基解矩阵的方法。

设 $\boldsymbol{\varphi}(t)$ 是方程组(5.27)满足初始条件 $\boldsymbol{\varphi}(0)=\boldsymbol{\eta}$ 的解，我们令 $X(s)=L[\varphi(t)]$，对方程组(5.27)两边取拉普拉斯变换并利用初始条件，得到

$$s\boldsymbol{X}(s)-\boldsymbol{\eta}=\boldsymbol{A}\boldsymbol{X}(s)$$

因此

$$(s\boldsymbol{E}-\boldsymbol{A})\boldsymbol{X}(s)=\boldsymbol{\eta} \tag{5.57}$$

方程组(5.57)是以 $\boldsymbol{X}(s)$ 的 n 个分量 $X_1(s),X_2(s),\cdots,X_n(s)$ 为未知量的 n 阶线性方程组。显然，如果 s 不等于 $\boldsymbol{A}$ 的特征值，那么 $\det(s\boldsymbol{E}-\boldsymbol{A})\neq 0$。这时，根据克拉默法则，从方程组(5.57)中可以唯一地解出 $\boldsymbol{X}(s)$。因为 $\det(s\boldsymbol{E}-\boldsymbol{A})$ 是 s 的 n 次多项式，所以 $\boldsymbol{X}(s)$ 的每一个分量都是 s 的有理函数，而且关于 $\boldsymbol{\eta}$ 的分量 $\eta_1,\eta_2,\cdots,\eta_n$ 都是线性的。因此，$\boldsymbol{X}(s)$ 的每一个分量都可以展开为部分分式(分母是 $(s-\lambda_i)$ 的整数幂，这里 λ_i 是 $\boldsymbol{A}$ 的特征值)。这样一来，取 $\boldsymbol{X}(s)$ 的反变换就能求得对应于任何初始向量 $\boldsymbol{\eta}$ 的解 $\boldsymbol{\varphi}(t)$。依次令

$$\boldsymbol{\eta}_1=\begin{bmatrix}1\\0\\\vdots\\\vdots\\0\end{bmatrix},\quad \boldsymbol{\eta}_2=\begin{bmatrix}0\\1\\0\\\vdots\\0\end{bmatrix},\quad \cdots,\quad \boldsymbol{\eta}_n=\begin{bmatrix}0\\\vdots\\\vdots\\0\\1\end{bmatrix}$$

即可求得解 $\boldsymbol{\varphi}_1(t),\boldsymbol{\varphi}_2(t),\cdots,\boldsymbol{\varphi}_n(t)$。以 $\boldsymbol{\varphi}_1(t),\boldsymbol{\varphi}_2(t),\cdots,\boldsymbol{\varphi}_n(t)$ 作为列向量就构成方程组(5.27)的一个基解矩阵 $\boldsymbol{\Phi}(t)$，且 $\boldsymbol{\Phi}(0)=\boldsymbol{E}$。

例 5.18　试构造方程组 $\boldsymbol{x}'=\boldsymbol{A}\boldsymbol{x}$ 的一个基解矩阵，其中

$$\boldsymbol{A}=\begin{bmatrix}3&-1&1\\2&0&1\\1&-1&2\end{bmatrix}$$

解　对方程组两边取拉普拉斯变换，得到

$$s\boldsymbol{X}(s)-\boldsymbol{\eta}=\boldsymbol{A}\boldsymbol{X}(s)$$

即

$$(s\boldsymbol{E}-\boldsymbol{A})\boldsymbol{X}(s)=\boldsymbol{\eta}$$

由 $\boldsymbol{A}$ 的具体元素代入，得到方程组

$$\begin{bmatrix}s-3&1&-1\\-2&s&-1\\-1&1&s-2\end{bmatrix}\begin{bmatrix}X_1(s)\\X_2(s)\\X_3(s)\end{bmatrix}=\begin{bmatrix}\eta_1\\\eta_2\\\eta_3\end{bmatrix}$$

按第一行将 $\det(s\boldsymbol{E}-\boldsymbol{A})$ 展开，得到

$$\begin{aligned}\det(s\boldsymbol{E}-\boldsymbol{A})&=(s-3)[s(s-2)+1]+[2(s-2)+1]-(-2+s)\\&=s^3-5s^2+8s-4=(s-1)(s-2)^2\end{aligned}$$

根据克拉默法则，有

$$X_1(s)=\frac{\begin{vmatrix}\eta_1 & 1 & -1\\ \eta_2 & s & -1\\ \eta_3 & 1 & s-2\end{vmatrix}}{(s-1)(s-2)^2}$$

$$=\frac{\eta_1[s(s-2)+1]-\eta_2(s-2+1)+\eta_3(-1+s)}{(s-1)(s-2)^2}=\frac{\eta_1(s-1)-\eta_2+\eta_3}{(s-2)^2}$$

$$X_2(s)=\frac{\begin{bmatrix}s-3 & \eta_1 & -1\\ -2 & \eta_2 & -1\\ -1 & \eta_3 & s-2\end{bmatrix}}{(s-1)(s-2)^2}$$

$$=\frac{\eta_1(2s-3)-\eta_2(s^2-5s+5)+\eta_3(-1+s)}{(s-1)(s-2)^2}$$

$$X_3(s)=\frac{\begin{bmatrix}s-3 & 1 & \eta_1\\ -2 & s & \eta_2\\ -1 & 1 & \eta_3\end{bmatrix}}{(s-1)(s-2)^2}$$

$$=\frac{\eta_1(s-2)-\eta_2(s-2)+\eta_3(s^2-3s+2)}{(s-1)(s-2)^2}=\frac{\eta_1-\eta_2}{(s-1)(s-2)}+\frac{\eta_3}{s-2}$$

到此，最好先将 η_1,η_2,η_3 的具体数值代入，再取反变换比较方便些。

首先，令 $\eta_1=1,\eta_2=0,\eta_3=0$，得到

$$X_1(s)=\frac{s-1}{(s-2)^2}=\frac{A}{s-2}+\frac{B}{(s-2)^2}$$

从 $(s-1)=A(s-2)+B$ 得到 $A=1,B=1$，因此有

$$X_1(s)=\frac{1}{s-2}+\frac{1}{(s-2)^2}$$

$$x_1(t)=e^{2t}+te^{2t}=(1+t)e^{2t}$$

同时，又得

$$X_2(s)=\frac{2s-3}{(s-1)(s-2)^2}=\frac{C}{s-1}+\frac{D}{s-2}+\frac{F}{(s-2)^2}$$

从 $2s-3=C(s-2)^2+D(s-2)(s-1)+F(s-1)$ 得到 $C=-1,D=1,F=1$，因此有

$$X_2(s)=\frac{-1}{s-1}+\frac{1}{s-2}+\frac{1}{(s-2)^2}$$

$$x_2(t)=(t+1)e^{2t}-e^t$$

同样，可计算得到

$$X_3(s)=\frac{1}{(s-1)(s-2)}=\frac{1}{s-2}-\frac{1}{s-1}$$

$$x_3(t)=e^{2t}-e^t$$

这样一来,则有

$$\boldsymbol{\varphi}_1(t)=\begin{bmatrix}(1+t)e^{2t}\\(1+t)e^{2t}-e^t\\e^{2t}-e^t\end{bmatrix}$$

其次,令 $\eta_1=0,\eta_2=1,\eta_3=0$,得到

$$X_1(s)=\frac{-1}{(s-2)^2}$$

$$x_1(t)=-te^{2t}$$

$$X_2(s)=\frac{s^2-5s+5}{(s-1)(s-2)^2}=\frac{A_1}{s-1}+\frac{B_1}{s-2}+\frac{C_1}{(s-2)^2}$$

从 $s^2-5s+5=A_1(s-2)^2+B_1(s-1)(s-2)+C_1(s-1)$ 得 $A_1=1,B_1=0$, $C_1=-1$,因此有

$$X_2(s)=\frac{1}{s-1}-\frac{1}{(s-2)^2}$$

$$x_2(t)=e^t-e^{2t}$$

又

$$X_3(s)=\frac{-1}{(s-1)(s-2)}=\frac{1}{s-1}-\frac{1}{s-2}$$

$$x_3(t)=e^t-e^{2t}$$

这样一来,则有

$$\boldsymbol{\varphi}_2(t)=\begin{bmatrix}-te^{2t}\\e^t-te^{2t}\\e^t-e^{2t}\end{bmatrix}$$

最后,令 $\eta_1=0,\eta_2=0,\eta_3=1$,得到

$$X_1(s)=\frac{1}{(s-2)^2},\quad x_1(t)=te^{2t}$$

$$X_2(s)=\frac{1}{(s-2)^2},\quad x_2(t)=te^{2t}$$

$$X_3(s)=\frac{1}{s-2},\quad x_3(t)=e^{2t}$$

这样一来,则有

$$\boldsymbol{\varphi}_3(t)=\begin{bmatrix}te^{2t}\\te^{2t}\\e^{2t}\end{bmatrix}$$

综合上面的结果,得到基解矩阵

$$\boldsymbol{\Phi}(t)=[\boldsymbol{\varphi}_1(t),\boldsymbol{\varphi}_2(t),\boldsymbol{\varphi}_3(t)]=\begin{bmatrix}(1+t)e^{2t}&-te^{2t}&te^{2t}\\(1+t)e^{2t}-e^t&e^t-te^{2t}&te^{2t}\\e^{2t}-e^t&e^t-e^{2t}&e^{2t}\end{bmatrix}$$

且 $\boldsymbol{\Phi}(0)=\boldsymbol{E}$。

习题 5.3

1. 假设 $\boldsymbol{A}$ 是 $n\times n$ 矩阵，试证：

(1) 对任意常数 c_1,c_2，都有

$$\exp(c_1\boldsymbol{A}+c_2\boldsymbol{A})=\exp c_1\boldsymbol{A}\cdot\exp c_2\boldsymbol{A}$$

(2) 对任意整数 k，都有

$$(\exp\boldsymbol{A})^k=\exp k\boldsymbol{A}$$

当 k 是负整数时，规定 $(\exp\boldsymbol{A})^k=[(\exp\boldsymbol{A})^{-1}]^{-k}$。

2. 试证：如果 $\boldsymbol{\varphi}(t)$ 是 $\boldsymbol{x}'=\boldsymbol{A}\boldsymbol{x}$ 满足初始条件 $\boldsymbol{\varphi}(t_0)=\boldsymbol{\eta}$ 的解，那么有

$$\boldsymbol{\varphi}(t)=[\exp\boldsymbol{A}(t-t_0)]\boldsymbol{\eta}$$

3. 试计算下面矩阵的特征值及对应的特征向量。

(1) $\begin{bmatrix}1&2\\4&3\end{bmatrix}$　　(2) $\begin{bmatrix}2&-3&3\\4&-5&3\\4&-4&2\end{bmatrix}$

(3) $\begin{bmatrix}1&2&1\\1&-1&1\\2&0&1\end{bmatrix}$　　(4) $\begin{bmatrix}0&1&0\\0&0&1\\-6&-11&-6\end{bmatrix}$

4. 试求方程组 $\boldsymbol{x}'=\boldsymbol{A}\boldsymbol{x}$ 的一个基解矩阵，并计算 $\exp\boldsymbol{A}t$，其中 $\boldsymbol{A}$ 分别为

(1) $\begin{bmatrix}-2&1\\-1&2\end{bmatrix}$　　(2) $\begin{bmatrix}1&2\\4&3\end{bmatrix}$

(3) $\begin{bmatrix}2&-3&3\\4&-5&3\\4&-4&2\end{bmatrix}$　　(4) $\begin{bmatrix}1&0&3\\8&1&-1\\5&1&-1\end{bmatrix}$

5. 试求方程组 $\boldsymbol{x}'=\boldsymbol{A}\boldsymbol{x}$ 的基解矩阵，并求满足初始条件 $\boldsymbol{\varphi}(0)=\boldsymbol{\eta}$ 的解 $\boldsymbol{\varphi}(t)$。

(1) $\boldsymbol{A}=\begin{bmatrix}1&2\\4&3\end{bmatrix},\quad \boldsymbol{\eta}=\begin{bmatrix}3\\3\end{bmatrix}$

(2) $\boldsymbol{A}=\begin{bmatrix}1&0&3\\8&1&-1\\5&1&-1\end{bmatrix},\quad \boldsymbol{\eta}=\begin{bmatrix}0\\-2\\-7\end{bmatrix}$

(3) $\boldsymbol{A}=\begin{bmatrix}1&2&1\\1&-1&1\\2&0&1\end{bmatrix},\quad \boldsymbol{\eta}=\begin{bmatrix}1\\0\\0\end{bmatrix}$

6. 求分别满足以下条件的方程组 $\boldsymbol{x}'=\boldsymbol{A}\boldsymbol{x}+\boldsymbol{f}(t)$ 的解 $\boldsymbol{\varphi}(t)$。

(1) $\boldsymbol{\varphi}(0)=\begin{bmatrix}-1\\1\end{bmatrix}$，$\boldsymbol{A}=\begin{bmatrix}1&2\\4&3\end{bmatrix}$，$\boldsymbol{f}(t)=\begin{bmatrix}e^t\\1\end{bmatrix}$

(2) $\boldsymbol{\varphi}(0)=\boldsymbol{0}$，$\boldsymbol{A}=\begin{bmatrix}0&1&0\\0&0&1\\-6&-11&-6\end{bmatrix}$，$\boldsymbol{f}(t)=\begin{bmatrix}0\\0\\e^{-t}\end{bmatrix}$

(3) $\boldsymbol{\varphi}(0)=\begin{bmatrix}\eta_1\\\eta_2\end{bmatrix}$，$\boldsymbol{A}=\begin{bmatrix}4&-3\\2&-1\end{bmatrix}$，$\boldsymbol{f}(t)=\begin{bmatrix}\sin t\\-2\cos t\end{bmatrix}$

7. 假设 m 不是矩阵 $\boldsymbol{A}$ 的特征值，试证：非齐线性微分方程组

$$\boldsymbol{x}'=\boldsymbol{A}\boldsymbol{x}+\boldsymbol{c}e^{mt}$$

有一解形如

$$\boldsymbol{x}(t)=\boldsymbol{p}e^{mt}$$

其中，$\boldsymbol{c}$，$\boldsymbol{p}$ 是常数向量。

8. 给定方程组

$$\begin{cases}x_1''-3x_1'+2x_1+x_2'-x_2=0\\x_1'-2x_1+x_2'+x_2=0\end{cases}$$

(1) 试证上面方程组等价于方程组 $\boldsymbol{u}'=\boldsymbol{A}\boldsymbol{u}$，其中

$$\boldsymbol{u}=\begin{bmatrix}u_1\\u_2\\u_3\end{bmatrix}=\begin{bmatrix}x_1\\x_1'\\x_2\end{bmatrix},\quad \boldsymbol{A}=\begin{bmatrix}0&1&0\\-4&4&2\\2&-1&-1\end{bmatrix}$$

(2) 试求(1)中方程组的基解矩阵。

(3) 试求原方程组满足初始条件 $x_1(0)=0$，$x_1'(0)=1$，$x_2(0)=0$ 的解。

9. 假设 $y=\varphi(x)$ 是二阶常系数线性微分方程初值问题

$$\begin{cases}y''+ay'+by=0\\y(0)=0,y'(0)=1\end{cases}$$

的解，试证：$y=\int_0^x\varphi(x-t)f(t)\mathrm{d}t$ 是方程

$$y''+ay'+by=f(x)$$

的解，这里 $f(x)$ 为已知连续函数。

第 6 章

稳定性和定性理论简介

在 19 世纪中叶，通过刘维尔的工作，人们已经知道绝大多数的微分方程不能用初等积分方法求解。这个结果对于微分方程理论的发展产生了极大影响，使微分方程的研究发生了一个转折。既然初等积分法有着不可克服的局限性，那么是否可以不求微分方程的解，而是从微分方程本身来推断其解的性质呢？定性理论和稳定性理论正是在这种背景下发展起来的。前者由法国数学家庞加莱所创立，后者由俄国数学家李雅普诺夫所创立。它们共同的特点就是在不求出方程的解的情况下，直接根据微分方程本身的结构和特点来研究其解的性质。由于这两种理论的有效性，一百多年以来它们已经成为常微分方程的主流研究理论。本章将对稳定性理论和定性理论的一些基本概念和基本方法作一简单介绍。

6.1 稳定性理论

考虑微分方程

$$\frac{d\boldsymbol{x}}{dt}=f(t,\boldsymbol{x}) \tag{6.1}$$

其中，函数 $f(t,\boldsymbol{x})$ 对 $\boldsymbol{x}\in D\subseteq\mathbf{R}^n$ 和 $t\in(-\infty,+\infty)$ 连续，对 $\boldsymbol{x}$ 满足局部利普希茨条件。设方程(6.1)对初值 (t_0,x_1) 存在唯一解 $\boldsymbol{x}=\boldsymbol{\varphi}(t,t_0,\boldsymbol{x}_1)$，而其他解记作 $\boldsymbol{x}=\boldsymbol{x}(t,t_0,\boldsymbol{x}_0)$。现在的问题是：当 $\|\boldsymbol{x}_0-\boldsymbol{x}_1\|$ 很小时，差 $\|\boldsymbol{x}(t,t_0,\boldsymbol{x}_0)-\boldsymbol{\varphi}(t,t_0,\boldsymbol{x}_1)\|$ 的变化是否也很小？本章向量 $\boldsymbol{x}=(x_1,\ldots,x_n)^{\mathrm{T}}$ 的范数取 $\|\boldsymbol{x}\|=(\sum\limits_{i=1}^{n}x_i^2)^{\frac{1}{2}}$。

如果所考虑的解的存在区间是有限闭区间，那么这是解对初值的连续依赖性，第 3 章的连续依赖性定理已有结论。现在要考虑的是解的存在区间是无穷区间，那么解对初值不一定有连续依赖性(见下面的例 6.3)，这就产生了李雅普诺夫意义下的稳定性概念。

如果对于任意给定的 $\varepsilon>0$ 和 $t_0\geqslant0$ 都存在 $\delta=\delta(\varepsilon,t_0)>0$，使得只要 $\boldsymbol{x}_0$ 满足

$$\|\boldsymbol{x}_0-\boldsymbol{x}_1\|<\delta$$

就有

$$\| \boldsymbol{x}(t,t_0,\boldsymbol{x}_0)-\boldsymbol{\varphi}(t,t_0,\boldsymbol{x}_1) \| <\varepsilon$$

对一切 $t\geqslant t_0$ 成立，则称方程(6.1)的解 $\boldsymbol{x}=\boldsymbol{\varphi}(t,t_0,\boldsymbol{x}_1)$是稳定的。否则是不稳定的。

假设 $\boldsymbol{x}=\boldsymbol{\varphi}(t,t_0,\boldsymbol{x}_1)$是稳定的，而且存在 $\delta_1(0<\delta_1\leqslant\delta)$，使得只要 $\boldsymbol{x}_0$ 满足

$$\| \boldsymbol{x}_0-\boldsymbol{x}_1 \| <\delta_1$$

就有

$$\lim_{t\to\infty}(\boldsymbol{x}(t,t_0,\boldsymbol{x}_0)-\boldsymbol{\varphi}(t,t_0,\boldsymbol{x}_1))=\boldsymbol{0}$$

则称方程(6.1)的解 $\boldsymbol{x}=\boldsymbol{\varphi}(t,t_0,\boldsymbol{x}_1)$是渐近稳定的。

为了简化讨论，通常把解 $\boldsymbol{x}=\boldsymbol{\varphi}(t,t_0,\boldsymbol{x}_1)$的稳定性问题化成零解的稳定性问题。下面记 $\boldsymbol{x}(t)=\boldsymbol{x}(t,t_0,\boldsymbol{x}_0)$，$\boldsymbol{\varphi}(t)=\boldsymbol{\varphi}(t,t_0,\boldsymbol{x}_1)$，作如下变量变换：

令

$$\boldsymbol{y}=\boldsymbol{x}(t)-\boldsymbol{\varphi}(t) \tag{6.2}$$

则

$$\begin{aligned}\frac{\mathrm{d}\boldsymbol{y}}{\mathrm{d}t}=\frac{\mathrm{d}\boldsymbol{x}(t)}{\mathrm{d}t}-\frac{\mathrm{d}\boldsymbol{\varphi}(t)}{\mathrm{d}t}&=f(t,\boldsymbol{x}(t))-f(t,\boldsymbol{\varphi}(t))\\&=f(t,\boldsymbol{\varphi}(t)+\boldsymbol{y})-f(t,\boldsymbol{\varphi}(t))\\&=F(t,\boldsymbol{y})\end{aligned}$$

于是在变换(6.2)下，将方程(6.1)化成

$$\frac{\mathrm{d}\boldsymbol{y}}{\mathrm{d}t}=F(t,\boldsymbol{y}) \tag{6.3}$$

其中，$F(t,\boldsymbol{y})=f(t,\boldsymbol{\varphi}(t)+\boldsymbol{y})-f(t,\boldsymbol{\varphi}(t))$。这样，关于方程(6.1)的解 $\boldsymbol{x}=\boldsymbol{\varphi}(t)$的稳定性问题就化为方程(6.3)的零解 $\boldsymbol{y}=\boldsymbol{0}$ 的稳定性问题了。因此，可以在下文中只考虑方程(6.1)的零解 $\boldsymbol{x}=\boldsymbol{0}$ 的稳定性，即假设 $f(t,\boldsymbol{0})\equiv\boldsymbol{0}$，并有如下定义 6.1。

定义 6.1　若对任意 $\varepsilon>0$ 和 $t_0\geqslant0$，存在 $\delta=\delta(\varepsilon,t_0)$，使当 $\| \boldsymbol{x}_0 \| \leqslant\delta$ 时，

$$\| \boldsymbol{x}(t,t_0,\boldsymbol{x}_0) \| <\varepsilon \tag{6.4}$$

对所有的 $t\geqslant t_0$ 成立，则称方程(6.1)的零解是稳定的。反之是不稳定的。

定义 6.2　若方程(6.1)的零解是稳定的，且存在 $\delta_1>0$，使当 $\| \boldsymbol{x}_0 \| <\delta_1$ 时有

$$\lim_{t\to+\infty}\boldsymbol{x}(t,t_0,\boldsymbol{x}_0)=0$$

则称方程(6.1)的零解是渐近稳定的。

例 6.1　考察系统

$$\begin{cases}\dfrac{\mathrm{d}x}{\mathrm{d}t}=y\\[2mm]\dfrac{\mathrm{d}y}{\mathrm{d}t}=-x\end{cases}$$

的零解的稳定性。

解　对于一切 $t\geqslant0$，系统满足初始条件 $x(0)=x_0,y(0)=y_0(x_0^2+y_0^2\neq0)$的解为

$$\begin{cases}x(t)=x_0\cos t+y_0\sin t\\y(t)=-x_0\sin t+y_0\cos t\end{cases}$$

对任意 $\varepsilon>0$，取 $\delta=\varepsilon$，则当 $(x_0^2+y_0^2)^{\frac{1}{2}}<\delta$ 时，有

$$[x^2(t)+y^2(t)]^{\frac{1}{2}}=[(x_0\cos t+y_0\sin t)^2+(-x_0\sin t+y_0\cos t)^2]^{\frac{1}{2}}$$
$$=(x_0^2+y_0^2)^{\frac{1}{2}}<\delta=\varepsilon$$

故该系统的零解是稳定的。

然而，由于

$$\lim_{t\to+\infty}[x^2(t)+y^2(t)]^{\frac{1}{2}}=(x_0^2+y_0^2)^{\frac{1}{2}}\neq 0$$

所以该系统的零解不是渐近稳定的。

例 6.2　考察系统

$$\begin{cases}\dfrac{dx}{dt}=-x\\[2mm]\dfrac{dy}{dt}=-y\end{cases}$$

的零解的稳定性。

解　在 $t\geqslant 0$ 时，系统初值为 $(0,x_0,y_0)$ 的解为

$$\begin{cases}x(t)=x_0e^{-t}\\y(t)=-y_0e^{-t}\end{cases}$$

其中，$x_0^2+y_0^2\neq 0$。

对任意 $\varepsilon>0$，取 $\delta=\varepsilon$，则当 $(x_0^2+y_0^2)^{\frac{1}{2}}<\delta$ 时，有

$$[x^2(t)+y^2(t)]^{\frac{1}{2}}=(x_0^2e^{-2t}+y_0^2e^{-2t})^{\frac{1}{2}}$$
$$\leqslant(x_0^2+y_0^2)^{\frac{1}{2}}<\delta=\varepsilon(t\geqslant 0)$$

故该系统的零解是稳定的。

又因为

$$\lim_{t\to+\infty}[x^2(t)+y^2(t)]^{\frac{1}{2}}=\lim_{t\to+\infty}(x_0^2e^{-2t}+y_0^2e^{-2t})^{\frac{1}{2}}=0$$

可见该系统的零解是渐近稳定的。

例 6.3　考察系统

$$\begin{cases}\dfrac{dx}{dt}=x\\[2mm]\dfrac{dy}{dt}=y\end{cases}$$

的零解的稳定性。

解　系统以 $(0,x_0,y_0)$ 为初值的解为

$$\begin{cases}x(t)=x_0e^{t}\\y(t)=y_0e^{t}\end{cases}\quad(t\geqslant 0)$$

其中，$x_0^2+y_0^2\neq 0$。

又因为

$$[x^2(t)+y^2(t)]^{\frac{1}{2}}=(x_0^2e^{2t}+y_0^2e^{2t})^{\frac{1}{2}}=(x_0^2+y_0^2)^{\frac{1}{2}}e^t$$

由于函数 e^t 随 t 的递增而无限地增大。因此，对于任意 $\varepsilon>0$，不管 $(x_0^2+y_0^2)^{\frac{1}{2}}$ 取得怎样小，只要 t 取得适当大时，就不能保证 $[x^2(t)+y^2(t)]^{\frac{1}{2}}$ 小于预先给定的正数 ε，所以该系统的零解是不稳定的。

例 6.4　考虑常系数线性微分方程组

$$\frac{d\boldsymbol{x}}{dt}=\boldsymbol{A}\boldsymbol{x} \tag{6.5}$$

其中，$\boldsymbol{x}\in\mathbf{R}^n$，$\boldsymbol{A}$ 是 $n\times n$ 矩阵。证明：若 $\boldsymbol{A}$ 的所有特征根都具有严格负实部，则方程组(6.5)的零解是渐近稳定的。

证明　不失一般性，取初始时刻 $t_0=0$，设 $\boldsymbol{\Phi}(t)$ 是方程组(6.5)的标准基解矩阵，由第 5 章内容知满足 $\boldsymbol{x}(0)=\boldsymbol{x}_0$ 的解 $\boldsymbol{x}(t)$ 可写成

$$\boldsymbol{x}(t)=\boldsymbol{\Phi}(t)\boldsymbol{x}_0 \tag{6.6}$$

由 $\boldsymbol{A}$ 的所有特征根都具负实部知

$$\lim_{t\to\infty}\|\boldsymbol{\Phi}(t)\|=0 \tag{6.7}$$

于是知存在 $t_1>0$，使 $t>t_1$ 时 $\|\boldsymbol{\Phi}(t)\|<1$。从而对任意 $\varepsilon>0$，取 $\delta_0=\varepsilon$，则当 $\|\boldsymbol{x}_0\|<\delta_0$ 时，由式(6.6)有

$$\|\boldsymbol{x}(t)\|\leqslant\|\boldsymbol{\Phi}(t)\|\|\boldsymbol{x}_0\|\leqslant\|\boldsymbol{x}_0\|<\varepsilon,\quad t>t_1 \tag{6.8}$$

当 $t\in[0,t_1]$ 时，由解对初值的连续依赖性，对上述 $\varepsilon>0$，存在 $\delta_1>0$，当 $\|\boldsymbol{x}_0\|<\delta_1$ 时，有

$$\|\boldsymbol{x}(t)-\boldsymbol{0}\|<\varepsilon,\quad t\in[0,t_1]$$

取 $\delta=\min\{\delta_0,\delta_1\}$，综合上面讨论知，当 $\|\boldsymbol{x}_0\|<\delta$ 时，有

$$\|\boldsymbol{x}(t)\|<\varepsilon,\quad t\in[0,+\infty)$$

即 $\boldsymbol{x}=\boldsymbol{0}$ 是稳定的。

由式(6.7)知对任意 $\boldsymbol{x}_0$ 有 $\lim\limits_{t\to+\infty}\boldsymbol{\Phi}(t)\boldsymbol{x}_0=\boldsymbol{0}$，故 $\boldsymbol{x}=\boldsymbol{0}$ 是渐近稳定的。

6.2　V 函数方法

上一节我们介绍了稳定性概念，但是据此来判明系统解的稳定性，其应用范围是极其有限的。

李雅普诺夫创立了处理稳定性问题的两种方法：第一种方法需利用微分方程的级数解，没有得到大的发展；第二种方法是在不求方程解的情况下，借助李雅普诺夫函数 $V(\boldsymbol{x})$ 和通过微分方程所计算出来的导数 $\frac{dV(\boldsymbol{x})}{dt}$ 的符号性质，就能直接推断出微分方程解的稳定性，因此又称为直接法。本节主要介绍李雅普诺夫第二方法。

为了便于理解，只考虑自治系统

$$\frac{d\boldsymbol{x}}{dt}=\boldsymbol{F}(\boldsymbol{x}),\quad \boldsymbol{x}\in\mathbf{R}^n \tag{6.9}$$

假设 $\boldsymbol{F}(\boldsymbol{x})=(F_1(\boldsymbol{x}),\cdots,F_n(\boldsymbol{x}))^{\mathrm{T}}$ 在 $G=\{\boldsymbol{x}\in\mathbf{R}^n \mid \|\boldsymbol{x}\|\leqslant K\}$ 上连续、满足局部利普希茨条件，且 $\boldsymbol{F}(\boldsymbol{0})=\boldsymbol{0}$。

为介绍李雅普诺夫基本定理，先引入李雅普诺夫函数概念。

定义 6.3 若函数

$$V(\boldsymbol{x}):G\to R$$

满足 $V(\boldsymbol{0})=0$，$V(\boldsymbol{x})$ 和 $\dfrac{\partial V}{\partial x_i}(i=1,2,\cdots,n)$ 都连续，且若存在 $0<H\leqslant K$，使在 $D=\{\boldsymbol{x}\mid \|\boldsymbol{x}\|\leqslant H\}$ 上 $V(\boldsymbol{x})\geqslant 0(\leqslant 0)$，则称 $V(\boldsymbol{x})$ 是常正(负)的；若在 D 上除 $\boldsymbol{x}\neq\boldsymbol{0}$ 外总有 $V(\boldsymbol{x})>0(<0)$，则称 $V(\boldsymbol{x})$ 是定正(负)的；既不是常正又不是常负的函数称为变号函数。

通常我们称函数 $V(\boldsymbol{x})$ 为李雅普诺夫函数，易知：

(1) 函数 $V=x_1^2+x_2^2$ 在 (x_1,x_2) 平面上为定正的；

(2) 函数 $V=-(x_1^2+x_2^2)$ 在 (x_1,x_2) 平面上为定负的；

(3) 函数 $V=x_1^2-x_2^2$ 在 (x_1,x_2) 平面上为变号函数；

(4) 函数 $V=x_1^2$ 在 (x_1,x_2) 平面上为常正函数。

李雅普诺夫函数有明显的几何意义，首先看定正函数 $V=V(x_1,x_2)$。

在三维空间 (x_1,x_2,V) 中，$V=V(x_1,x_2)$ 是一个位于坐标面 x_1Ox_2 即 $V=0$ 上方的曲面，其与坐标面 x_1Ox_2 只在一个点，即原点 $O(0,0,0)$ 接触[见图 6.1(a)]。如果用水平面 $V=C$(正常数)与 $V=V(x_1,x_2)$ 相交，并将截口垂直投影到 x_1Ox_2 平面上，就得到一组一个套一个的闭曲线簇 $V(x_1,x_2)=C$[见图 6.1(b)]，由于 $V=V(x_1,x_2)$ 连续、可微，且 $V(0,0)=0$，故在 $x_1=x_2=0$ 的充分小的邻域中，$V(x_1,x_2)$ 可以任意小，即在这些邻域中存在 C 值可任意小的闭曲线 $V=C$。

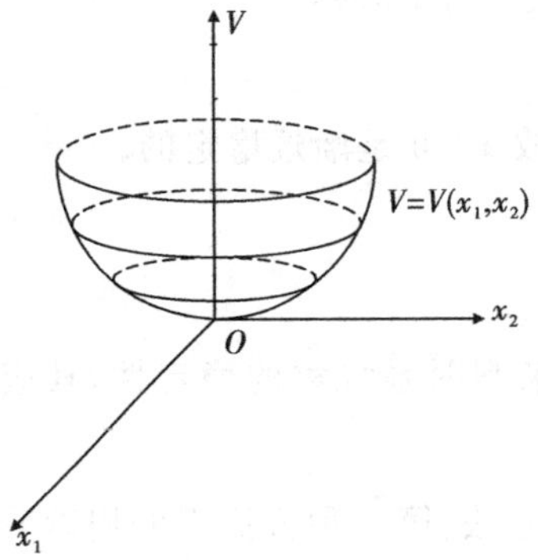

(a)

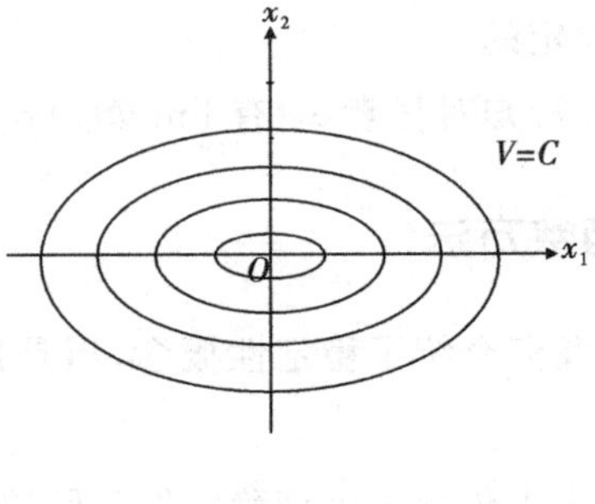

(b)

图 6.1 定正函数 V 的示意图

对于定负函数 $V=V(x_1,x_2)$ 可作类似的几何解释，只是曲面 $V=V(x_1,x_2)$ 将在坐标面 x_1Ox_2 的下方。

对于变号函数 $V=V(x_1,x_2)$，自然应对应于这样的曲面，即在原点 O 的任意邻域，既有在 x_1Ox_2 平面上方的点，又有在其下方的点。

定理 6.1　对系统(6.9),若在区域 D 上存在李雅普诺夫函数 $V(\boldsymbol{x})$且满足

(1)定正;

(2)$\left.\dfrac{\mathrm{d}V}{\mathrm{d}t}\right|_{系统(6.9)}=\sum\limits_{i=1}^{n}\dfrac{\partial V}{\partial x_i}F_i(\boldsymbol{x})$ 常负(或恒等于 0)。

则系统(6.9)的零解是稳定的。

证明　对任意 $\varepsilon>0(\varepsilon<H)$,记

$$\Gamma=\{\boldsymbol{x}\mid \|\boldsymbol{x}\|=\varepsilon\}$$

则由 $V(\boldsymbol{x})$正定、连续和 Γ 是有界闭集知

$$b=\inf_{x\in\Gamma}V(\boldsymbol{x})>0$$

由 $V(\boldsymbol{0})=0$ 和 $V(\boldsymbol{x})$连续知存在 $\delta>0(\delta<\varepsilon)$,使得当 $\|\boldsymbol{x}\|\leqslant\delta$ 时,$V(\boldsymbol{x})<b$,于是有 $\|\boldsymbol{x}\|\leqslant\delta$ 时,

$$\|\boldsymbol{x}(t,t_0,\boldsymbol{x}_0)\|<\varepsilon,\quad t\geqslant t_0 \tag{6.10}$$

若上述不等式不成立,由 $\|\boldsymbol{x}\|\leqslant\delta<\varepsilon$ 和 $\boldsymbol{x}(t,t_0,\boldsymbol{x}_0)$的连续性知存在 $t_1>t_0$,当 $t\in[t_0,t_1)$时,$\|\boldsymbol{x}(t,t_0,\boldsymbol{x}_0)\|<\varepsilon$,而 $\|\boldsymbol{x}(t_1,t_0,\boldsymbol{x}_0)\|=\varepsilon$,那么由 b 的定义,有

$$V(\boldsymbol{x}(t_1,t_0,\boldsymbol{x}_0))\geqslant b \tag{6.11}$$

另一方面,由条件定理 6.1 的条件(2)知 $\dfrac{\mathrm{d}V(\boldsymbol{x}(t\ ,t_0,\boldsymbol{x}_0))}{\mathrm{d}t}\leqslant 0$ 在$[t_0,t_1]$上成立,即 $t\in[t_0,t_1]$时,

$$V(\boldsymbol{x}(t,t_0,\boldsymbol{x}_0))\leqslant V(\boldsymbol{x}_0)<b$$

自然有 $V(\boldsymbol{x}(t_1,t_0,\boldsymbol{x}_0))<b$,这与式(6.11)矛盾,即式(6.10)成立。(图 6.2 为 $n=2$ 的情况。)

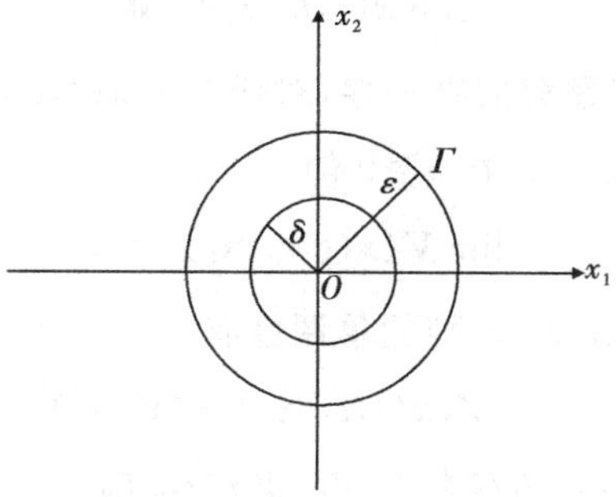

图 6.2　$n=2$ 的情况

例 6.5　分析无阻尼线性振动方程

$$\ddot{\boldsymbol{x}}+\omega^2\boldsymbol{x}=\boldsymbol{0} \tag{6.12}$$

的平衡位置的稳定性。

解　将方程(6.12)化为等价系统:

$$\begin{cases}\dot{\boldsymbol{x}}=\boldsymbol{y}\\ \dot{\boldsymbol{y}}=-\omega^2\boldsymbol{x}\end{cases} \tag{6.13}$$

方程(6.12)的平衡位置即方程(6.13)的零解。作V函数：

$$V(\boldsymbol{x},\boldsymbol{y})=\frac{1}{2}\left(\boldsymbol{x}^2+\frac{1}{\omega^2}\boldsymbol{y}^2\right)$$

有

$$\left.\frac{\mathrm{d}V}{\mathrm{d}t}\right|_{方程(6.13)}=\left.\left(\boldsymbol{x}\cdot\dot{\boldsymbol{x}}+\frac{1}{\omega^2}\boldsymbol{y}\cdot\dot{\boldsymbol{y}}\right)\right|_{方程(6.13)}$$

即$V(\boldsymbol{x},\boldsymbol{y})$定正，$\left.\frac{\mathrm{d}V}{\mathrm{d}t}\right|_{方程(6.13)}\leqslant 0$。于是由定理6.1知方程(6.13)的零解是稳定的，即方程(6.12)的平衡位置是稳定的。

引理6.1 若$V(\boldsymbol{x})$是定正(或定负)的李雅普诺夫函数，且对连续有界函数$\boldsymbol{x}(t)$有

$$\lim_{t\to\infty}V(\boldsymbol{x}(t))=0$$

则$\lim\limits_{t\to\infty}\boldsymbol{x}(t)=\boldsymbol{0}$。

证明略。

定理6.2 对系统(6.9)，若区域D上存在李雅普诺夫函数$V(\boldsymbol{x})$，满足

(1)定正；

(2)$\left.\frac{\mathrm{d}V}{\mathrm{d}t}\right|_{系统(6.9)}=\sum\limits_{i=1}^{n}\frac{\partial V}{\partial x_i}F_i(\boldsymbol{x})$定负。

则系统(6.9)的零解渐近稳定。

证明 由定理6.1知系统(6.9)的零解是稳定的。取$\bar{\delta}$为定理6.1证明过程中的δ，于是当$\|\boldsymbol{x}\|\leqslant\bar{\delta}$时，$V(\boldsymbol{x}(t,t_0,\boldsymbol{x}_0))$单调下降，若$\boldsymbol{x}_0=\boldsymbol{0}$，则由唯一性知$\boldsymbol{x}(t,t_0,\boldsymbol{x}_0)\equiv\boldsymbol{0}$，自然有

$$\lim_{t\to+\infty}\boldsymbol{x}(t,t_0,\boldsymbol{x}_0)=\boldsymbol{0}$$

不妨设$\boldsymbol{x}_0\neq\boldsymbol{0}$，由初值问题解的唯一性，对任意$t$，$\boldsymbol{x}(t,t_0,\boldsymbol{x}_0)\neq\boldsymbol{0}$，从而由$V(\boldsymbol{x})$定正知$V(\boldsymbol{x}(t,t_0,\boldsymbol{x}_0))>0$总成立，那么存在$a\geqslant 0$使

$$\lim_{t\to+\infty}V(\boldsymbol{x}(t,t_0,\boldsymbol{x}_0))=a$$

假设$a>0$，联系到$V(\boldsymbol{x}(t,t_0,\boldsymbol{x}_0))$的单调性有

$$a<V(\boldsymbol{x}(t,t_0,\boldsymbol{x}_0))<V(\boldsymbol{x}_0)$$

对$t>t_0$成立，从而由$V(\boldsymbol{0})=0$知存在$h>0$，使$t\geqslant t_0$时

$$h<\|\boldsymbol{x}(t,t_0,\boldsymbol{x}_0)\|<\varepsilon \tag{6.14}$$

成立。

由条件定理6.2(2)有

$$M=\sup_{h\leqslant\|\boldsymbol{x}\|\leqslant\varepsilon}\frac{\mathrm{d}V}{\mathrm{d}t}<0$$

故从式(6.14)知

$$\frac{\mathrm{d}V(\boldsymbol{x}(t,t_0,\boldsymbol{x}_0))}{\mathrm{d}t}\leqslant M$$

对上述不等式两端从 t_0 到 $t>t_0$ 积分得

$$V(\boldsymbol{x}(t,t_0,\boldsymbol{x}_0))-V(\boldsymbol{x}_0)\leqslant M(t-t_0)$$

该不等式意味着

$$\lim_{t\to+\infty}V(\boldsymbol{x}(t,t_0,\boldsymbol{x}_0))=-\infty$$

矛盾，故 $a=0$，即

$$\lim_{t\to+\infty}V(\boldsymbol{x}(t,t_0,\boldsymbol{x}_0))=0$$

由于零解是稳定的，所以 $\boldsymbol{x}(t,t_0,\boldsymbol{x}_0)$ 在 $[t_0,+\infty)$ 上有界，再由引理 6.1 知 $\lim\limits_{t\to+\infty}\boldsymbol{x}(t,t_0,\boldsymbol{x}_0)=\boldsymbol{0}$，定理证毕。

例 6.6　证明方程组

$$\begin{cases}\dot{x}=-y+x(x^2+y^2-1)\\ \dot{y}=x+y(x^2+y^2-1)\end{cases}\tag{6.15}$$

的零解渐近稳定性。

证明　作李雅普诺夫函数：

$$V(x,y)=\frac{1}{2}(x^2+y^2)$$

有

$$\begin{aligned}\left.\frac{\mathrm{d}V}{\mathrm{d}t}\right|_{\text{方程组(6.15)}}&=(x\dot{x}+y\dot{y})\Big|_{\text{方程组(6.15)}}\\&=(x^2+y^2)(x^2+y^2-1)\end{aligned}$$

在区域 $D=\{(x,y)\,|\,x^2+y^2<1\}$ 上 $V(x,y)$ 定正，$\left.\frac{\mathrm{d}V}{\mathrm{d}t}\right|_{\text{方程组(6.15)}}$ 定负，故由定理 6.2 知其零解渐近稳定。

最后，给出不稳定性定理而略去证明。

定理 6.3　系统(6.9)若在区域 D 上存在李雅普诺夫函数 $V(\boldsymbol{x})$ 且满足

(1) $\left.\frac{\mathrm{d}V}{\mathrm{d}t}\right|_{\text{方程组(6.9)}}=\sum\limits_{i=1}^{n}\frac{\partial V}{\partial x_i}F_i(\boldsymbol{x})$ 定正；

(2) $V(\boldsymbol{x})$ 不是常负函数。

则系统(6.9)的零解是不稳定的。

6.3　奇点

本节考虑平面自治系统

$$\begin{cases}\dot{x}=P(x,y)\\ \dot{y}=Q(x,y)\end{cases}\tag{6.16}$$

以下总假定函数 $P(x,y)$，$Q(x,y)$ 在区域

$$D: |x|<H, |y|<H \quad (H\leqslant+\infty)$$

上连续并满足初值解的存在唯一性定理的条件。

6.3.1 相平面、相轨线与相图

把 xOy 平面称为系统(6.16)的相平面，而把系统(6.16)的解 $x=x(t), y=y(t)$ 在 xOy 平面上的轨迹称为系统(6.16)的轨线或相轨线。轨线簇在相平面上的图像称为系统(6.16)的相图。

易于看出，解 $x=x(t), y=y(t)$ 在相平面上的轨线，正是这个解在 (t,x,y) 三维空间中的积分曲线在相空间上的投影。以后会看到，用轨线来研究系统(6.16)的解通常要比用积分曲线方便得多。

下面通过一个例子来说明方程组的积分曲线和轨线的关系。

例 6.7 说明方程组 $\begin{cases}\dfrac{dx}{dt}=-y\\ \dfrac{dy}{dt}=x\end{cases}$ 的积分曲线和轨线的关系。

解 很明显，方程组有特解 $x=\cos t, y=\sin t$，其在 (t,x,y) 三维空间中的积分曲线是一条螺旋线[见图 6.3(a)]，且经过点 $(0,1,0)$。当 t 增加时，螺旋线向上方盘旋。上述解在 xOy 平面上的轨线是圆 $x^2+y^2=1$，其恰为上述积分曲线在 xOy 平面上的投影。当 t 增加时，轨线的方向如图 6.3(b)所示。

另外，易知对于任意常数 α，函数 $x=\cos(t+\alpha), y=\sin(t+\alpha)$ 也是方程组的解。其积分曲线是经过点 $(-\alpha,1,0)$ 的螺旋线。但是，它们与解 $x=\cos t, y=\sin t$ 有同一条轨线 $x^2+y^2=1$。

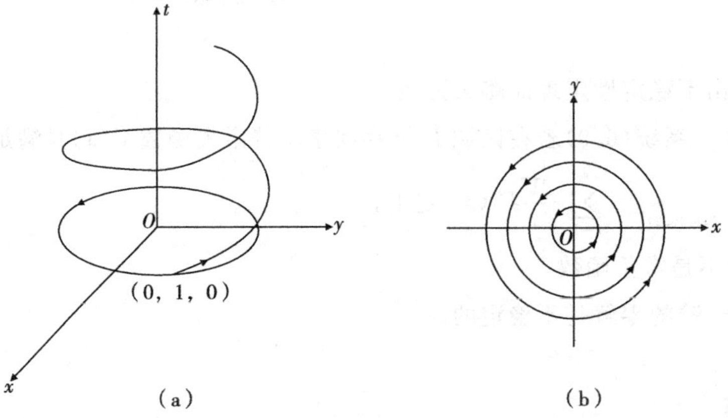

图 6.3 螺旋积分曲线

同时，可以看出，$x=\cos(t+\alpha), y=\sin(t+\alpha)$ 的积分曲线可以由 $x=\cos t, y=\sin t$ 的积分曲线沿 t 轴向下平移距离 α 而得到。由于 α 的任意性，可知轨线 $x^2+y^2=1$ 对应着无穷多条积分曲线。

为了画出方程组在相平面上的相图，求出方程组的通解

$$\begin{cases}x=A\cos(t+\alpha)\\ y=A\sin(t+\alpha)\end{cases}$$

其中，A,α 为任意常数。于是，方程组的轨线就是圆簇[见图 6.3(b)]。

特别地，$x=0,y=0$ 是方程的解，其轨线是原点 $O(0,0)$。

6.3.2　平面自治系统的三个基本性质

性质 6.1(积分曲线的平移不变性)　设 $x=x(t),y=y(t)$ 是自治系统(6.16)的一个解，则对于任意常数 τ，函数

$$x=x(t+\tau),\quad y=y(t+\tau)$$

也是系统(6.16)的解。

事实上，有恒等式

$$\frac{dx(t+\tau)}{dt}\equiv\frac{dx(t+\tau)}{d(t+\tau)}\equiv P(x(t+\tau),y(t+\tau))$$

$$\frac{dy(t+\tau)}{dt}\equiv\frac{dy(t+\tau)}{d(t+\tau)}\equiv Q(x(t+\tau),y(t+\tau))$$

由这个事实可以推出：将系统(6.16)的积分曲线沿 t 轴作任意平移后，仍然是系统(6.16)的积分曲线，从而它们所对应的轨线也相同。于是，自治系统(6.16)的一条轨线对应着无穷多个解。

性质 6.2(轨线的唯一性)　如果 $P(x,y),Q(x,y)$ 满足初值解的存在唯一性定理条件，则过相平面上的区域 D 的任意点 $p_0=(x_0,y_0)$，系统(6.16)存在一条且唯一一条轨线。

事实上，假设在相平面的 p_0 点附近有两条不同的轨线段 l_1 和 l_2 都通过 p_0 点，则在 (t,x,y) 空间中至少存在两条不同的积分曲线段 Γ_1 和 Γ_2(它们有可能属于同一条积分曲线)，使得它们在相空间中的投影分别是 l_1 和 l_2(见图 6.4，$t_1<t_2$)。现在把 Γ_1 所在的积分曲线沿 t 轴向右平移 t_2-t_1，则由性质 6.1 知道，平移后得到的 $\tilde{\Gamma}$ 仍是系统(6.16)的积分曲线，并且其与 Γ_2 至少有一个公共点。因此，利用解的唯一性，$\tilde{\Gamma}$ 与 Γ_2 应完全重合，从而它们在相空间中有相同的投影。另一方面，Γ_1 与 $\tilde{\Gamma}$ 在相空间显然也有相同的投影，这意味着 Γ_1 和 Γ_2 在相平面中的 p_0 点附近有相同的投影，而这与上面的假设矛盾。

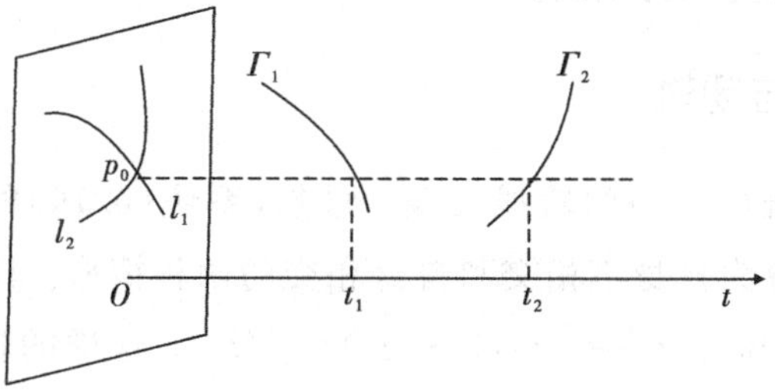

图 6.4　积分曲线段投影示意图

性质 6.1 和性质 6.2 说明，相平面上每条轨线都是沿 t 轴可平移重合的一簇积分曲线的投影，而且只是这簇积分曲线的投影。

此外，由性质 6.1 同样还可知道，系统(6.16)的解 $x(t,t_0,x_0,y_0)$，$y(t,t_0,x_0,y_0)$的一个平移 $x(t-t_0,0,x_0,y_0)$，$y(t-t_0,0,x_0,y_0)$仍是系统(6.16)的解，并且它们满足同样的初值条件，从而由解的唯一性知

$$x(t-t_0,0,x_0,y_0)=x(t,t_0,x_0,y_0)$$

$$y(t-t_0,0,x_0,y_0)=y(t,t_0,x_0,y_0)$$

因此，在系统(6.16)的解簇中只须考虑相应于初始时刻 $t_0=0$ 的解，并简记为

$$x(t,x_0,y_0)=x(t,0,x_0,y_0),\quad y(t,x_0,y_0)=y(t,0,x_0,y_0)$$

性质 6.3(群的性质) 系统(6.16)的解满足关系式

$$\begin{cases}x(t_2,x(t_1,x_0,y_0),y(t_1,x_0,y_0))=x(t_1+t_2,x_0,y_0)\\y(t_2,x(t_1,x_0,y_0),y(t_1,x_0,y_0))=y(t_1+t_2,x_0,y_0)\end{cases}\tag{6.17}$$

其几何意义：在相平面上，如果从点 $p_0=(x_0,y_0)$出发的轨线经过时间 t_1 到达点 $p_1=(x_1,y_1)=(x(t_1,x_0,y_0),y(t_1,x_0,y_0))$，再经过时间 t_2 到达点 $p_2=(x(t_2,x_1,y_1),y(t_2,x_1,y_1))$，那么从点 $p_0=(x_0,y_0)$出发的轨线经过时间 t_1+t_2 也到达点 p_2。

事实上，由平移不变性(性质 6.1)知，$(x(t+t_1,x_0,y_0)$、$y(t+t_1,x_0,y_0))$是系统(6.16)的解，而且易知其与解$(x(t,x_1,y_1),y(t,x_1,y_1))$在 $t=0$ 时的初值都等于$(x_1,y_1)=(x(t_1,x_0,y_0),y(t_1,x_0,y_0))$。由解的唯一性可知，这两个解应该相等，取 $t=t_2$ 即可得到式(6.17)。

对于固定的 $t\in\mathbf{R}$，定义平面到自身的变换 φ_t 如下：

$$\varphi_t(x_0,y_0)=(x(t,x_0,y_0),y(t,x_0,y_0))$$

即 φ_t 将点(x_0,y_0)映射到由该点出发的轨线经过时间 t 到达的点。

在集合 $\Phi=\{\varphi_t:t\in\mathbf{R}\}$中引入乘法运算“$\circ$”：

$$((\varphi_{t_1}\circ\varphi_{t_2})x_0,y_0)=\varphi_{t_1}(\varphi_{t_2}(x_0,y_0))$$

由关系式(6.17)知 $\varphi_{t_1}\circ\varphi_{t_2}=\varphi_{t_1+t_2}$，所以乘法运算“$\circ$”在集合 Φ 中是封闭的，而且满足结合律，故二元组$(\Phi,\circ)$构成一个群，容易验证，其单位元为 φ_0，而 φ_t 的逆元为 φ_{-t}，这就是群性质名称的由来。这个平面到自身的变换群也称作由方程(6.16)所生成的动力系统。有时也把方程(6.16)称为动力系统。

6.3.3 常点、奇点与闭轨

现在考虑自治系统(6.16)的轨线类型。显然，系统(6.16)的一个解 $x=x(t)$，$y=y(t)$所对应的轨线可分为自身不相交和自身相交的两种情形。其中轨线自身相交是指，存在不同时刻 t_1,t_2，使得 $x(t_1)=x(t_2)$，$y(t_1)=y(t_2)$。这样的轨线又有以下两种可能形式。

(1)若对一切 $t\in(-\infty,+\infty)$有

$$x(t) \equiv x_0, \quad y(t) \equiv y_0, \quad (x_0, y_0) \in D$$

则称 $x=x_0, y=y_0$ 为系统(6.16)的一个定常解，其所对应的积分曲线是 (t,x,y) 空间中平行于 t 轴的直线 $x=x_0, y=y_0$。对应此解的轨线是相平面中的一个点 (x_0, y_0)，称 (x_0, y_0) 为奇点（或平衡点）。显然 (x_0, y_0) 是系统(6.16)的一个奇点的充分必要条件是

$$P(x_0, y_0) = Q(x_0, y_0) = 0$$

(2)若存在 $T>0$，使得对一切 t 有

$$x(t+T) = x(t), \quad y(t+T) = y(t)$$

则称 $x=x(t), y=y(t)$ 为系统(6.16)的一个周期解，T 为周期，其所对应的轨线显然是相平面中的一条闭曲线，称为闭轨。

由以上讨论和系统(6.16)轨线的唯一性，可得如下结论：自治系统(6.16)的一条轨线只可能是下列三种类型之一：①奇点；②闭轨；③自不相交的非闭轨线。

平面定性理论的研究目标：在不求解的情况下，仅从系统(6.16)右端函数的性质出发，在相平面上描绘出其轨线的分布图，称为相图。如何完成这一任务呢？现在从运动的角度给出系统(6.16)的另一种几何解释。

如果把系统(6.16)看成是描述平面上一个运动质点的运动方程，那么系统(6.16)在相平面上每一点 (x,y) 处都确定了一个速度向量

$$\boldsymbol{v}(x,y) = (P(x,y), Q(x,y)) \tag{6.18}$$

因此，系统(6.16)在相平面上定义了一个速度场或称向量场，而系统(6.16)的轨线就是相平面上一条与向量场(6.18)相吻合的光滑曲线。这样，积分曲线与轨线的显著区别是，积分曲线可以不考虑方向，而轨线是一条有向曲线，通常用箭头在轨线上标明对应于时间 t 增大时的运动方向。

进一步，在系统(6.16)中消去 t，得到方程

$$\frac{\mathrm{d}y}{\mathrm{d}x} = \frac{Q(x,y)}{P(x,y)} \tag{6.19}$$

由方程(6.19)易见，经过相平面上每一个常点只有唯一轨线，而且可以证明：常点附近的轨线拓扑等价于平行直线。这样，只有在奇点处，向量场的方向不确定。

因此，在平面定性理论中，通常从奇点入手，弄清楚奇点附近的轨线分布情况。然后，再弄清楚系统(6.16)是否存在闭轨线，因为一条闭轨线可以把平面分成内部和外部，再由轨线的唯一性可知，对应内部的轨线不能走到外部，同样对应外部的轨线也不能进入内部。这样，便可大大加深对系统整体性质的理解。

下面讨论二阶线性系统

$$\begin{cases} \dfrac{\mathrm{d}x}{\mathrm{d}t} = a_{11}x + a_{12}y \\ \dfrac{\mathrm{d}y}{\mathrm{d}t} = a_{21}x + a_{22}y \end{cases} \tag{6.20}$$

在奇点(0,0)附近轨线的分布。上述系统写成向量形式为方程组$\frac{\mathrm{d}\boldsymbol{X}}{\mathrm{d}t}=\boldsymbol{AX}(\det\boldsymbol{X}\neq0)$，其存在线性变换 $\tilde{\boldsymbol{X}}=\boldsymbol{TX}$，可化成标准型$\frac{\mathrm{d}\tilde{\boldsymbol{X}}}{\mathrm{d}t}=\boldsymbol{J}\tilde{\boldsymbol{X}}$。由 $\boldsymbol{A}$ 的特征根的不同情况，方程的奇点可能出现四种类型：结点型、鞍点型、焦点型、中心型。

1. 结点型

如果某奇点附近的轨线具有如图 6.5(a)所示的分布情形，就称此奇点为稳定结点。因此，当 $\mu<\lambda<0$ 时，奇点 O 是式(6.21)

$$\begin{cases}\frac{\mathrm{d}x}{\mathrm{d}t}=\lambda x\\ \frac{\mathrm{d}y}{\mathrm{d}t}=\mu y\end{cases}\tag{6.21}$$

的稳定结点。

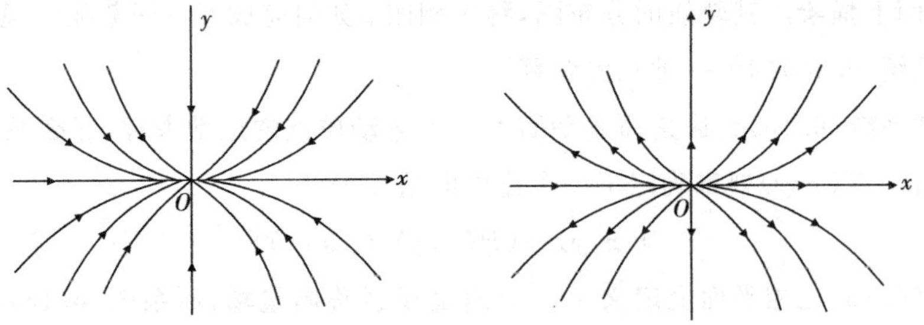

(a) $\mu<\lambda<0$　　(b) $0<\lambda<\mu$

图 6.5　稳定及不稳定结点附近轨线分布

如果某奇点附近的轨线具有如图 6.5(b)所示的分布情形，就称此奇点为不稳定结点。因此，当 $\mu>\lambda>0$ 时，奇点 O 是式(6.21)的不稳定结点。

如果奇点附近的轨线具有如图 6.6 所示的分布，称此奇点为临界结点。

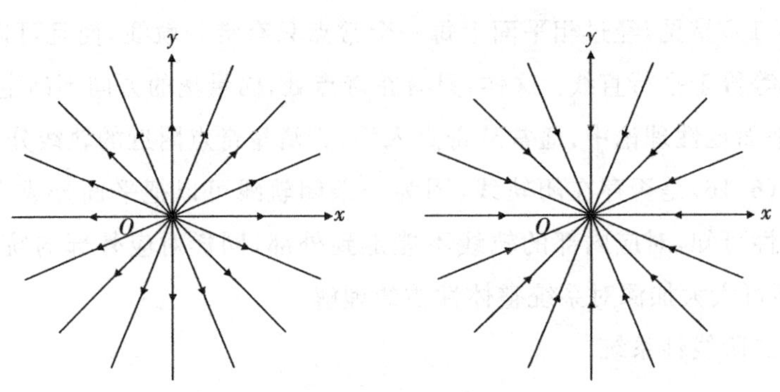

(a) $\lambda>0$　　(b) $\lambda<0$

图 6.6　临界结点附近轨线分布

图 6.6 中，当 $\lambda<0$ 时，轨线在 $t\to+\infty$ 时趋近于原点，这时，称奇点 O 为稳定的临界结点；当 $\lambda>0$ 时，轨线的正向远离原点，称奇点 O 为不稳定的临界结点。

如果奇点附近的轨线具有如图 6.7 所示的分布，称其为退化结点。当 $\lambda<0$ 时，轨线在 $t\to+\infty$ 时趋于奇点，称此奇点为稳定的退化结点；当 $\lambda>0$ 时，轨线在 $t\to+\infty$ 时远离奇点，称此奇点为不稳定的退化结点。

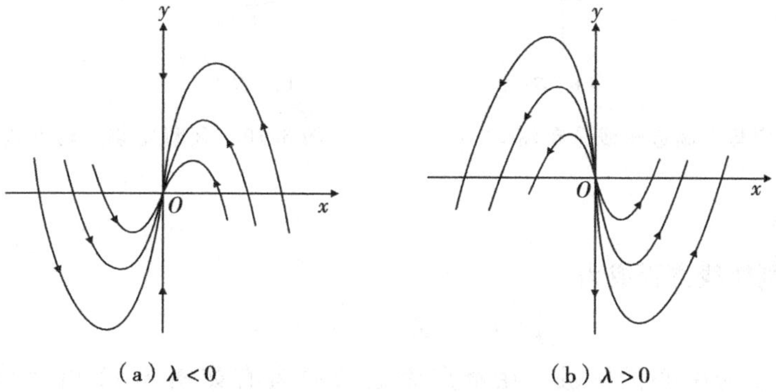

图 6.7　退化奇点附近轨线分布

2. 鞍点型

如果某奇点附近的轨线具有如图 6.8 所示的分布情形，称此奇点为鞍点，因此，当 μ，λ 异号时，奇点 O 是式(6.21)的鞍点。

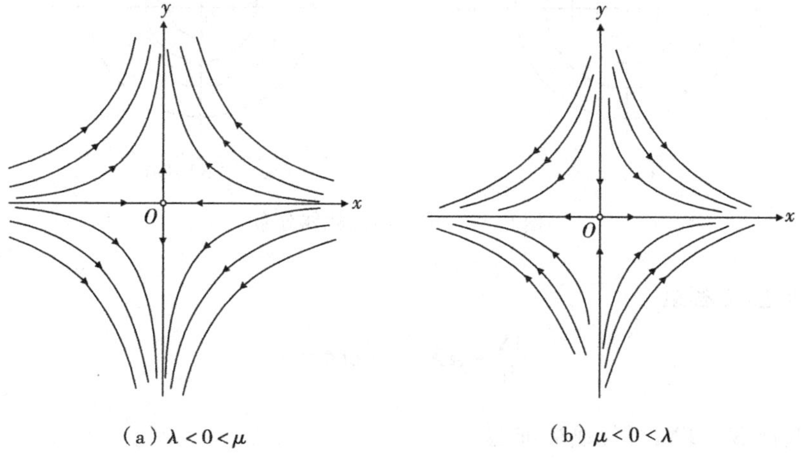

图 6.8　鞍点附近轨线分布

3. 焦点型

如果某奇点附近的轨线具有如图 6.9 所示的分布情形，称奇点 O 是稳定焦点；而当 $\alpha>0$时，相点沿着轨线远离原点，这时，称奇点 O 是不稳定焦点(见图 6.10)。

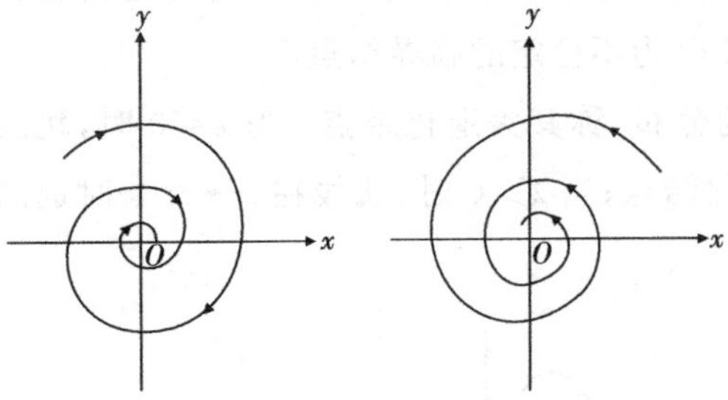

(a) $\beta>0$　　　　(b) $\beta<0$

图 6.9　稳定焦点附近轨线分布($\alpha<0$)

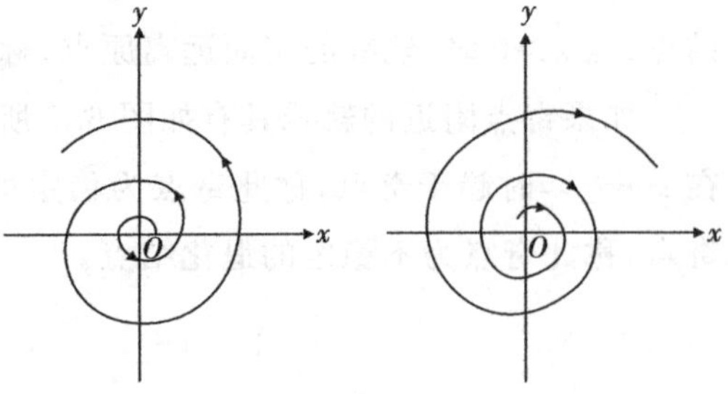

(a) $\beta>0$　　　　(b) $\beta<0$

图 6.10　不稳定焦点附近轨线分布($\alpha>0$)

4. 中心型

如 $\alpha=0$,则轨线方程成为

$$\rho=C \quad \text{或} \quad x^2+y^2=C^2$$

其是以坐标原点为中心的圆簇。在奇点附近轨线具有如图 6.11 所示分布,称奇点为中心。

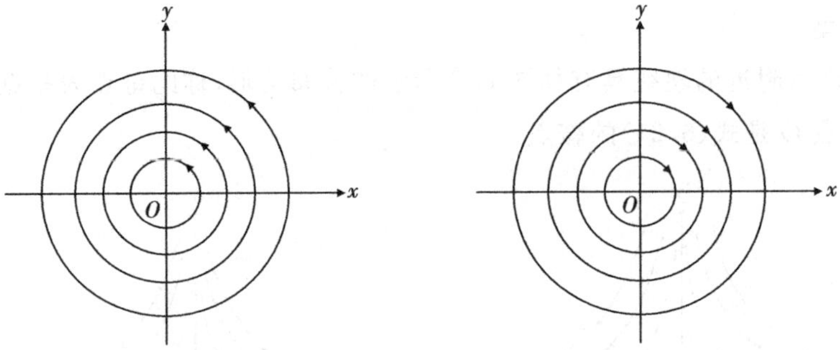

(a) $\beta<0$　　　　(b) $\beta>0$

图 6.11　中心附近轨线分布

综上所述,方程组

$$\frac{\mathrm{d}\boldsymbol{X}}{\mathrm{d}t}=\boldsymbol{A}\boldsymbol{X} \quad (\det\boldsymbol{A}\neq 0) \tag{6.22}$$

经过线性变换 $\widetilde{\boldsymbol{X}}=\boldsymbol{T}\boldsymbol{X}$,可化成标准型

$$\frac{\mathrm{d}\widetilde{\boldsymbol{X}}}{\mathrm{d}t}=\boldsymbol{J}\widetilde{\boldsymbol{X}} \tag{6.23}$$

由 $\boldsymbol{A}$ 的特征根的不同情况,方程的奇点可能出现四种类型:结点型、鞍点型、焦点型、中心型。

当 $\det\boldsymbol{A}\neq 0$,根据 $\boldsymbol{A}$ 的特征根的不同情况可有如图 6.12 所示的奇点类型:

- 实根
  - 相异(非零)实根
    - 同号——结点
    - 异号——鞍点
  - 重(非零)实根
    - 临界结点
    - 退化结点
- 复根
  - 实部不为零——焦点
  - 实部为零——中心

图 6.12　按特征根的不同情况划分的奇点类型

因为 $\boldsymbol{A}$ 的特征根完全由 $\boldsymbol{A}$ 的系数确定，所以 $\boldsymbol{A}$ 的系数可以确定出奇点的类型。

第 7 章

差分方程

【学习目标】

(1)理解差分的基本概念及差分方程解的基本定理,掌握差分的基本运算性质及差分方程解的叠加原理。

(2)理解差分方程迭代解法和特征方程求解方法,掌握一阶和二阶常系数线性差分方程的解法。

(3)了解差分方程稳定性的基本概念。

【重难点】 重点是差分的概念、差分方程解的基本定理,难点是一、二阶常系数线性差分方程的求解。

【主要内容】 差分的定义方法及差分的运算性质,差分方程解的基本定理,一、二阶常系数线性差分方程的求解。

7.1 差分的基本概念及差分方程解的基本定理

7.1.1 差分的基本概念

1. 函数的差分

对离散型变量,差分是一个很重要的基本概念,下面给出差分的定义。设自变量 t 取离散的等间隔整数值:$t=0,\pm1,\pm2,\cdots$,y_t 是 t 的函数,记作 $y_t=f(t)$。显然,y_t 的取值是一个序列。当自变量由 t 改变到 $t+1$ 时,相应的函数值之差称为函数 $y_t=f(t)$ 在 t 处的一阶差分,记作 Δy_t,即

$$\Delta y_t=y_{t+1}-y_t=f(t+1)-f(t)$$

按一阶差分的定义方式,可以定义函数的高阶差分。函数 $y_t=f(t)$ 在 t 处的一阶差分的差分为函数在 t 处的二阶差分,记作 $\Delta^2 y_t$,即

$$\begin{aligned}\Delta^2 y_t &=\Delta(\Delta y_t)=\Delta y_{t+1}-\Delta y_t=(y_{t+2}-y_{t+1})-(y_{t+1}-y_t)\\ &=y_{t+2}-2y_{t+1}+y_t\end{aligned}$$

依次定义函数 $y_t=f(t)$ 在 t 处的三阶差分为

$$\begin{aligned}\Delta^3 y_t &= \Delta(\Delta^2 y_t)=\Delta^2 y_{t+1}-\Delta^2 y_t=\Delta y_{t+2}-2\Delta y_{t+1}+\Delta y_t \\ &= y_{t+3}-3y_{t+2}+3y_{t+1}-y_t\end{aligned}$$

一般地，函数 $y_t=f(t)$ 在 t 处的 $n(n\in\mathbf{N}^+)$ 阶差分定义为

$$\begin{aligned}\Delta^n y_t &= \Delta(\Delta^{n-1} y_t)=\Delta^{n-1} y_{t+1}-\Delta^{n-1} y_t \\ &= \sum_{k=0}^{n}(-1)^k \frac{n(n-1)\cdots(n-k+1)}{k!} y_{t+n-k} \\ &= \sum_{k=0}^{n}(-1)^k C_n^k y_{t+n-k}\end{aligned}$$

上式表明，函数 $y_t=f(t)$ 在 t 处的 n 阶差分是该函数的 n 个函数值 $y_{t+n},y_{t+n-1},\cdots,y_t$ 的线性组合。

例 7.1　设 $y_t=t^2+2t-3$，求 Δy_t，$\Delta^2 y_t$。

解　$\Delta y_t=y_{t+1}-y_t=[(t+1)^2+2(t+1)-3]-(t^2+2t-3)=2t+3$

$$\begin{aligned}\Delta^2 y_t &= \Delta(\Delta y_t)=y_{t+2}-2y_{t+1}+y_t \\ &= [(t+2)^2+2(t+2)-3]-2[(t+1)^2+2(t+1)-3]+t^2+2t-3=2\end{aligned}$$

差分的性质：

(1) $\Delta(Cy_t)=C\Delta y_t$（C 为常数）

(2) $\Delta(y_t\pm z_t)=\Delta y_t\pm\Delta z_t$

(3) $\Delta(y_t\cdot z_t)=z_t\Delta y_t+y_{t+1}\Delta z_t$

(4) $\Delta\left(\dfrac{y_t}{z_t}\right)=\dfrac{z_t\Delta y_t-y_t\Delta z_t}{z_{t+1}\cdot z_t}\ (z_t\neq 0)$

$z_t=g(t)$ 是 t 的函数。

2. 差分方程的基本概念

含有自变量和多个点的未知函数值的函数方程称为差分方程。差分方程中实际所含差分的最高阶数，称为差分方程的阶数。或者说，差分方程中未知函数下标的最大差数，称为差分方程的阶数。n 阶差分方程的一般形式可表示为

$$\Phi(t,y_t,\Delta y_t,\Delta^2 y_t,\cdots\Delta^n y_t)=0 \tag{7.1}$$

或

$$F(t,y_t,y_{t+1},\cdots y_{t+n})=0 \tag{7.2}$$

若把函数 $y_t=\varphi(t)$ 代入上述差分方程(7.1)或(7.2)中，使其成为恒等式，则称 $y_t=\varphi(t)$ 为差分方程的解。含有任意常数的个数等于差分方程的阶数的解，称为差分方程的通解；给任意常数以确定值的解，称为差分方程的特解；用以确定通解中任意常数的条件称为初始条件。

一阶差分方程的初始条件为一个，一般是 $y_0=a_0$（a_0 是常数）；二阶差分方程的初始条件为两个，一般是 $y_0=a_0$，$y_1=a_1$（a_0，a_1 是常数）；……依此类推。

7.1.2　线性差分方程解的基本定理

现在以二阶线性差分方程为例来讨论线性差分方程解的基本定理，对于任意 n 阶线性差分方程都有类似结论。

二阶线性差分方程的一般形式为

$$y_{t+2}+a(t)y_{t+1}+b(t)y_t=f(t) \tag{7.3}$$

其中，$a(t)$，$b(t)$和 $f(t)$均为 t 的已知函数，且 $b(t)\neq 0$。若 $f(t)\neq 0$，则式(7.3)称为二阶非齐次线性差分方程；若 $f(t)\equiv 0$，则式(7.3)变为

$$y_{t+2}+a(t)y_{t+1}+b(t)y_t=0 \tag{7.4}$$

称其为二阶齐次线性差分方程。

定理 7.1　若函数 $y_1(t)$，$y_2(t)$是二阶齐次线性差分方程(7.4)的解，则

$$y(t)=C_1y_1(t)+C_2y_2(t)$$

也为该方程的解，其中 C_1 和 C_2 是任意常数。

定理 7.2(齐次线性差分方程解的结构定理)　若函数 $y_1(t)$和 $y_2(t)$是二阶齐次线性差分方程(7.4)的两个线性无关的特解，则 $y_C(t)=C_1y_1(t)+C_2y_2(t)$是该方程的通解，其中 C_1 和 C_2 是任意常数。

定理 7.3(非齐次线性差分方程解的结构定理)　若 $y^*(t)$是二阶非齐次线性差分方程(7.3)的一个特解，$y_C(t)$是齐次线性差分方程(7.4)的通解，则差分方程(7.3)的通解为

$$y_t=y_C(t)+y^*(t)$$

定理 7.4(解的叠加原理)　若函数 $y_1^*(t)$和 $y_2^*(t)$分别是二阶非齐次线性差分方程 $y_{t+2}+a(t)y_{t+1}+b(t)y_t=f_1(t)$与 $y_{t+2}+a(t)y_{t+1}+b(t)y_t=f_2(t)$的特解，则 $y_1^*(t)+y_2^*(t)$是差分方程 $y_{t+2}+a(t)y_{t+1}+b(t)y_t=f_1(t)+f_2(t)$的特解。

习题 7.1

1. 求下列函数的差分方程。

(1) $y=C$(C 为常数)

(2) $y=t^3$

(3) $y=a^x$($a>0$ 且 $a\neq 1$)

(4) $y=\sin t$

2. 证明下列等式，设 $u=u(t)$，$v=v(t)$：

(1) $\Delta(uv)_t=u_{t+1}\Delta v_t+v_t\Delta u_t$

(2) $\Delta\left(\dfrac{u}{v}\right)_t=\dfrac{v_t\Delta u_t-u_t\Delta v_t}{v_{t+1}\cdot v_t}$

3. 确定下列差分方程的阶数。

(1) $y_{t+2}-t^2y_{t+1}+3y_t=\sin t$

(2) $y_{t+2}-y_{t+1}=2$

(3) $y_{t+1}-y_{t-2}-y_{t-3}=0$

7.2　一阶常系数线性差分方程

一阶常系数线性差分方程的一般形式为

$$y_{t+1}-ay_t=f(t) \tag{7.5}$$

其中，常数 $a\neq 0$，$f(t)$ 为 t 的已知函数，当 $f(t)\neq 0$ 时，式(7.5)称为一阶非齐次线性差分方程；当 $f(t)\equiv 0$ 时，差分方程

$$y_{t+1}-ay_t=0 \tag{7.6}$$

称为与一阶非齐次线性差分方程对应的一阶齐次线性差分方程。

7.2.1　求一阶齐次线性差分方程的通解

通常有如下两种求一阶齐次线性差分方程通解的方法。

1. 迭代法

设 y_0 已知，则

$$y_n=ay_{n-1}=a^2y_{n-2}=\cdots=a^ny_0$$

一般地，$y_t=a^ty_0(t=0,1,2,\cdots)$为方程(7.6)的解。

2. 特征方程法

设 $Y=\lambda^t(\lambda\neq 0)$是方程(7.6)的解，代入该方程得

$$\lambda^{t+1}-a\lambda^t=0(\lambda\neq 0) \tag{7.7}$$

求解该方程得 $\lambda=a$。

分别称方程(7.7)及其根为方程(7.6)的特征方程和特征根，故 $y_t=a^t$ 为方程(7.6)的解。再由解的结构及通解的定义知：$y_t=Ca^t$（C 为任意常数）是齐次线性差分方程(7.6)的通解。

7.2.2　求一阶非齐次线性差分方程的通解

现在考虑一阶常系数非齐次线性差分方程(7.5)，该方程的右端项 $f(t)$ 为某些特殊形式的函数时的特解。

1. $f(t)=c$ 时

$f(t)=c$（c 为任意常数），则差分方程(7.5)为

$$y_{t+1}-ay_t=c \tag{7.8}$$

(1)迭代法。给定初值 y_0，有迭代公式

$$
\begin{aligned}
y_t &= ay_{t-1}+c=a(ay_{t-2}+c)+c \\
&= a^2y_{t-2}+c(1+a) \\
&= a^3y_{t-3}+c(1+a+a^2) \\
&= \cdots = a^t y_0 + c(1+a+a^2+\cdots a^{t-1})
\end{aligned}
$$

从而得到

$$
y_t=\begin{cases} y_0+ct, & a=1 \\ y_0a^t+c\dfrac{1-a^t}{1-a}, & a\neq 1 \end{cases}
$$

(2)一般求解法。设差分方程(7.8)具有形如

$$y_t^*=kt^s(k\text{ 为任意常数})$$

的特解。($a\neq1$ 时取 $s=0$,$a=1$ 时取 $s=1$。)

当 $a\neq1$ 时,令 $y_t^*=k$ 并代入方程(7.8),得

$$k-ak=c\text{,即 }y_t^*=k=\frac{c}{1-a}$$

当 $a=1$ 时,令 $y_t^*=kt$ 并代入方程(7.8),得

$$k(t+1)-akt=c\text{,即 }k=c$$

2. $f(t)=cb^t$ 时

$f(t)=cb^t$($c,b\neq1$ 为常数),则方程(7.5)为

$$y_{t+1}-ay_t=cb^t \tag{7.9}$$

设差分方程(7.9)具有形如 $y_t^*=kt^sb^t$ 的特解。($b\neq a$ 时取 $s=0$,$b=a$ 时取 $s=1$。)

(1)当 $b\neq a$ 时,令 $y_t^*=kb^t$,代入方程(7.9),得

$$kb^{t+1}-akb^t=cb^t\text{,即 }k(b-a)=c$$

故有

$$y_t^*=\frac{c}{b-a}b^t$$

(2)当 $b=a$ 时,令 $y_t^*=ktb^t$,代入方程(7.9),得

$$k(t+1)b^{t+1}-aktb^t=cb^t$$

故有

$$y_t^*=\frac{c}{a}tb^t=ctb^{t-1}$$

于是,当 $b\neq a$ 和 $b=a$ 时,方程(7.9)的通解分别为

$$y_t=\frac{c}{b-a}b^t+Aa^t(A\text{ 为任意常数})$$

$$y_t=ctb^{t-1}+Aa^t(A\text{ 为任意常数})$$

3. $f(t)=ct^n$ 时

$f(t)=ct^n$(c 为常数),则差分方程(7.5)变为

$$y_{t+1}-ay_t=ct^n \tag{7.10}$$

设差分方程(7.10)具有形如

$$y_t^*=t^s(B_0+B_1t+\cdots+B_nt^n)$$

的特解($a\neq1$ 时取 $s=0$,$a=1$ 时取 $s=1$)。将该特解代入差分方程(7.10)后比较两端同次项系数,确定系数 $B_0,B_1,\cdots B_n$,即可求得特解表达式。

综上所述,有如下结论:若

$$f(t)=P_m(t)\lambda^t$$

其中,λ 为常数,$P_m(t)$为 m 次多项式,则方程(7.5)为

$$y_{t+1}-ay_t=P_m(t)\lambda^t \tag{7.11}$$

设差分方程(7.11)具有形如 $y_t^*=Q_n(t)\lambda^t$($Q_n(t)$为 n 次多项式)的特解,并将其代入方程(7.11),得

$$Q_n(t+1)\lambda^{t+1}-aQ_n(t)\lambda^t=P_m(t)\lambda^t$$

约去 λ^t,得

$$\lambda Q_n(t+1)-aQ_n(t)=P_m(t) \tag{7.12}$$

假设 $Q_n(t)=a_0+a_1t+\cdots+a_nt^n(a_n\neq0)$,则 $Q_n(t+1)$和 $Q_n(t)$的最高次项系数均为 a_n。当$\lambda=a$ 时,式(7.12)左端为 $n-1$ 次多项式,要使式(7.12)成立,则要求 $n-1=m$,故可设差分方程(7.5)具有形如 $y_t^*=t^sQ_m(t)\lambda^t$ 的特解。(当 $\lambda=a$ 时取 $s=1$,否则,取 $s=0$。)

例 7.2　求差分方程 $y_{t+1}+y_t=2^t$ 的通解。

解　特征方程为 $\lambda+1=0$,特征根 $\lambda=-1$。设齐次线性差分方程的通解为

$$y_C=C(-1)^t$$

由于 $f(t)=2^t=\rho^tP_0(t)$,$\rho=2$ 不是特征根,因此设非齐次线性差分方程特解的形式为

$$y^*(t)=B2^t$$

将其代入原方程,有

$$B2^{t+1}+B2^t=2^t$$

解得 $B=\frac{1}{3}$,所以 $y^*(t)=\frac{1}{3}2^t$。于是,所求通解为

$$y_t=y_C+y^*(t)=C(-1)^t+\frac{1}{3}2^t(C\text{ 为任意常数})$$

例 7.3　求差分方程 $y_{t+1}-y_t=3+2t$ 的通解。

解　特征方程为 $\lambda-1=0$,特征根 $\lambda=1$。齐次线性差分方程的通解为

$$y_C=C$$

由于 $f(t)=3+2t=\rho^tP_1(t)$,$\rho=1$ 是特征根,因此非齐次线性差分方程的特解为

$$y^*(t)=t(B_0+B_1t)$$

将其代入已知差分方程得

$$B_0+B_1+2B_1t=3+2t$$

比较该方程两端关于 t 的同幂次的系数，可解得 $B_0=2,B_1=1$，故 $y^*(t)=2t+t^2$。于是，所求通解为

$$y_t=y_C+y^*=C+2t+t^2(C\text{ 为任意常数})$$

例 7.4 求差分方程 $3y_t-3y_{t-1}=t3^t+1$ 的通解。

解 将已知方程改写为 $3y_{t+1}-3y_t=(t+1)3^{t+1}+1$，即 $y_{t+1}-y_t=(t+1)3^t+\frac{1}{3}$。求解如下两个方程

$$y_{t+1}-y_t=3^t(t+1) \tag{7.13}$$

$$y_{t+1}-y_t=\frac{1}{3} \tag{7.14}$$

(1)对方程(7.13)：特征根 $\lambda=1,f(t)=3^t(t+1)=\rho^tP_1(t),\rho=3$ 不是特征根，设特解为 $y_1^*(t)=3^t(B_0+B_1t)$，将其代入方程(7.13)有

$$3^{t+1}[B_0+B_1(t+1)]-3^t(B_0+B_1t)=3^t(t+1)$$

可解得 $B_0=-\frac{1}{4},B_1=\frac{1}{2}$，故有

$$y_1^*(t)=3^t\left(-\frac{1}{4}+\frac{1}{2}t\right)$$

(2)对方程(7.14)：特征根 $\lambda=1,f(t)=\frac{1}{3}=\rho^tP_0(t),\rho=1$ 是特征根，设特解为 $y_2^*(t)=Bt$，将其代入方程(7.14)解得 $B=\frac{1}{3}$，于是有

$$y_2^*(t)=\frac{1}{3}t$$

因为齐次线性差分方程的通解为 $y_C(t)=C$，故所求通解为

$$y_t=y_C+y_1^*+y_2^*=C+3^t\left(\frac{1}{2}t-\frac{1}{4}\right)+\frac{1}{3}t(C\text{ 为任意常数})$$

习题 7.2

1. 求下列差分方程的通解。

(1) $y_{t+1}-5y_t=3$

(2) $y_{t+1}+y_t=2^t$

7.3 二阶常系数线性差分方程

二阶常系数线性差分方程的一般形式为

$$y_{t+2}+ay_{t+1}+by_t=f(t) \tag{7.15}$$

其中，a，b 为已知常数，且 $b\neq 0$；$f(t)$为已知函数。与方程(7.15)相对应的二阶齐次线性差分方程为

$$y_{t+2}+ay_{t+1}+by_t=0 \tag{7.16}$$

7.3.1　求二阶齐次线性差分方程的通解

为了求出二阶齐次线性差分方程(7.16)的通解，首先要求出两个线性无关的特解。与一阶齐次线性差分方程同样分析，设方程(7.16)有特解

$$y_t=\lambda^t$$

其中，λ 是非零待定常数。将其代入方程(7.16)，有

$$\lambda^t(\lambda^2+a\lambda+b)=0$$

因为 $\lambda^t\neq 0$，所以 $y_t=\lambda^t$ 是方程(7.16)的解的充要条件是

$$\lambda^2+a\lambda+b=0 \tag{7.17}$$

称二次代数方程(7.17)为差分方程(7.16)的特征方程，对应的根称为特征根。

1. 特征方程有相异实根 λ_1 与 λ_2

特征方程有相异实根 λ_1 与 λ_2 时，齐次线性差分方程(7.16)有两个特解 $y_1(t)=\lambda_1^t$ 和 $y_2(t)=\lambda_2^t$，且它们线性无关。于是，其通解为

$$y_C(t)=C_1\lambda_1^t+C_2\lambda_2^t\ (C_1, C_2\text{ 为任意常数})$$

2. 特征方程有同根 $\lambda_1=\lambda_2$

特征方程有同根 $\lambda_1=\lambda_2$ 时，$\lambda_1=\lambda_2=-\frac{1}{2}a$，齐次线性差分方程(7.16)有一个特解

$$y_1(t)=\left(-\frac{1}{2}a\right)^t$$

直接验证可知 $y_2(t)=t\left(-\frac{1}{2}a\right)^t$ 也是齐次线性差分方程(7.16)的特解。显然，$y_1(t)$ 与 $y_2(t)$线性无关。于是，齐次线性差分方程(7.16)的通解为

$$y_C(t)=(C_1+C_2t)\left(-\frac{1}{2}a\right)^t\ (C_1, C_2\text{ 为任意常数})$$

3. 特征方程有共轭复根 $\alpha\pm i\beta$

特征方程有共轭复根 $\alpha\pm i\beta$ 时，直接验证可知，齐次线性差分方程(7.16)有两个线性无关的特解

$$y_1(t)=r^t\cos\omega t,\quad y_2(t)=r^t\sin\omega t$$

其中，$r=\sqrt{b}=\sqrt{\alpha^2+\beta^2}$；$\omega$ 由 $\tan\omega=\frac{\beta}{\alpha}=-\frac{1}{a}\sqrt{4b-a^2}$ 确定，$\omega\in(0,\pi)$。于是，齐次线性差分方程(7.16)的通解为

$$y_C(t)=r^t(C_1\cos\omega t+C_2\sin\omega t)\ (C_1, C_2\text{ 为任意常数})$$

例 7.5　求差分方程 $y_{t+2}-6y_{t+1}+9y_t=0$ 的通解。

解　特征方程是 $\lambda^2-6\lambda+9=0$，特征根为二重根 $\lambda_1=\lambda_2=3$，于是，所求通解为

$$y_C(t)=(C_1+C_2t)3^t\ (C_1,C_2\text{ 为任意常数})$$

例 7.6　求差分方程 $y_{t+2}-4y_{t+1}+16y_t=0$ 满足初值条件 $y_0=1, y_1=2+2\sqrt{3}$ 的特解。

解　特征方程为 $\lambda^2-4\lambda+16=0$，其有一对共轭复根 $\lambda_{1,2}=2\pm2\sqrt{3}\mathrm{i}$。令 $r=\sqrt{16}=4$，由 $\tan\omega=-\frac{1}{a}\sqrt{4b-a^2}$，得 $\omega=\frac{\pi}{3}$。于是原方程的通解为

$$y_C(t)=4^t\left(C_1\cos\frac{\pi}{3}t+C_2\sin\frac{\pi}{3}t\right)$$

将初值条件 $y_0=1, y_1=2+2\sqrt{3}$ 代入上式解得 $C_1=1, C_2=1$，于是所求特解为

$$y(t)=4^t\left(\cos\frac{\pi}{3}t+\sin\frac{\pi}{3}t\right)$$

7.3.2　求二阶非齐次线性差分方程的通解

根据二阶非齐次线性差分方程通解的结构，只需要求出该方程的一个特解，加上该方程对应的齐次线性差分方程的通解即可。利用待定系数法可求出 $f(t)$ 的几种常见形式的二阶非齐次线性差分方程的特解，如表 7.1 所示。

表 7.1　二阶非齐次线性差分方程的通解结构

$f(t)$ 的形式	确定待定特解的条件	待定特解的形式	
$\rho^t P_m(t)\quad(\rho>0)$，$P_m(t)$ 是 m 次多项式	ρ 不是特征根	$\rho^t Q_m(t)$	$Q_m(t)$ 是待定的 m 次多项式
	ρ 是单特征根	$\rho^t t Q_m(t)$	
	ρ 是二重特征根	$\rho^t t^2 Q_m(t)$	
cd^t	d 不是特征根	Ad^t	A 是待定常数
	d 是单特征根	Atd^t	
	d 是二重特征根	$At^2 d^t$	
$b_1\cos\theta t+b_2\sin\theta t$	$r=\cos\theta+\mathrm{i}\sin\theta$ 不是特征根	$A\cos\theta t+B\sin\theta t$	A, B 是待定常数
	$r=\cos\theta+\mathrm{i}\sin\theta$ 是单特征根	$t(A\cos\theta t+B\sin\theta t)$	
	$r=\cos\theta+\mathrm{i}\sin\theta$ 是二重特征根	$t^2(A\cos\theta t+B\sin\theta t)$	

例 7.7　求差分方程 $y_{t+2}-y_{t+1}-6y_t=3^t(2t+1)$ 的通解。

解　特征根为 $\lambda_1=-2,\lambda_2=3$，$f(t)=3^t(2t+1)=\rho^tP_1(t)$，其中 $m=1,\rho=3$。因 $\rho=3$ 是单根，故设特解为

$$y^*(t)=3^tt(B_0+B_1t)$$

将其代入原差分方程得

$$3^{t+2}(t+2)[B_0+B_1(t+2)]-3^{t+1}(t+1)[B_0+B_1(t+1)]-6\cdot 3^tt(B_0+B_1t)=3^t(2t+1)$$

即

$$(30B_1t+15B_0+33B_1)3^t=3^t(2t+1)$$

解得

$$B_0=-\frac{2}{25},B_1=\frac{1}{15}$$

因此特解为

$$y^*(t)=3^tt\left(\frac{1}{15}t-\frac{2}{25}\right)$$

所求通解为

$$y_t=y_C+y^*=C_1(-2)^t+C_23^t+3^tt\left(\frac{1}{15}t-\frac{2}{25}\right)(C_1,C_2\text{ 为任意常数})$$

例 7.8　求差分方程 $y_{t+2}-6y_{t+1}+9y_t=3^t$ 的通解。

解　特征根为 $\lambda_1=\lambda_2=3$，$f(t)=3^t=\rho^tP_0(t)$，其中 $m=0,\rho=3$。因 $\rho=3$ 为二重根，应设特解为

$$y^*(t)=Bt^23^t$$

将其代入差分方程得

$$B(t+2)^23^{t+2}-6B(t+1)^23^{t+1}+9Bt^23^t=3^t$$

解得 $B=\frac{1}{18}$，特解为 $y^*(t)=\frac{1}{18}t^23^t$，所求通解为

$$y_t=y_C+y^*=(C_1+C_2t)3^t+\frac{1}{18}t^23^t(C_1,C_2\text{ 为任意常数})$$

例 7.9　求差分方程 $y_{t+2}-3y_{t+1}+3y_t=5$ 满足初值条件 $y_0=5,y_1=8$ 的特解。

解　特征根为 $\lambda_{1,2}=\frac{3}{2}\pm\frac{\sqrt{3}}{2}\mathrm{i}$。因为 $r=\sqrt{3}$，由 $\tan\omega=\frac{\sqrt{3}}{3}$，得 $\omega=\frac{\pi}{6}$。所以齐次线性差分方程的通解为

$$y_C(t)=(\sqrt{3})^t\left(C_1\cos\frac{\pi}{6}t+C_2\sin\frac{\pi}{6}t\right)(C_1,C_2\text{ 为任意常数})$$

$f(t)=5=\rho^tP_0(t)$，其中 $m=0,\rho=1$。因 $\rho=1$ 不是特征根，故设特解 $y^*(t)=B$。将其代入差分方程得 $B-3B+3B=5$，从而 $B=5$。于是所求特解 $y^*(t)=5$，因此原差分方程的通解为

$$y(t)=(\sqrt{3})^t\left(C_1\cos\frac{\pi}{6}t+C_2\sin\frac{\pi}{6}t\right)+5$$

将 $y_0=5,y_1=8$ 分别代入上式，解得 $C_1=0,C_2=2\sqrt{3}$，故所求特解为

$$y^*(t)=2(\sqrt{3})^{t+1}\sin\frac{\pi}{6}t+5$$

习题 7.3

1. 求下列差分方程的特解。

(1) $y_{t+2}-4y_{t+1}+16y_t=0(y_0=0,y_1=1)$

(2) $y_{t+2}-4y_{t+1}+4y_t=0(y_0=0,y_1=1)$

(3) $y_{t+2}+3y_{t+1}-\frac{7}{4}y_t=9(y_0=6,y_1=3)$

7.4 差分方程的稳定性

前三节内容分别介绍了 n 阶差分方程 $F(t,y_t,y_{t+1},\cdots y_{t+n})=0$ 的相关概念及一阶、二阶常系数线性差分方程的求解方法。本节介绍 n 阶差分方程的稳定性相关概念。

若 $x_0,x_1,\cdots,x_{k-1}$ 已知，则形如

$$x_{n+k}=g(n;x_n,x_{n+1},\cdots,x_{n+k-1})$$

的差分方程的求解可以在计算机上实现。

若有常数 a 是差分方程(7.2)的解，即

$$F(n;a,a,\cdots,a)=0$$

则称 a 是差分方程(7.2)的平衡点。

若对差分方程(7.2)的任意由初始条件确定的解 $x_n=x(n)$ 都有

$$x_n\to a(n\to\infty)$$

则称这个平衡点 a 是稳定的。

一阶常系数线性差分方程

$$x_{n+1}+ax_n=b \tag{7.18}$$

其中，a,b 为常数。其 $a\neq-1,0$ 的通解为

$$x_n=C(-a)^n+\frac{b}{(a+1)}$$

易知 $\frac{b}{a+1}$ 是其平衡点，由上式知，当且仅当 $|a|<1$ 时，$\frac{b}{a+1}$ 是方程(7.18)稳定的平衡点。

二阶常系数线性差分方程

$$x_{n+2}+ax_{n+1}+bx_n=r \tag{7.19}$$

其中，a,b,r 为常数。

当 $r=0$ 时，方程(7.19)有一特解 $x^*=0$；

当 $r\neq0$，且 $a+b+1\neq0$ 时，方程(7.19)有一特解 $x^*=r/(a+b+1)$。

不管是哪种情形，x^* 都是方程(7.19)的平衡点。设该方程的特征方程 $\lambda^2+a\lambda+b=0$

的两个根分别为 $\lambda=\lambda_1,\lambda=\lambda_2$，则

(1)当 λ_1,λ_2 是两个不同实根时，二阶常系数线性差分方程(7.19)的通解为

$$x_n=x^*+C_1\lambda_1^n+C_2\lambda_2^n$$

(2)当 λ_1,λ_2 是两个相同实根时，二阶常系数线性差分方程(7.19)的通解为

$$x_n=x^*+(C_1+C_2n)\lambda^n$$

(3)当 $\lambda_{1,2}=\rho(\cos\theta+\mathrm{i}\sin\theta)$是一对共轭复根时，二阶常系数线性差分方程(7.19)的通解为

$$x_n=x^*+\rho^n(C_1\cos n\theta+C_2\sin n\theta)$$

易知，当且仅当特征方程的任意特征根 $|\lambda_i|<1$ 时，平衡点 x^* 是稳定的。

对于一阶非线性差分方程

$$x_{n+1}=f(x_n) \tag{7.20}$$

其平衡点 x^* 由代数方程

$$x=f(x) \tag{7.21}$$

解出。

为分析方程(7.20)的平衡点 x^* 的稳定性，将上述差分方程近似为一阶常系数线性差分方程

$$x_{n+1}=f'(x^*)(x_n-x^*)+f(x^*) \tag{7.22}$$

当 $|f'(x^*)|\neq 1$ 时，上述近似线性差分方程(7.22)与原非线性差分方程(7.20)的稳定性相同，因此：

当 $|f'(x^*)|<1$ 时，x^* 是稳定的；

当 $|f'(x^*)|>1$ 时，x^* 是不稳定的。

例 7.10　连续形式的阻滞增长模型(逻辑斯谛模型)。

$x(t)$为某种群 t 时刻的人口数量：

$$x'(t)=rx\left(1-\frac{x}{N}\right)$$

$t\to\infty,x\to N$，则 $x=N$ 是稳定平衡点(与 r 的大小无关)。

y_k 为某种群第 k 代的人口数量：

$$y_{k+1}-y_k=ry_k\left(1-\frac{y_k}{N}\right),\quad k=1,2,\cdots$$

若 $y_k=N$，则 y_{k+1},y_{k+2}都等于 N，从而 $y^*=N$ 是平衡点。

下面讨论平衡点的稳定性，即当 $k\to\infty$时 y_k 是否趋于 N，由

$$y_{k+1}=(r+1)y_k\left[1-\frac{r}{(r+1)N}y_k\right] \tag{7.23}$$

作变量变换 $x_k=\frac{r}{(r+1)N}y_k,b=r+1$，得

$$x_{k+1}=bx_k(1-x_k) \tag{7.24}$$

得到(7.24)的平衡点 $x^*=\frac{r}{r+1}=1-\frac{1}{b}$，方程(7.24)是一阶非线性差分方程，在利用式(7.24)进行预测时没有必要找出式(7.24)的一般解，因为给定初值 y_0 后可以方便地由式(7.24)递推算出 $y_k,k=0,1,2,\cdots$。

平衡点稳定性分析：对于 $x^*=1-\frac{1}{b}$，由于 $f'(x^*)=b(1-2x^*)=2-b$，根据稳定性条件 $|f'(x^*)|=|2-b|<1$，得到当且仅当 $1<b<3$ 时，x^* 是差分方程(7.24)的稳定平衡点；当 $b>3$ 时，对差分方程(7.24)进行试算，则容易发现 x^* 不再稳定。

(1)当 $1<b<2$ 时，$x^*=1-\frac{1}{b}<\frac{1}{2}$，$k\to\infty$ 时，x_k 单调递增且趋于 x^*，如图 7.1 所示。

(2)当 $2<b<3$ 时，$x^*=1-\frac{1}{b}>\frac{1}{2}$，$k\to\infty$ 时，x_k 呈振荡趋于 x^*，如图 7.2 所示。

(3)当 $b>3$，$k\to\infty$ 时，x_k 不趋于 x^*，如图 7.3 所示。

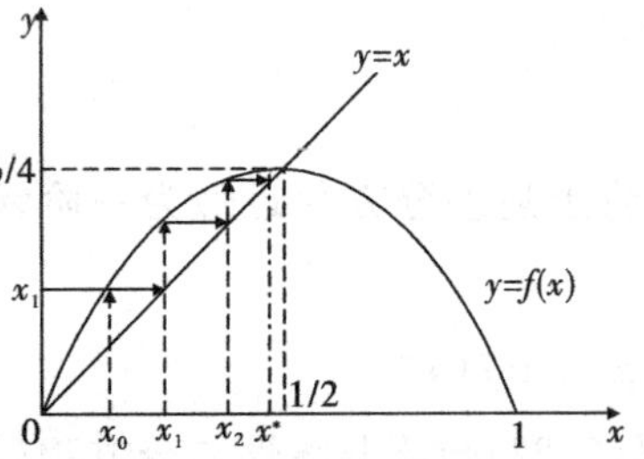

图 7.1　1<b<2 的情况

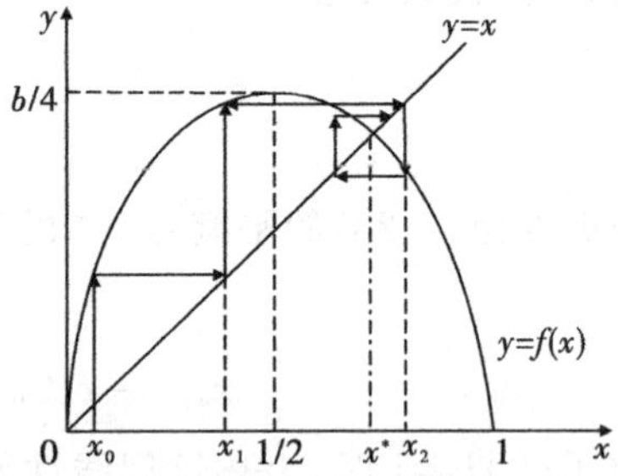

图 7.2　2<b<3 的情况

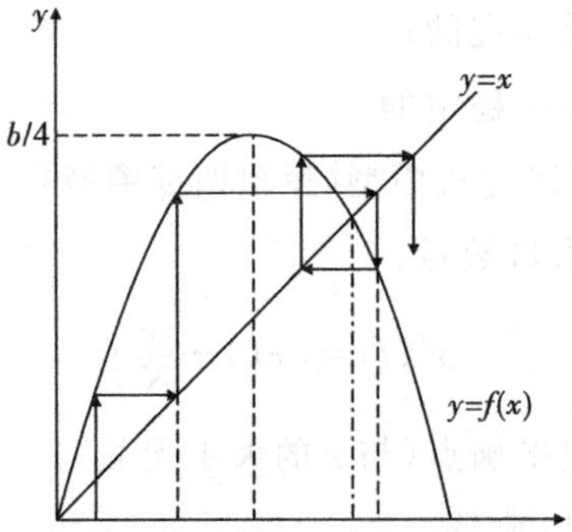

图 7.3　b>3 的情况

数值计算结果为

$$x_{k+1}=bx_k(1-x_k)$$

初值 $x_0=0.2,b<3,x\to x^*=1-\frac{1}{b}$。

当 b 比 3 大得不太多时，虽然序列 $\{x_k\}$ 不再收敛于 $x^*=1-\frac{1}{b}$，但是出现了两个子序列的收敛点 x_1^* 和 x_2^*，当 $k\to\infty$ 时，$x_{2k}\to x_1^*$，$x_{2k+1}\to x_2^*$。通过数值模拟(表 7－2 中数据

为收敛点取值)，当$b=3.3$时，子序列的收敛点 x_1^* 和 x_2^* 分别为 0.8236 和 0.4794，x 有 2 个极限点；当 $b=3.45$ 时，$\{x_k\}$有 4 个极限点；当 $b=3.55$ 时，$\{x_k\}$有 8 个极限点。

表 7-2　数值模拟表

k	$b=1.7$	$b=2.6$	$b=3.3$	$b=3.45$	$b=3.55$
0	0.2000	0.2000	0.2000	0.2000	0.2000
1	0.2720	0.4160	0.5280	0.5520	0.5680
2	0.3366	0.6317	0.8224	0.8532	0.8711
3	0.3796	0.6049	0.4820	0.4322	0.3987
⋮	⋮	⋮	⋮	⋮	⋮
91	0.4118	0.6154	0.4794	0.4327	0.3548
92	0.4118	0.6154	0.8236	0.8469	0.8127
93	0.4118	0.6154	0.4794	0.4474	0.5405
94	0.4118	0.6154	0.8236	0.8530	0.8817
95	0.4118	0.6154	0.4794	0.4327	0.3703
96	0.4118	0.6154	0.8236	0.8469	0.8278
97	0.4118	0.6154	0.4794	0.4474	0.5060
98	0.4118	0.6154	0.8236	0.8530	0.8874
99	0.4118	0.6154	0.4794	0.4327	0.3548
100	0.4118	0.6154	0.8236	0.8469	0.8127

称 $x_k \to x^*=1-\dfrac{1}{b}$是单周期(如生物种群繁殖的周期)收敛的，更多有关倍周期收敛时 x^* 不稳定情况的进一步讨论详见相关文献。

第 8 章

生物数学

8.1 连续单种群模型

连续单种群模型是我们比较熟悉和容易分析的模型，用到的基本数学工具是微分方程。这一节将介绍和分析几个最为经典的单种群模型，其中包括自治马尔萨斯模型（以下省略“自治”）、逻辑斯谛模型及它们的应用与推广模型。

8.1.1 马尔萨斯模型

英国人口学家马尔萨斯(Malthusian)根据百余年的人口统计资料，于 1798 年提出了著名的人口指数增长模型。这个模型的基本假设是人口的增长率为常数，或者说，单位时间内人口的增长量与当时的人口数量成正比。记 $N(t)$ 表示在 t 时刻的人口数量或密度（种群数量或种群密度），b 和 d 分别表示人口的出生率和死亡率，即每一个个体在时间区间 Δt 内单位时间出生或死亡的个体数，则有

$$N(t+\Delta t)-N(t)=bN(t)\Delta t-dN(t)\Delta t \tag{8.1}$$

方程两边同除以 Δt 并令 $\Delta t\to 0$，取极限得

$$\frac{\mathrm{d}N(t)}{\mathrm{d}t}=rN(t) \tag{8.2}$$

其中，$r=b-d$ 是种群的内禀增长率。以上简单的微分方程就是著名的马尔萨斯模型，其解析解可表示为

$$N(t)=N(0)\mathrm{e}^{rt} \tag{8.3}$$

根据参数 b 和 d 的大小，马尔萨斯模型表现出三种不同的动力学行为

$$\lim_{t\to\infty}N(t)=\begin{cases}0, & r<0\\ N(0), & r=0\\ \infty, & r>0\end{cases} \tag{8.4}$$

马尔萨斯模型尽管形式非常简单，但能非常准确地预测早期美国人口增长的规律。

图 8.1 中给出了美国在 1790 到 1860 年间的人口统计数据和相应的模型预测值，表 8.1 给出了相应的数值结果。

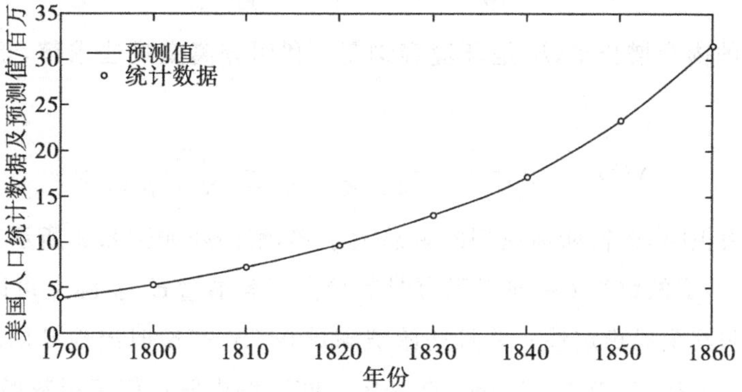

图 8.1　马尔萨斯模型(8.2)当 $r=0.297$ 时的数值解与美国 1790—1860 年的人口统计数据比较

表 8.1　1790—2000 年美国人口统计数据

年份	人口/百万	年份	人口/百万	年份	人口/百万
1790	3.9	1870	38.558	1950	151.33
1800	5.308	1880	50.189	1960	167.32
1810	7.24	1890	62.98	1970	203.3
1820	9.638	1900	76.212	1980	226.54
1830	12.861	1910	92.228	1990	248.71
1840	17.064	1920	106.02	2000	281.42
1850	23.192	1930	123.2		
1860	31.443	1940	132.16		

由式(8.4)可以看出，无论 r 多小，只要种群的内禀增长率 r 大于零，其数量最终都将趋于正无穷。但由于环境的有限性，大多数种群的指数增长都是短时间的，一般指数增长仅发生在早期种群密度较低、资源丰富的情况下，而随着种群密度增大，资源缺乏、代谢产物积累等势必会影响到种群的内禀增长率 r，使其降低，所以常数内禀增长率 r 已不能反映种群长时间的增长规律。

8.1.2　逻辑斯谛模型

当种群数量较少时，种群增长率可以近似地看作常数，而当种群增加到一定数量后，增长率就会随种群数量的增加而逐渐减小。为了使模型更好地符合实际情况，必须修改指数增长模型关于种群增长率是常数的假设。根据种内竞争原理或密度制约效应，假设增长率随着数量的增加而降低，在马尔萨斯模型上施加一个密度制约因子 $\left(1-\frac{N}{K}\right)$ 就得到了生态学上著名的逻辑斯谛方程(模型)：

$$\frac{\mathrm{d}N(t)}{\mathrm{d}t}=rN(t)\left[1-\frac{N(t)}{K}\right] \tag{8.5}$$

其中，r 是种群的内禀增长率；K 是环境容纳量。利用分离变量法求解，得到逻辑斯谛模型的解析解为

$$N(t)=\frac{N_0\mathrm{e}^{rt}}{1+N_0(\mathrm{e}^{rt}-1)/K}=\frac{KN_0}{N_0-(N_0-K)\mathrm{e}^{-rt}} \tag{8.6}$$

当初始值为正时，逻辑斯谛模型的解总大于零，解曲线如图 8.2 所示。从图中可以看出，任何初值大于零的解当 t 趋向于无穷时都趋向于容纳量 K(实际上可以通过构造李雅普诺夫函数证明其全局稳定性)，并且初始值满足 $0<N_0<K$ 时出现 S 形的解曲线。解曲线存在唯一的一个拐点，当 N 很小时，在一定时间范围内解近似于指数增长，然后密度制约影响发生作用，减缓种群数量的增长速率，使其逐渐趋于稳定值。逻辑斯谛模型曲线(S 形曲线)常划分为五个时期：①开始期，也可称潜伏期，种群个体数很少，数量增长缓慢；②加速期，随着个体数增加，种群数量增长逐渐加快；③转折期，当个体数达到饱和数量一半时种群数量增长最快；④减速期，种群数量超过 $K/2$ 以后其增长逐渐变慢；⑤饱和期，种群个体数达到 K 值而饱和，这意味着 K 是种群的稳定值。

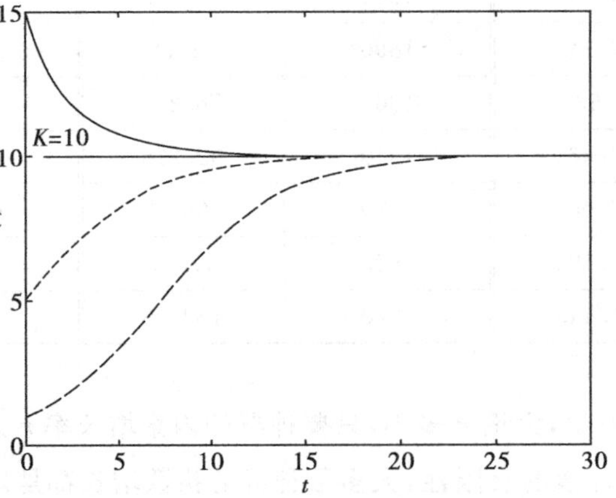

图 8.2　逻辑斯谛模型(8.5)从不同初始值出发的解曲线($r=0.3, K=10$)

逻辑斯谛模型的两个参数 r 和 K 均具有重要的生物学意义。r 是物种的潜在增殖能力，K 是环境容纳量，即物种在给定环境中的平衡数量。但应注意 K 同其他生态学特征一样，也是随环境和资源的改变而改变的。逻辑斯谛模型是多种群增长模型的基础，模型中两个参数 r 和 K 已成为生物进化对策理论中的重要概念。

逻辑斯谛模型作为中长期的预测要比马尔萨斯模型效果好。例如，当利用模型来拟合 1790 年到 2000 年美国人口的数量(见表 8.1)时，逻辑斯谛模型就比较合适。利用美国人口统计资料估计得到 $r=0.03, K=265$，选取 1790 年为初始时刻，1790 年的人口数为初始值，代入逻辑斯谛模型解的表达式中得到

$$N(t)=\frac{265}{1+68e^{-0.03(t-1790)}}$$

利用逻辑斯谛模型预测的美国人口数量变化与实际统计数据的比较见图 8.3，图中的圆圈为统计数据，曲线为预测值。由图 8.3 看出，在 100 年左右的时间内，逻辑斯谛模型的预测值与实际统计数据很接近；在 200 年左右的时间内，逻辑斯谛模型的预测值与实际统计数据误差也不大。

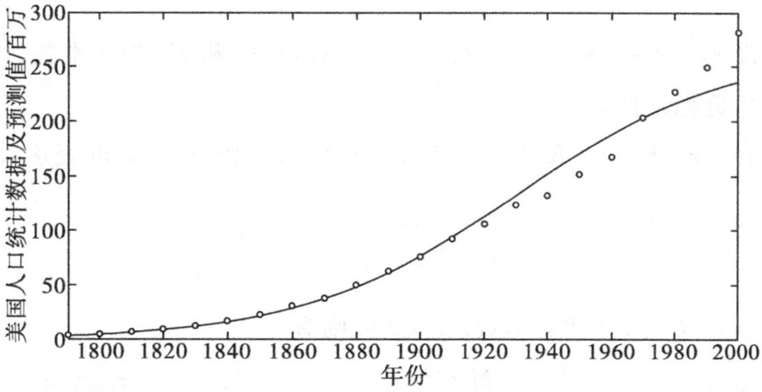

图 8.3　逻辑斯谛模型(8.5)预测值与美国人口统计数据的比较($r=0.03, K=265$)

8.1.3　非自治单种群模型

任何一种生物都不可能脱离特定的生活环境，环境对生物的生长发育、繁殖及存活数量有很大的影响。当考虑生长环境对种群数量或增长规律的影响时，假设种群的增长率和环境容纳量等参数为常数是不实际的，研究参数随时间改变的逻辑斯谛模型：

$$\frac{dN(t)}{dt}=r(t)N(t)\left[1-\frac{N(t)}{K(t)}\right] \tag{8.7}$$

其中，内禀增长率 $r(t)$和环境容纳量 $K(t)$是时间 t 的函数。该方程是伯努利型的，所以对任何定义在 $\mathbf{R}_+=[0,\infty)$上的分段连续函数 $r(t)$和 $K(t)$，模型(8.7)满足初始值(t_0, N_0)的解析解为

$$N(t,t_0,N_0)=\frac{N_0\exp\left(\int_{t_0}^{t} r(s)ds\right)}{1+N_0\int_{t_0}^{t}\exp\left(\int_{t_0}^{s} r(s_1)ds_1\right)\frac{r(s)}{K(s)}ds} \tag{8.8}$$

如果 $r(t)$和 $K(t)$满足如下不等式：

$$\begin{cases} 0<r_*\equiv\inf\limits_{t\in\mathbf{R}_+} r(t)\leqslant r(t)\leqslant r^*\triangleq\sup\limits_{t\in\mathbf{R}_+} r(t)<+\infty \\ 0<K_*\equiv\inf\limits_{t\in\mathbf{R}_+} K(t)\leqslant K(t)\leqslant K^*\triangleq\sup\limits_{t\in\mathbf{R}_+} K(t)<+\infty \end{cases} \tag{8.9}$$

则非自治逻辑斯谛方程(8.7)解的渐近行为与自治逻辑斯谛方程(8.5)相同，故模型(8.7)存在一个解

$$
\begin{cases}
\overline{N}(t,N^*)=\dfrac{N^*\exp\left(\int_0^t r(s)\mathrm{d}s\right)}{1+N^*\int_0^t \exp\left(\int_0^s r(\tau)\mathrm{d}\tau\right)\dfrac{r(s)}{K(s)}\mathrm{d}s} \\
N^*=\int_{-\infty}^0 \exp\left(\int_0^s r(\tau)\mathrm{d}\tau\right)\dfrac{r(s)}{K(s)}\mathrm{d}s
\end{cases}
\tag{8.10}
$$

该解是全局渐近稳定的。进一步地，如果 $r(t)$ 和 $K(t)$ 是周期函数，则解 $\overline{N}(t)$ 也是周期的。

例 8.1　设 $r(t)=r_0$，$K(t)=K_0(1+0.5\cos(t))$，r_0 和 K_0 为正常数，讨论模型(8.7)解的有界性和渐近稳定性。

解　将 $r(t)=r_0$，$K(t)=K_0(1+0.5\cos(t))$ 代入模型(8.7)解的表达式(8.8)得

$$
N(t,N_0)=\frac{N_0\mathrm{e}^{r_0t}}{1+N_0\int_0^t \dfrac{r_0\mathrm{e}^{r_0s}}{K_0(1+0.5\cos(s))}\mathrm{d}s}
$$

当初始值 $N_0>0$ 时，显然有 $N(t,N_0)>0$，则有

$$
\begin{aligned}
N(t,N_0)&=\frac{N_0\mathrm{e}^{r_0t}}{1+N_0\int_0^t \dfrac{r_0\mathrm{e}^{r_0s}}{K_0(1+0.5\cos(s))}\mathrm{d}s}\leqslant\frac{K_0N_0\mathrm{e}^{r_0t}}{K_0+N_0\int_0^t \dfrac{2}{3}r_0\mathrm{e}^{r_0s}\mathrm{d}s} \\
&=\frac{K_0N_0\mathrm{e}^{r_0t}}{K_0+N_0 2(\mathrm{e}^{r_0t}-1)/3}=\frac{K_0N_0}{K_0\mathrm{e}^{-r_0t}+N_0 2(1-\mathrm{e}^{-r_0t})/3}
\end{aligned}
$$

由于 $\dfrac{K_0N_0}{K_0\mathrm{e}^{-r_0t}+N_0 2(1-\mathrm{e}^{-r_0t})/3}$ 是连续函数，且 $\lim\limits_{t\to\infty}\dfrac{K_0N_0}{K_0\mathrm{e}^{-r_0t}+N_0 2(1-\mathrm{e}^{-r_0t})/3}=\dfrac{3K_0}{2}$，所以模型(8.7)的解 $N(t,N_0)$ 是有界的。

将 $r(t)=r_0$，$K(t)=K_0(1+0.5\cos(t))$ 代入模型(8.7)解的表达式(8.10)得

$$
\begin{cases}
\overline{N}(t,N_*)=\dfrac{N^*\exp\left(\int_0^t r(s)\mathrm{d}s\right)}{1+N^*\int_0^t \dfrac{r_0\mathrm{e}^{r_0s}}{K_0(1+0.5\cos(s))}\mathrm{d}s} \\
N^*=\int_{-\infty}^0 \dfrac{r_0\mathrm{e}^{r_0s}}{K_0(1+0.5\cos(s))}\mathrm{d}s
\end{cases}
\tag{8.11}
$$

对任意的初始值 $N_0>0$，由模型(8.7)的解 $N(t,N_0)$ 的有界性知，有常数 $M^*>0$，使得

$$
\frac{N^*\exp\left(\int_0^t r(s)\mathrm{d}s\right)}{1+N^*\int_0^t \dfrac{r_0\mathrm{e}^{r_0s}}{K_0(1+0.5\cos(s))}\mathrm{d}s}<M^*
$$

考虑 $N(t,N_0)$ 和 $N(t,N_*)$ 的差值：

$$
|N(t,N_0)-N(t,N_*)|=\left|\frac{N_0\exp\left(\int_0^t r(s)\mathrm{d}s\right)}{1+N_0\int_0^t \dfrac{r_0\mathrm{e}^{r_0s}}{K_0(1+0.5\cos(s))}\mathrm{d}s}-\frac{N^*\exp\left(\int_0^t r(s)\mathrm{d}s\right)}{1+N^*\int_0^t \dfrac{r_0\mathrm{e}^{r_0s}}{K_0(1+0.5\cos(s))}\mathrm{d}s}\right|
$$

$$=\frac{|N_0-N^*|e^{r_0t}}{\left(1+N_0\int_0^t\frac{r_0e^{r_0s}}{K_0(1+0.5\cos(s))}ds\right)\left(1+N^*\int_0^t\frac{r_0e^{r_0s}}{K_0(1+0.5\cos(s))}ds\right)}<\frac{M^*|N_0-N^*|}{N^*}$$

所以，对任意 $\varepsilon>0$，可以选取 $\delta=\frac{N^*\varepsilon}{M^*}$，当 $|N_0-N^*|<\delta$ 时，对一切 $t\geqslant 0$，有

$$|N(t,N_0)-N(t,N^*)|<\varepsilon$$

则 $N(t,N^*)$ 是稳定的，并且是全局渐近稳定的。

一个有意义的问题：是否在所有条件下非自治系统(8.7)的动态行为与经典的自治逻辑斯谛模型(8.5)相同？为了回答这个问题，考虑下面退化环境下的种群增长方程。退化环境是指函数 $K(t)$ 满足 $K(t)>0, t\in\mathbf{R}_+$ 和 $\lim\limits_{t\to\infty}K(t)=0$。为了描述方便，不妨假设 $r(t)>0, t\in\mathbf{R}_+$，则有如下两个重要的事实。

(1) 如果 $\int_{t_0}^{\infty}r(s)ds=\infty$，则模型(8.7)过初始值，$N_0>0$ 的解满足 $\lim\limits_{t\to\infty}N(t,t_0,N_0)=0$。因此，具有相对大增长率的种群如果在退化环境中生存，该种群将跟随其环境的退化而灭绝，这个结果与预想的相吻合，当然在解(8.8)中利用洛必达法则也容易得到此结果。

(2) 如果 $\int_{t_0}^{\infty}r(s)ds<\infty$，则模型(8.7)过初始值，$N_0>0$ 的解满足 $\lim\limits_{t\to\infty}N(t,t_0,N_0)=N_\infty$，其中 N_∞ 是一个正常数。

当 K 不满足退化环境的假设时上述第二个结论仍成立。进一步如果 $K(t)$ 是一个常数，对任意给定的极限值 N_∞，如果

$$N_\infty<K\left[1-\exp\left(-\int_{t_0}^{\infty}r(s)ds\right)\right]^{-1}\triangleq M$$

则存在解 $N(t)$ 使得 $\lim\limits_{t\to\infty}N(t)=N_\infty$。因此如果 $\int_{t_0}^{\infty}r(s)ds$ 充分小，M 可以任意大且任意初始值大于 K 的解的极限大于 K。对于退化环境，一种可能的结果是任意解的极限值大于环境容纳量的极限值。

如果从生物学的角度去解释这两个结论，就会出现一些有趣的现象。例如一个具有较大增长率的种群可能会灭绝，而一个具有较小增长率的种群却持久且与初始值无关。由于 r 是种群在没有环境压力下的自然增长率，由此可知具有较小内禀增长率的种群即使在非常有利的环境下也是很难持久的，然而却能够在一个退化环境中生存甚至繁荣。这说明并非所有条件下非自治系统(8.7)与经典的逻辑斯谛模型(8.5)的动态行为都相同。

8.1.4 单种群时滞模型

密度制约与时滞有关时，逻辑斯谛模型可以改进为

$$\frac{dN(t)}{dt}=rN(t)\left[1-\frac{N(t-\tau)}{K}\right] \tag{8.12}$$

其中,正常数 r 和 K 与没有时滞的模型的生物意义一致。模型(8.12)表明 t 时刻种群的增长不仅与 t 时刻的种群数量的大小有关,而且与前溯时刻 τ 的种群密度有关。根据时滞微分方程初始函数的定义,结合生物背景,方程(8.12)的初始函数满足

$$N(\theta)=\varphi(\theta)\geqslant 0,\quad \theta\in[-\tau,0],\quad \varphi(\theta)>0 \tag{8.13}$$

其中,φ 是定义在$[-\tau,0]$上的连续函数。模型(8.12)的求解是利用初始函数代入后逐步进行的。

例 8.2 设 $r=1,K=1,\tau=1,\varphi(\theta)=C$、$\theta\in[-1,0]$,求模型(8.12)的解。

解 由于模型(8.12)在$[-1,0]$上的解是已知的,当 $t\in[0,1]$时,$t-1\in[-1,0]$,所以方程(8.12)可简化为$\dfrac{\mathrm{d}N(t)}{\mathrm{d}t}=N(t)(1-C)$,其在$[0,1]$上的解为 $N(t)=Ce^{(1-C)t}$。当 $t\in[1,2]$时,$t-1\in[0,1]$,所以方程(8.12)可简化为$\dfrac{\mathrm{d}N(t)}{\mathrm{d}t}=N(t)(1-Ce^{(1-C)t})$,其在$[1,2]$上的解为 $N(t)=Ce^{1-C}\exp\left[\int_1^t(1-Ce^{(1-C)s})\mathrm{d}s\right]$。一般地,当 $t\in[m,m+1]$上方程(8.12)的解已知时,可以利用简单的积分法得到

$$N(t)=N(m)\exp\left[\int_m^t(1-N(s-1))\mathrm{d}s\right],\quad t\in[m,m+1]$$

将这个过程重复下去,就可以得到方程当 $t\geqslant 0$ 的解。

在实际应用中,可利用计算机循环计算求得方程(8.12)满足初始条件(8.13)的解。

8.2 离散种群模型

由于许多观测和统计数据是在一些离散时间点上获得的,利用离散模型描述生物种群的数量变化规律就是一种自然的选择。离散模型是在一系列离散时间点上记录和描述生物种群数量的变化规律,像一年生植物、一年生殖一次的昆虫、世代不重叠的生物等的增长规律一般用差分方程模型描述。如果种群数目小,出生或死亡是在离散时间出现或者在某一时间间隔形成一代,则离散模型比连续模型能更好地描述种群的增长规律。

8.2.1 离散马尔萨斯和逻辑斯谛模型

离散单种群模型通过该生物种群以前一些时间点的数量推算下一时间点上的数量。如果记 t 时刻生物种群的数量为 N_t,则离散模型的一般形式是

$$N_{t+1}=f(N_t)\text{或 }N_{t+1}=f(N_t,N_{t-1},\cdots N_{t-k}) \tag{8.14}$$

对于不同类型的生物,建立模型的关键点就是根据具体生物的特点给出适当的函数 f,确定模型中的参数和初始值以后,就可以预测种群数量的变化。

例 8.3 已知 1997 年中国人口的数量为 12.3626 亿(具体统计数据参看表 8.2),出生率为 14.5‰,死亡率为 6.5‰,利用离散模型描述我国人口的变化情况。

表 8.2　离散模型预测得到的中国人口数据和实际统计结果的比较

年份	统计值/亿	预测值/亿	年份	统计值/亿	预测值/亿
1997	12.3626	—	2005	13.0756	13.1763
1998	12.4761	12.4615	2006	13.1448	13.2817
1999	12.5789	12.5612	2007	13.2129	13.3880
2000	12.6743	12.6617	2008	13.2802	13.4951
2001	12.7627	12.7630	2009	—	13.6030
2002	12.8453	12.8651	2010	—	13.7119
2003	12.9227	12.968	2011	—	13.8216
2004	12.9988	13.0717	2012	—	13.9322

解　取 1 年为时间单位，记第 t 年中国人口的数量为 N_t。假设一年内新出生的人口和死亡的人口与现有的人口成比例，忽略迁移的人口，则下一年的人口数量等于当年的人口数加上新出生的人口，再减去死亡的人口，即

$$N_{t+1}=N_t+bN_t-dN_t \text{ 或 } N_{t+1}=(1+r)N_t \tag{8.15}$$

其中，b 为出生率；d 为死亡率；$r=b-d$ 为人口的内禀增长率。模型(8.15)称为离散的马尔萨斯模型。取 1997 年为初始时刻，则有

$$N_{1997}=12.3626,\quad b=0.0145,\quad d=0.0065,\quad r=0.008$$

模型为

$$N_{t+1}=1.008N_t,\quad N_{1997}=12.3626 \tag{8.16}$$

利用模型(8.16)预测得到的中国人口数据和实际结果的对比见表 8.2。由表 8.2 中的数据看出，预测值在短期内还是比较精确的。

例 8.4　酵母菌的增长：酵母菌增长的统计数据见表 8.3，建立模型预测酵母菌的变化规律。

表 8.3　酵母菌增长的统计数据

时间/h	数量	增量	时间/h	数量	增量	时间/h	数量	增量
0	9.6	8.7	7	257.3	93.4	14	640.8	10.3
1	18.3	10.7	8	350.7	90.3	15	651.1	4.8
2	29.0	18.2	9	441.0	72.3	16	655.9	3.7
3	47.2	23.9	10	513.3	46.4	17	659.6	2.2
4	71.1	48.0	11	559.7	35.1	18	661.8	
5	119.1	55.5	12	594.8	34.6	19		
6	174.6	82.7	13	629.4	11.5	20		

解　记第 t h 酵母菌的数量为 $N(t)$。由于马尔萨斯模型的假设是在单位时间内种群

数量的增长和现有的数量成比例，从表 8.3 中给出的酵母菌在 19 个时间点上的数量和 18 个时间点上的增量数据看出，如果用离散马尔萨斯模型预测酵母菌的变化规律肯定不合适。观察酵母菌的增量数据可以看出，开始和后期增量都比较小，所以假设在单位时间内酵母菌数量的增长和 $N(t)[C-N(t)]$ 成比例，即模型为

$$N(t+1)=N(t)+rN(t)[C-N(t)] \tag{8.17}$$

称式(8.17)为离散逻辑斯谛模型。观察酵母菌数量的增长情况，取 $C=665$，再将表 8.3 中的数据代入模型(8.17)逐个计算 r 的值，最后取这些 r 的平均值得 $r=0.0009$。将这些参数代入模型(8.17)得到酵母菌增长模型为

$$N(t+1)=N(t)+0.0009N(t)[665-N(t)],\quad N(0)=9.6 \tag{8.18}$$

利用模型(8.18)给出的预测结果见图 8.4。

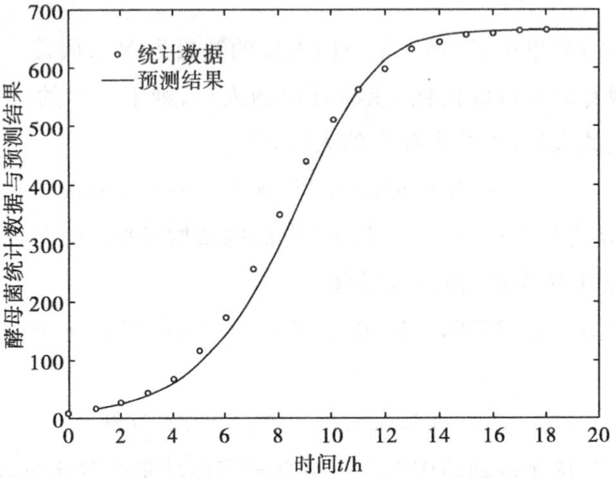

图 8.4　酵母菌模型预测结果及实际统计数据的比较

8.2.2　离散模型的推导过程

从上面的简单离散模型的建立和应用可见，离散模型的发展与连续模型的建立具有类似的技巧。但是离散模型的建立与发展也具有自身独特的规律与特点，本节介绍几种通用离散模型建立的基本方法。

1. 几何法

根据种群增长的密度制约效应，下面从几何直观给出一个常用离散单种群模型的严格推导过程。

由连续逻辑斯谛方程的模型建立及其基本性质知道：种群增长的密度制约效应是指随着时间的增加，种群数量无限地趋向于环境容纳量 K。从数学上可以这样理解，即当时间充分大时，对于任意的时间区间(不妨假设为 1)，有 $N(t)$ 与 $N(t+1)$ 非常接近，其比值趋向于 1。对于具有密度制约效应的离散模型，同样地，当种群数量趋向于环境容纳量时

比值趋向于 1。图 8.5 给出了比率$\frac{N_t}{N_{t+1}}$与 N_t 的函数关系。

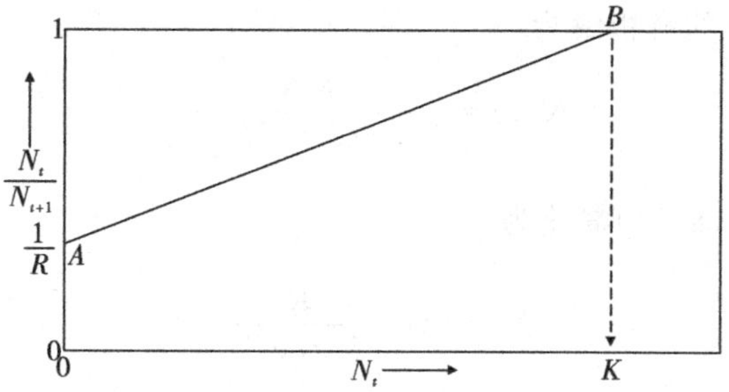

图 8.5　比率$\frac{N_t}{N_{t+1}}$与 N_t 的增长关系

图中的点 A 所代表的生物意义可以这样理解：当种群数量非常小时，种间竞争非常小或没有，此时净增长率 R 不需要任何调节因子。因此，线性模型 $N_{t+1}=RN_t$ 当种群数量非常小时仍然成立，重新改写该方程得到

$$\frac{N_t}{N_{t+1}}=\frac{1}{R}$$

然而，随着种群数量的增加，种间竞争越来越强，净增长率会被密度制约因子所修正，并且一定存在一点使得竞争强到种群的数量不再增长，即$\frac{N_t}{N_{t+1}}$充分接近 1。此时的种群数量达到了种群的环境容纳量 K，即为图 8.5 中的点 B。

从图 8.5 知，当种群数量从 A 增加到 B 时，比率$\frac{N_t}{N_{t+1}}$也一定增加。为了简便起见，假设比率$\frac{N_t}{N_{t+1}}$与 N_t 具有如图 8.5 中的直线关系，该直线的方程为

$$\frac{N_t}{N_{t+1}}=\frac{\left(1-\frac{1}{R}\right)N_t}{K}+\frac{1}{R}$$

简化上式得

$$N_{t+1}=\frac{KRN_t}{K+(R-1)N_t} \tag{8.19}$$

记 $b=(R-1)/K$，则上式可简化为

$$N_{t+1}=\frac{RN_t}{1+bN_t} \tag{8.20}$$

由方程(8.20)看出，当考虑种间竞争时净增长率 R 被因子

$$\frac{R}{1+bN_t}$$

代替，该因子与连续逻辑斯谛模型中的因子 $r\left(1-\frac{N}{K}\right)$具有相同的作用。差分方程(8.19)就是著名的贝弗顿-霍尔特(Beverton - Holt)模型，其动态行为将在稍后做详细的介绍。

2. 解析求解法

下面给出如何从逻辑斯谛模型的解析解得到离散的 Beverton - Holt 模型。根据式(8.6)知逻辑斯谛模型的解析解为

$$N(t)=\frac{KN_0}{N_0+(K-N_0)\mathrm{e}^{-rt}} \tag{8.21}$$

记 $c=\frac{(K-N_0)}{N_0}$,则式(8.21)简化为

$$N(t)=\frac{K}{1+c\mathrm{e}^{-rt}} \tag{8.22}$$

因此有

$$N(t+1)=\frac{K}{1+c\mathrm{e}^{-r(t+1)}}=\frac{KR}{R+c\mathrm{e}^{-rt}},\quad R=\mathrm{e}^r \tag{8.23}$$

由于

$$c\mathrm{e}^{-rt}=\frac{K-N(t)}{N(t)}$$

则当只考虑整数时刻种群的数量 N_t 时,有如下的差分方程

$$N_{t+1}=\frac{RN_t}{1+\dfrac{R-1}{K}N_t}=\frac{KRN_t}{K+(R-1)N_t} \tag{8.24}$$

比较模型(8.19)和模型(8.24),可以看出两种不同的建模方法得到了完全相同的离散模型。由于 Beverton - Holt 模型是由相应逻辑斯谛模型确定的解在整数时刻的迭代关系得到的,因此可以得到这两个模型具有完全相同的数学性质。

3. 分段函数法

上述推导离散 Beverton - Holt 模型完全是基于相应连续逻辑斯谛模型的解析解,寻求其在两个相邻整数点之间的迭代关系而得到的模型。下面从不同的侧面考虑连续到离散的转化,即在一个单位为 1 的时间区间重新考虑逻辑斯谛模型:

$$\frac{\mathrm{d}N(t)}{\mathrm{d}t}=rN(t)\left[1-\frac{N(t)}{K}\right]=N(t)F(N(t)),\quad t\in[n,n+1] \tag{8.25}$$

现在作如下的假设:在一个单位时间内种群的增长调节因子是一个常数,即对所有的 $t\in[n,n+1]$有 $F(N(t))=F(N_n)$。然后从 n 到$(n+1)$积分方程$\frac{\mathrm{d}N(t)}{N(t)}=r\left(1-\frac{N_n}{K}\right)=F(N_n)$,得到著名的离散里克(Ricker)模型

$$N_{n+1}=N_n\exp\left[r\left(1-\frac{N_n}{K}\right)\right] \tag{8.26}$$

4. 导数定义法

实际上推导离散模型的一种最为简洁的方法就是导数定义法。由逻辑斯谛模型(8.5)并根据导数的定义有

$$\frac{N(t+h)-N(t)}{h}=rN(t)\left[1-\frac{N(t)}{K}\right] \tag{8.27}$$

上式描述了在任意一个时间段 h 内种群的变化率。不失一般性，假设时间区间 $h=1$ 且仅在整数时刻 n 考虑种群数量的变化，则化简上式得到

$$N_{n+1}=N_n+rN_n\left(1-\frac{N_n}{K}\right) \tag{8.28}$$

由此得到著名的离散逻辑斯谛模型。

为了后面分析的必要，这里给出 Beverton－Holt 模型解的解析求解法，为此考虑下面的差分方程

$$N_{t+1}=\frac{aN_t}{1+bN_t} \tag{8.29}$$

令 $u_t=\dfrac{1}{N_t}$，并代入式(8.29)得

$$u_{t+1}=\frac{1}{a}u_t+\frac{b}{a} \tag{8.30}$$

利用数学归纳法容易证明模型(8.30)的通解具有如下的形式：

$$u_t=\begin{cases}\dfrac{b}{a-1}+\left(\dfrac{1}{a}\right)^t\left(u_0-\dfrac{b}{a-1}\right), & a\neq 1\\ u_0+bt, & a=1\end{cases} \tag{8.31}$$

实际上，当 $a=1$ 时容易验证结论成立。现在设 $a\neq 1$，对 $t=1$ 有

$$u_1=\frac{1}{a}u_0+\frac{b}{a}=\frac{b}{a-1}+\left(\frac{1}{a}\right)\left(u_0-\frac{b}{a-1}\right)$$

假设结论当 $t>1$ 时成立，则有

$$\begin{aligned}u_{t+1}&=\frac{1}{a}u_t+\frac{b}{a}=\frac{1}{a}\left[\frac{b}{a-1}+\left(\frac{1}{a}\right)^t\left(u_0-\frac{b}{a-1}\right)\right]+\frac{b}{a}\\&=\left(\frac{1}{a}\right)^{t+1}\left(u_0-\frac{b}{a-1}\right)+\frac{b}{a(a-1)}+\frac{b}{a}\\&=\frac{b}{a-1}+\left(\frac{1}{a}\right)^{t+1}\left(u_0-\frac{b}{a-1}\right)\end{aligned}$$

因此，由归纳假设知模型(8.30)的通解式(8.31)成立，再利用 $N_t=\dfrac{1}{u_t}$ 得到

$$N_t=\left[\frac{b}{a-1}+\left(\frac{1}{a}\right)^t\left(\frac{1}{N_0}-\frac{b}{a-1}\right)\right]^{-1},\quad a\neq 1 \tag{8.32}$$

8.2.3 离散逻辑斯谛模型的分析

对单种群模型 $N_{t+1}=f(N_t)$，若有 N^*，使得 $N^*=f(N^*)$，则称 N^* 是模型 $N_{t+1}=f(N_t)$ 的平衡点(不动点)，若有自然数 p 和 N^*，使得

$$N^*=f^p(N^*),\quad N^*\neq f^j(N^*)(j=1,2,\cdots,p-1)$$

其中，$f^1(N)=f(N)$，$f^2(N)=f(f^1(N))$，…，$f^{n+1}(N)=f(f^n(N))$，则称 N^* 是模型 $N_{t+1}=f(N_t)$ 的 p 周期解或周期点环。

平衡点和周期点环在模型的渐近性态研究中起着非常重要的作用，它们的存在性、稳定性及吸引性是关注的重点。下面以离散逻辑斯谛模型为例分析离散单种群模型的性态。为了方便，先用简单的变换 $y_t=K(1+r)N_t/r$，$R=1+r$，将离散逻辑斯谛模型(8.28)化为标准形式

$$y_{t+1}=Ry_t(1-y_t),\quad y_0\in[0,1]\text{且假设 }0\leqslant R\leqslant 4 \tag{8.33}$$

这里初始值 $y_0\in[0,1]$是为了保证模型解的正性，这样才能保证模型有具体的生物意义。尽管模型(8.33)比较简单，但其动力学行为却非常复杂。先用计算机画出几个不同 R 值时模型(8.33)的数值解(见图 8.6，图中数字无量纲)，图 8.6 中分别取 $R=0.5,1.5,3.2$ 和 3.5。初始值是 $y_0=0.95$ 和 $y_0=0.1$。图 8.6 中，(a)图显式解很快趋于 0；(b)图显式解趋于一个正常数；(c)图显式解趋于一个周期为 2 的周期解；(d)图显式解趋于一个周期为 4 的周期解。同一个模型，当参数取不同的值时，从同样的初始值出发的解有不同的渐近性态。

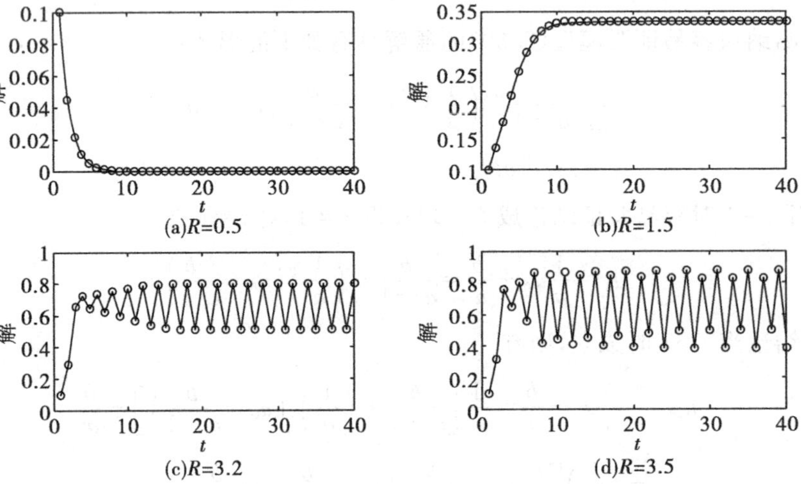

图 8.6　不同参数值 R 下模型(8.33)的数值解

注意到在假设条件 $0\leqslant R\leqslant 4$ 成立的情况下，当 $y_t\in[0,1]$时必然有 $y_{t+1}\in[0,1]$，即$[0,1]$是模型(8.33)的不变集合，即从$[0,1]$中出发的解任意时刻总还在这个区间$[0,1]$中。为了对模型(8.33)解的渐近性态进行理论分析，先求其平衡点。由于 y 是生物种群的数量，因此只考虑非负平衡点。从方程 $y=Ry(1-y)$ 中解出，当 $R<1$ 时模型(8.33)只有平衡点 $y=0$；当 $R>1$ 时模型(8.33)有平衡点 $y=0$ 和 $y=1-\dfrac{1}{R}$。当 $R<1$ 时，由不等式

$$0\leqslant y_{t+1}=Ry_t(1-y_t)\leqslant Ry_t=R^2y_{t-1}(1-y_{t-1})\leqslant R^2y_{t-1}\leqslant\cdots\leqslant R^{t+1}y_0\leqslant 1$$

得到模型(8.33)的平衡点 $y=0$ 在区间$[0,1]$上是全局渐近稳定的。

当 $R>1$ 时，由模型(8.33)在 $y=0$ 的线性化系统 $y_{t+1}=Ry_t$ 得到平衡点 $y=0$ 是不稳定的。

当 $R>1$ 时，模型(8.33)还有正有平衡点 $y^*=1-\dfrac{1}{R}$，将模型(8.33)在 $y^*=1-\dfrac{1}{R}$线性化得到 $y_{t+1}=(2-R)y_t$。由差分方程的线性化理论得到模型(8.33)的平衡点 $y^*=1-$

$\frac{1}{R}$，当 $1<R<3$ 时它是渐近稳定的，而当 $R>3$ 时它是不稳定的。

下面通过图解法证明当 $1<R<3$ 时正平衡点 $y^*=1-\frac{1}{R}$ 的稳定性。设初始值在 A 点，通过模型迭代一次得到 B 点，过 B 点向直线 $y=x$ 作与 x 轴平行的直线与交于 C 点，再过 C 点作与 y 轴的平行线交曲线 $y=Rx(1-x)$ 于 D 点。重复这个过程，陆续得到点 E、F、G、H、…，这些点列逐渐趋于正平衡点[见图 8.7(a)]。利用类似的办法，可以讨论其他情况下解的渐近性态，图 8.7(b)、(c)、(d)中曲线及迭代点与图(a)中示意相同。

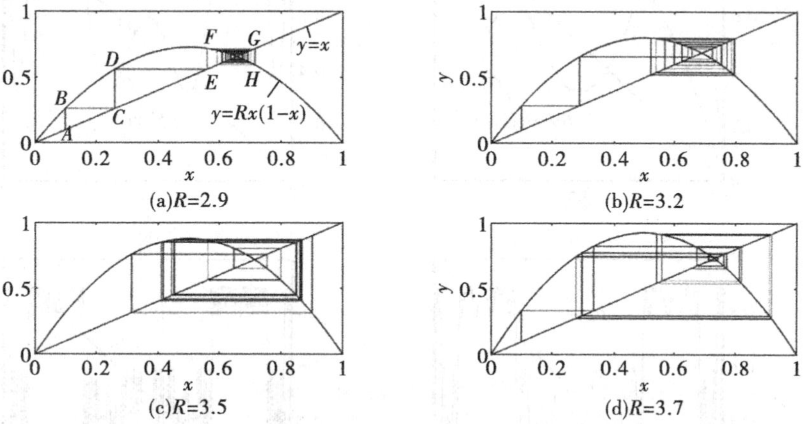

图 8.7　图解法讨论离散模型(8.33)解的渐近性态

当 $R>3$ 时，模型(8.33)的平衡点 $y^*=1-\frac{1}{R}$ 是不稳定的，进一步的分析计算可以知道模型(8.33)有 2 周期解。如当 $R=3.2$ 时，模型(8.33)有平衡点 0 和 0.6785，这两个平衡点是不稳定的。此时，模型(8.33)还有一对 2 周期解：0.799 和 0.513。一般地，当 $R>3$ 时，模型(8.33)的 2 周期解为

$$\frac{R/2+1/2+1/2\sqrt{R^2-2R-3}}{r},\quad \frac{R/2+1/2-1/2\sqrt{R^2-2R-3}}{r}$$

为了讨论 2 周期解的稳定性，考虑模型(8.33)右端的函数复合得到的 4 次函数 $f^2(y)=R^2y(1-y)(1-Ry(1-y))$，$3<R\leqslant 4$。对 $f^2(y)$ 求导再将周期解点的数值代入得到 $2R-R^2+4$，进一步分析知道：当 $3<R<1+\sqrt{6}$ 时，$2R-R^2+4$ 的绝对值小于 1，模型(8.33)的 2 周期解是稳定的；当 $R>1+\sqrt{6}$ 时，模型(8.33)的 2 周期解是不稳定的。同理可以考虑 $R>1+\sqrt{6}$ 时 4 周期解、8 周期解的存在性和稳定性等问题。

求解模型(8.33)平衡点和周期解的过程可以借助于图形得到一些直观了解。图 8.8 中示出了当 $R=3.6$ 时 $f(y)=y$ 和 $f(y)=Ry(1-y)$ 及其复合若干次的图形。图 8.8(a)所示为 $f(y)=y$，$f(y)=Ry(1-y)$ 和 $f^2(y)=f(f(y))=R^2y(1-y)(1-Ry(1-y))$ 图形，其中 $f(y)=y$ 和 $f(y)=Ry(1-y)$ 的两个交点就是模型(8.33)的平衡点，$f(y)=y$ 和

$f^2(y)$的 4 个交点除 2 个平衡点外就是周期为 2 的周期解。图 8.8(b)所示为 $f(y)=y$ 和 $f^4(y)$的图形，$f(y)=y$ 和 $f^4(y)$的 8 个交点除过 2 个平衡点、两个 2 周期解外就是周期为 4 的周期解。图 8.8(c)所示为 $f(y)=y$ 和 $f^8(y)$的图形，$f(y)=y$ 和 $f^8(y)$的 16 个交点中除 2 个平衡点、两个 2 周期解和 4 个 4 周期解外就是周期为 8 的周期解。图 8.8(d)所示为 $f(y)=y$ 和 $f^{16}(y)$的图形，它们的交点更多。

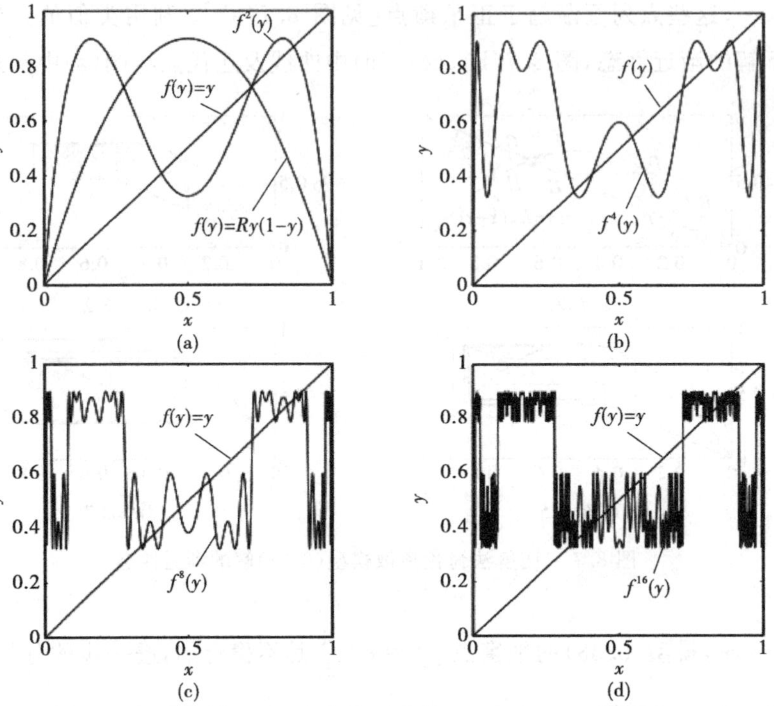

图 8.8　利用图解法观察模型(8.33)的平衡点和周期解

8.2.4　离散模型的稳定性分析

前面给出了模型

$$N_{t+1}=f(N_t) \tag{8.34}$$

的平衡点及其稳定性的定义，下面介绍该系统的平衡点稳定性判断的一般方法，假设 $f'(N)$ 是连续函数。满足上述条件的两个常用的离散模型是 Beverton - Holt 模型

$$N_{t+1}=\frac{N_tKR}{K+(R-1)N_t} \tag{8.35}$$

和里克模型

$$N_{t+1}=N_t\exp\left[r\left(1-\frac{N_t}{K}\right)\right],\quad r>0,K>0 \tag{8.36}$$

定理 8.1　如果 N^* 是模型(8.34)的平衡点且

$$|f'(N^*)|<1$$

则 N^* 是渐近稳定的。如果

$$|f'(N^*)|>1$$

则 N^* 是不稳定的。

证明　由假设知 f' 是连续的，因此如果 $|f'(N^*)|<1$，则存在 N^* 的邻域使得对该邻域的任意关于 N 的不等式 $|f'(N)|<1$ 成立。故存在常数 $c<1$ 和 $\delta>0$ 使得当 $N\in U_{N^*}=\{N:|N-N^*|<\delta\}$ 时有 $|f'(N)|<c$ 成立。

对任意 $N_0\in U_{N^*}$，由中值定理得

$$|N_1-N^*|=|f(N_0)-f(N^*)|=|f'(\xi)||N_0-N^*|<c|N_0-N^*|$$

其中，$\xi\in(N_0,N^*)$ 或 (N^*,N_0) 满足

$$|\xi-N^*|<|N_0-N^*|$$

类似地，

$$|N_2-N^*|<c|N_1-N^*|<c^2|N_0-N^*|$$

依此类推，有

$$|N_t-N^*|<c^t|N_0-N^*|$$

由于 $c<1$，序列 $\{N_t\}_{t=1}^{\infty}$ 收敛到 N^*，即 N^* 是渐近稳定的。

定理 8.1 的第二部分可以同样得到证明。

例 8.5　讨论 Beverton - Holt 模型(8.35)平衡点 N^* 的稳定性。

解　模型(8.35)的平衡点 N^* 满足方程

$$N^*=\frac{RN^*}{1+bN^*},\quad b=\frac{R-1}{K}$$

因此模型(8.35)存在两个非负平衡点：

$$N^*=0,\quad N^*=K$$

这两个平衡点的稳定性由 $f'(N^*)$ 的值确定，其中

$$f'(N^*)=\frac{R}{(1+bN^*)^2}$$

在 $N^*=0$ 处，有 $f'(0)=R$，因此，如果 $R>1$，则平凡平衡点 $N^*=0$ 是不稳定的。

在 $N^*=K$ 处，有 $f'(K)=\dfrac{1}{R}$，因此，当 $R>1$ 时平衡点 $N^*=K$ 是渐近稳定的。

例 8.6　讨论里克模型(8.36)平衡点 N^* 的稳定性。

解　模型(8.36)的平衡点 N^* 满足方程

$$N^*=N^*\exp\left[r\left(1-\frac{N^*}{K}\right)\right]$$

因此模型(8.36)存在两个非负平衡点：

$$N^*=0,\quad N^*=K$$

这两个平衡点的稳定性由 $f'(N^*)$ 的值确定，其中

$$f'(N^*)=\left(1-\frac{rN^*}{K}\right)\exp[r(1-N^*/K)]$$

在 $N^*=0$ 处，有 $f'(0)=e^r$，故对所有 $r>0$，平衡点 $N^*=0$ 是不稳定的。在 $N^*=K$ 处，有 $f'(K)=1-r$，故当 $0<r<2$ 时平衡点 $N^*=K$ 是渐近稳定的。

模型(8.36)平衡点 N^* 的局部渐近稳定性只要利用函数 $f(N)$ 在平衡点 N^* 导数的大小就可以判定，N^* 的全局稳定性判断需要更多的技巧。下面给出两个充分条件。

定理 8.2 设 N^* 是模型(8.34)的平衡点，如果当 $0<N<N^*$ 时 $N<f(N)<N^*$，当 $N>N^*$ 时 $N^*<f(N)<N$，则平衡点 N^* 是全局渐近稳定的。

证明 该结论的证明只需考虑初始 N_0 与平衡态 N^* 的关系。如果 $N_0<N^*$，则解序列 $\{N_t\}_{t=0}^{\infty}$ 是单调增加地趋向 N^*；如果 $N_0>N^*$，则解序列 $\{N_t\}_{t=0}^{\infty}$ 是单调递减地趋向 N^*。

例 8.7 讨论 Beverton - Holt 模型(8.35)平衡点 $N^*=K$ 的全局渐近稳定性。

解 容易验证由 Beverton - Holt 模型(8.35)定义的 $f(N)$ 函数满足上述条件。实际上，由于 $f(N)=\dfrac{RN}{1+\frac{R-1}{K}N}$，故当 $0<N<N^*=K$ 时有 $N<\dfrac{RN}{1+\frac{R-1}{K}N}<K$；当 $N>N^*=K$ 时有 $K<\dfrac{RN}{1+\frac{R-1}{K}N}<N$。因此模型(8.35)的平衡点 K 是全局渐近稳定的。

对于 Beverton - Holt 模型的正平衡点 $N^*=K$ 而言，局部稳定性就能推出正平衡点的全局稳定性，但对绝大多数模型，全局渐近稳定性的条件要复杂得多。正平衡点的全局稳定性依赖于函数 f 的形状、凸凹性和极值点出现的位置。下面给出正平衡点全局稳定性的李雅普诺夫第二方法。

定理 8.3 设 V 为连续函数且 $\Delta V(N)=V(f(N))-V(N)$。假设下列条件成立：

(1)对所有 $N>0, N\neq N^*$，有 $V(N)>0$ 且 $V(N^*)=0$；

(2)对所有 $N>0, N\neq N^*$，有 $\Delta V(N)<0$；

(3)当 $N\to\infty$ 时 $V(N)\to\infty$(单调地)；

(4)当 $N\to 0^+$ 时 $V(N)\to\infty$(单调地)。

则 N^* 是全局稳定的。

下面给出定理 8.3 应用的一个例子。

例 8.8 讨论里克模型(8.26)平衡点 $N^*=K$ 的全局渐近稳定性。

解 对里克模型的右端函数求导得到 $f'(K)=0$，所以正平衡点 $N^*=K$ 是稳定的。为了讨论正平衡点 $N^*=K$ 的全局稳定性，选取李雅普诺夫函数

$$V(N)=\frac{1}{2}(N^2-K^2)-K^2\ln\left(\frac{N}{K}\right)$$

容易验证函数 $V(K)=0$，当 $N\neq N^*$ 时有 $V(N)>0$，且 $\lim\limits_{N\to\infty}V(N)=\infty$，$\lim\limits_{N\to 0^+}V(N)=\infty$，计算得到

$$\Delta V(N)=V(f(N))-V(N)=\frac{N^2}{2}\left[\exp\left(2-\frac{2N}{K}\right)-1\right]-K^2\left(1-\frac{N}{K}\right)$$

计算 $\Delta V(N)$关于 N 的导数得到

$$\frac{\mathrm{d}(\Delta V(N))}{\mathrm{d}N}=\left(1-\frac{N}{K}\right)\left[K+N\exp\left(2-\frac{2N}{K}\right)\right]$$

当 $N<K$ 时，$\frac{\mathrm{d}(\Delta V(N))}{\mathrm{d}N}>0$；当 $N>K$ 时$\frac{\mathrm{d}(\Delta V(N))}{\mathrm{d}N}<0$。所以 $\Delta V(N)$在 $N=K$ 时取得最大值，所以当 $N\neq N^*$ 时，$\Delta V(N)<0$。定理 8.3 的条件满足，里克模型(8.26)的正平衡点 $N^*=K$ 是全局渐近稳定的。

8.3　捕食者-被捕食者模型(沃尔泰拉原理)

捕食者-被捕食者系统最为经典的一个研究实例：第一次世界大战前后地中海一带港口中掠肉鱼(如鲨鱼等)与食用鱼的比例随捕获量的变化关系。在捕食者-被捕食者模型中，我们最感兴趣的问题也是在什么条件下能使两个生物种群的数量趋于稳定值(平衡点或周期解)。

假设 $N_1(t)$和 $N_2(t)$分别表示 t 时刻的食饵种群和捕食者种群的数量，两个种群独立生存条件下的增长方式符合逻辑斯谛增长方式，则有如下洛特卡-沃尔泰拉模型(Lotka-Volterra model)：

$$\begin{cases}\dfrac{\mathrm{d}N_1}{\mathrm{d}t}=N_1\left(r_1-\dfrac{N_1}{K_1}-b_{12}\dfrac{N_2}{K_1}\right)\\[2ex]\dfrac{\mathrm{d}N_2}{\mathrm{d}t}=N_2\left(-r_2-\dfrac{N_2}{K_2}+b_{21}\dfrac{N_1}{K_2}\right)\end{cases}\tag{8.37}$$

其中，参数均为正常数，r_1，r_2 分别为两种群的内禀增长率；K_1，K_2 分别为两种群的环境容纳量；b_{12}表示种群 2 对种群 1 的影响因子；b_{21}表示种群 1 对种群 2 的影响因子。

8.3.1　洛特卡-沃尔泰拉捕食者-被捕食者模型

在这里介绍捕食者-被捕食者模型的一个主要目的是想向大家介绍在渔业资源、害虫控制等领域应用非常广泛的沃尔泰拉原理，这一原理也是早期用沃尔泰拉捕食者-被捕食者系统解释生物种群之间振荡现象最成功的范例。

1925 年，致力于微分方程应用研究的数学家沃尔泰拉等在研究相互制约的各种鱼类数目变化时，在大量的资料中发现了第一次世界大战前后地中海一带港口中捕获的掠肉鱼(如鲨鱼等)的比例有所上升，而食用鱼的比例有所下降，阜姆港所收购的掠肉鱼比例的具体数据如表 8.4 所示。

表 8.4　阜姆港所收购的掠肉鱼比例的具体数据

年份	1914	1915	1916	1917	1918	1919	1920	1921	1922	1923
比例/%	11.9	21.4	22.1	21.1	36.4	27.3	16.0	15.0	14.8	10.7

为了解释在战争期间捕获量下降而掠肉鱼的收购比例却大幅度增加这一现象，沃尔泰拉等分析了掠肉鱼和食用鱼之间的捕食与被捕食的关系。1931 年，洛特卡在他的书中针对捕食者-被捕食者系统也提出了同样的问题。这种生态法则不同于孟德尔的遗传学规则，而是更定性化地研究自然现象，所以由此得到的模型更具有策略性。总之，他们更倾向于研究系统的整体性质，而不是对系统数量上的预测，所以生物数学模型中也把模型(8.37)或其他更一般的模型称为洛特卡-沃尔泰拉模型。

海洋中掠肉鱼主要以吃食用鱼为生，而食用鱼是靠大海中其他资源为生的，且在大海中生存空间和食物都比较充足，可以忽略种群内部的密度制约因素。为了描述上述数据变化规律，用捕食者-被捕食者模型(8.37)的一个特殊形式来描述，即假设：食饵种群的变化率等于在没有捕食条件下食饵数量 N_1 的净增长率减去由于捕食者数量 N_2 引起的减少率，而捕食者的变化率等于由于捕食引起的净增长率减去没有食饵所引起的减少率。这种假设明显易懂，却不够实际，因为在这样的假设下，捕食者-被捕食者系统仅仅决定种群的动态行为，因此洛特卡和沃尔泰拉作出如下假设：

(1)食饵(被捕食者)的增长情况仅受捕食者的影响，在没有捕食者的情况下，其以指数方式增长，即 aN_1；

(2)捕食者的功能说明函数是线性的，即 N_1 中关于捕食者的项为线性项 bN_1N_2；

(3)在寻找食饵的过程中，捕食者之间没有“互扰”现象，也就是捕食者之间的接触不影响搜寻食物的效率，所以 N_2 方程中关于捕食者的项也应该是线性的；

(4)没有食饵时，捕食者将以指数方式灭亡，即 dN_2；

(5)每个食饵被捕食者吃掉后可以完全转化为捕食者，即 kbN_1N_2。

根据上面的五个假设，模型(8.37)简化为下面的洛特卡-沃尔泰拉模型

$$\begin{cases}\dfrac{\mathrm{d}N_1}{\mathrm{d}t}=aN_1-bN_1N_2\\[2mm]\dfrac{\mathrm{d}N_2}{\mathrm{d}t}=cN_1N_2-dN_2\end{cases}\tag{8.38}$$

其中，参数 $a,b,c=kb$ 及 d 都是正的，且 $0\leqslant k<1$ 成立。

沃尔泰拉的应用方程中，在没有捕捞的情况下，N_1 和 N_2 分别代表食饵和捕食者的数量。现在假设食饵和捕食者的捕获力系数分别为 p 和 q，捕捞的影响或捕捞强度(也称为捕获努力量)用 E 表示，则模型(8.38)变为

$$\begin{cases}\dfrac{\mathrm{d}N_1}{\mathrm{d}t}=aN_1-pEN_1-bN_1N_2\\[2mm]\dfrac{\mathrm{d}N_2}{\mathrm{d}t}=cN_1N_2-dN_2-qEN_2\end{cases}\tag{8.39}$$

此方程有一个零平衡点(0,0)和内部平衡点(N_1^*,N_2^*)，其中

$$N_1^*=\frac{qE+d}{c},\quad N_2^*=\frac{a-pE}{b}$$

当 $E<\frac{a}{p}$ 时，捕捞能使食饵平衡点增大，而使得捕食者的平衡点减小。假设系统在 (N_1^*,N_2^*) 处稳定，则捕捞到的食饵和捕食者的比例表示为

$$p=\frac{qEN_2^*}{pEN_1^*}=\frac{qc(a-pE)}{pb(qE+d)}$$

上式是关于捕获努力量 E 的减函数，当 E 减小时，捕获到的捕食者的比例就相应增加了。

但是，假设系统在 (N_1^*,N_2^*) 处稳定，合理吗？返回来再分析方程(8.39)，平衡点的稳定性取决于雅可比矩阵(Jacobian matrix) $\boldsymbol{J}^*$ 的两个特征根，雅可比矩阵为

$$\boldsymbol{J}^*=\begin{bmatrix}0 & -bN_1^*\\ cN_2^* & 0\end{bmatrix} \tag{8.40}$$

由于该矩阵的迹为 0，行列式为正，所以其只有一对纯虚特征值。对于方程(8.39)关于平衡点处的线性化方程，平衡点 (N_1^*,N_2^*) 是中心型奇点，加上非线性部分后方程可能有周期解，也可能有收敛或不收敛的螺旋线解，而至于这个螺旋线解收敛与否，取决于方程的非线性部分。下面将做一些非线性分析，有助于简化方程(8.39)。

定义新的变量 $u=\frac{N_1}{N_1^*}$，$v=\frac{N_2}{N_2^*}$，以及新的时间变量 $t'=(a-pE)t$，$a-pE$ 表示在没有捕食者的情况下食饵的增长率，方程(8.39)变为(变化后仍用 t 来表示 t')

$$\begin{cases}\dfrac{\mathrm{d}u}{\mathrm{d}t}=u(1-v)\\[2ex] \dfrac{\mathrm{d}v}{\mathrm{d}t}=av(u-1)\end{cases} \tag{8.41}$$

这里 $a=\frac{qE+d}{a-pE}$，由(8.41)的两个方程可以得到

$$\frac{\mathrm{d}v}{\mathrm{d}u}=\frac{av(u-1)}{u(1-v)} \tag{8.42}$$

这个方程在 (u,v) 平面上，称该平面为相平面。

下面来求方程(8.42)的曲线积分，借此推断非线性系统(8.41)是否有周期解。

事实上，方程(8.42)是可分离变量的，即 $\frac{a(u-1)\mathrm{d}u}{u}+\frac{(v-1)\mathrm{d}v}{v}=0$，并且有首次积分

$$\Phi(u,v)=a(u-\lg u)+v-\lg v=A$$

这里 A 为积分常数，这个积分在相平面上的图形可看作是三维空间 $(u,v,w)=\Phi(u,v)$ 上的碗状曲线在相平面上的等高线，因此是闭曲线，即为周期解。图 8.9 给出了洛特卡-沃尔泰拉捕食者-被捕食者系统(8.39)的一些数值解(图中坐标轴数据无量纲)。

图 8.9 中，N_1-N_2 坐标面内的闭曲线可以解释在自然环境中掠肉鱼与食用鱼的数量变化规律。当食用鱼不多时，掠肉鱼的食物不足，故 N_2 减少；当掠肉鱼的数目减少，其对食用鱼的捕食压力随之减少，这种捕食压力减少到一定程度后食用鱼数量 N_1 就会增加，当食用鱼的数量较大时，已能养活较多的掠肉鱼，故 N_2 开始增加；当掠肉鱼增加到

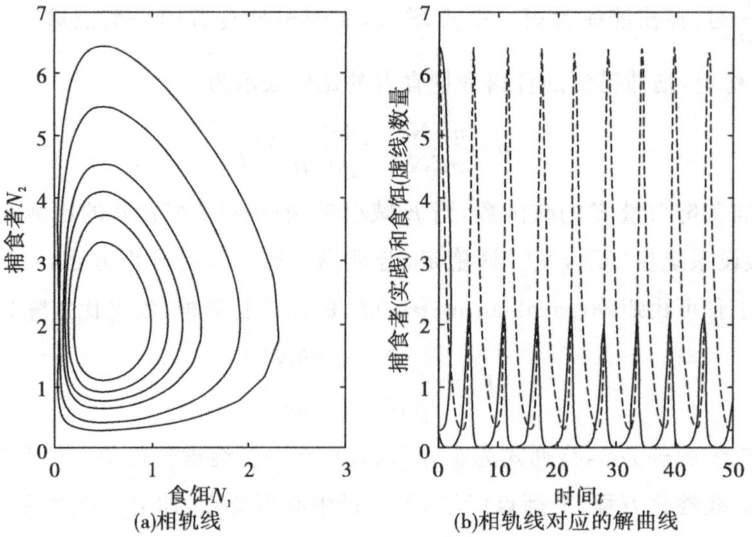

图 8.9　模型(8.39)从不同初值出发的相轨线及其对应的解曲线

对食用鱼起较大抑制作用时，食用鱼的数量开始减少；当掠肉鱼的数量增加到多得无法找到足够的食用鱼为生时，掠肉鱼的数量开始减少；当掠肉鱼减少到对食用鱼的抑制作用很小时，N_1 又开始增加；……这样循环下去，两种群数量的相对比例按周期性变化，这就是自然界中捕食者-被捕食者系统的振荡规律。

由于种群变化呈周期性，所以将计算每个种类鱼群在一个周期内的平均量。下面定义鱼群平均量为

$$\begin{cases}\overline{u}:=\dfrac{1}{T}\displaystyle\int_0^T u(t)\mathrm{d}t\\ \overline{v}:=\dfrac{1}{T}\displaystyle\int_0^T v(t)\mathrm{d}t\end{cases}$$

分别用 Tu 和 Tv 除方程(8.41)的第一个方程和第二个方程，并从 0 到 T 积分得

$$\begin{cases}\dfrac{1}{T}[\lg u(t)]_0^T=1-\overline{v}\\ \dfrac{1}{T}[\lg v(t)]_0^T=a(\overline{u}-1)\end{cases}$$

由于周期性，上面两个式子的左边都为 0，因此 $\overline{u}=1,\overline{v}=1$。返回到模型(8.39)的参数空间，得到 $\overline{N}_1=N_1^*$，$\overline{N}_2=N_2^*$。这意味着平均量即系统的平衡点，之前的结论仍然成立，这也解释了为什么当捕获努力量减少时，捕获到的捕食者反而成比例地增加了。

更一般地，沃尔泰拉原理说明了对捕食者-被捕食者系统的一个干扰：成比例收获或杀死部分食饵和捕食者种群，捕获强度增加将对食饵的平均量起到增加的作用。因此，在对已经实施生物控制的害虫进行化学控制时，要特别谨慎。比如在 1868 年，一种害虫对美国柑橘果树产生了很大的危害，瓢虫作为其天敌被引入，并成功控制害虫数量在一定的水平之下。但是当农药滴滴涕(DDT)问世以后，被用来实施进一步的害虫控制，结果

却令害虫数量得到增加，这与沃尔泰拉原理是一致的。

捕食者-被捕食者系统还可以用来协助害虫的综合控制，这里的综合控制指综合利用生物和化学控制策略以使害虫得以根除，即建立如下模型：

$$\begin{cases}\dfrac{\mathrm{d}N_1}{\mathrm{d}t}=aN_1-bN_1N_2-kN_1\\[2ex]\dfrac{\mathrm{d}N_2}{\mathrm{d}t}=cN_1N_2-dN_2+\tau\end{cases}\tag{8.43}$$

其中，k 为喷洒杀虫剂杀死害虫的比例；τ 为单位时间内投放天敌的数量。模型(8.43)中如果 $k=0$ 表示只有生物控制，$\tau=0$ 表示只有化学控制，对于上述模型，感兴趣的是害虫根除平衡点 $\overline{E}=\left(0,\dfrac{\tau}{d}\right)$ 的稳定性，即在什么条件下 $\overline{E}$ 是稳定的？然后可以通过稳定性条件设计控制策略。读者可以对模型(8.43)进行线性稳定性分析，找到平衡点 $\overline{E}$ 稳定的条件，即害虫根除的临界条件。

8.3.2　具有功能性反应函数的捕食者-被捕食者模型

洛特卡-沃尔泰拉模型是假设两个种群的相对增长率是线性函数，这一假设使得模型十分简单，并能将模型中的几个参数和这两个种群的相互作用关系对应起来。但洛特卡-沃尔泰拉模型(8.38)描述捕食者和被捕食者种群相互作用关系时有些不足，这主要体现在 bN_1N_2 项上，其含义是在单位时间内由捕食者所吃掉的食饵数量，即 bN_1，但 bN_1 表示的是一个捕食者在单位时间内吃掉的食饵数量与食饵的数量呈线性关系，当食饵数量比较小时，假设一个捕食者在单位时间内吃掉 bN_1 食饵是合理的，但当食饵数量很大时，这个假设就不合理了，因为一个捕食者在单位时间内不可能吃掉任意多的食饵，所以有必要对模型进行改进，为此提出了具有功能性反应函数的捕食者-被捕食者模型。

以下介绍三类功能性反应函数。

考虑到捕食者对食饵的饱和因素，需要将洛特卡-沃尔泰拉模型改进为具有功能性反应函数的模型，比如模型(8.37)可以改写为一般形式的模型：

$$\begin{cases}\dfrac{\mathrm{d}N_1}{\mathrm{d}t}=N_1(r_1-aN_1)-\varphi(N_1)N_2\\[2ex]\dfrac{\mathrm{d}N_2}{\mathrm{d}t}=k\varphi(N_1)N_2-N_2(r_2+b_2N_2)\end{cases}\tag{8.44}$$

模型(8.44)中的 $\varphi(x)$ 称为功能性反应函数；k 称为转换系数。

1965 年研究人员在实验和分析的基础上提出了三类适应于不同生物的功能性反应函数。

(1)第一类功能性反应函数为

$$\varphi(x)=\begin{cases}b_1x, & 0\leqslant x<x_0\\ b_1x_0, & x\geqslant x_0\end{cases}\tag{8.45}$$

其适用于藻类、细胞等低等生物。

(2)第二类功能性反应函数为

$$\varphi(x)=\frac{b_1 x}{1+cx} \tag{8.46}$$

其适用于无脊椎动物。

(3)第三类功能性反应函数为

$$\varphi(x)=\frac{b_1 x^2}{1+cx^2} \tag{8.47}$$

其适用于脊椎动物。

这三类功能性反应函数的不同特点在图 8.10 中给出，其中图(a)、(b)、(c)分别为第一、二、三类功能性反应函数的图形。这三类函数都是有界连续函数，只是形状有些差异。

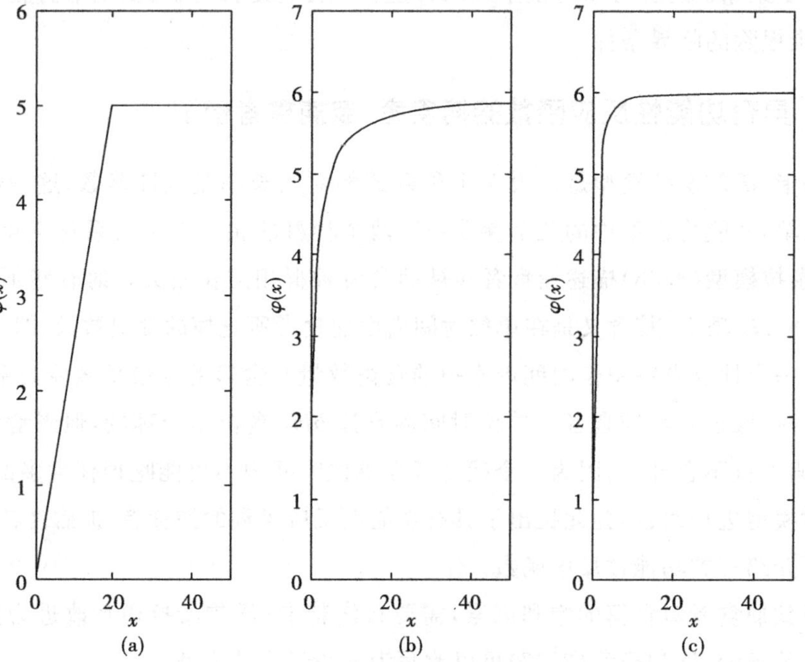

图 8.10　三类功能性反应函数示意图

8.3.3　具有第一类功能性反应函数的捕食者-被捕食者模型

将式(8.45)中定义的函数代入模型(8.44)中，得到具有第一类功能性反应函数的捕食者-被捕食者模型。这是一个右端由分段函数组成的微分方程组，一般讨论比较困难，可分析以下特殊情况的例子：

$$
\begin{cases}
\begin{cases}
\dfrac{\mathrm{d}N_1}{\mathrm{d}t}=N_1(2-N_2) \\
\dfrac{\mathrm{d}N_2}{\mathrm{d}t}=N_2(-4+N_1)
\end{cases}, 0\leqslant N_1\leqslant 10 \\
\begin{cases}
\dfrac{\mathrm{d}N_1}{\mathrm{d}t}=2N_1-10N_2 \\
\dfrac{\mathrm{d}N_2}{\mathrm{d}t}=6N_2
\end{cases}, N_1>10
\end{cases}
\tag{8.48}
$$

当 $0\leqslant N_1\leqslant 10$ 时模型(8.48)是没有密度制约的洛特卡-沃尔泰拉模型；当 $N_1>10$ 时其是线性系统。需要在 $0\leqslant N_1\leqslant 10$ 和 $N_1>10$ 两种情况下分别求模型(8.48)的解，然后将解在分界点接起来就得到了模型的(8.48)的解。

模型(8.48)有一个正平衡点，为了讨论该平衡点的稳定性，选取在第一象限内部正定的李雅普诺夫函数

$$
V(N_1,N_2)=\begin{cases}
N_1-4-4\ln\dfrac{N_1}{4}+N_2-2-2\ln\dfrac{N_2}{2}, 0\leqslant N_1\leqslant 10 \\
\dfrac{3N_1}{5}-4\ln\dfrac{5}{2}+N_2-2-2\ln\dfrac{N_2}{2}, N_1>10
\end{cases}
$$

可以验证 $V(N_1,N_2)$ 在第一象限是连续可微的，也可以通过计算机画图来验证 $V(N_1,N_2)=C$ 在第一象限是包围正平衡点的闭合曲线。沿着模型(8.48)的解轨线计算 $V(N_1,N_2)$ 的全导数得

$$
\frac{\mathrm{d}V(N_1,N_2)}{\mathrm{d}t}=\begin{cases}
(N_1-4)(2-N_2)+(N_2-2)(N_1-4)=0, & 0\leqslant N_1\leqslant 10 \\
\dfrac{6}{5}(N_1-10)>0, & N_1>10
\end{cases}
$$

因此，在第一象限 $0\leqslant N_1\leqslant 10$ 内，$N_1-4-4\ln\dfrac{N_1}{4}+N_2-2-2\ln\dfrac{N_2}{2}=C$ 是模型(8.48)的解曲线：当 C 比较小时，$N_1-4-4\ln\dfrac{N_1}{4}+N_2-2-2\ln\dfrac{N_2}{2}=C$ 是 $0\leqslant N_1\leqslant 10$ 内的简单闭曲线；当 C 比较大时，$N_1-4-4\ln\dfrac{N_1}{4}+N_2-2-2\ln\dfrac{N_2}{2}=C$ 有一部分在 $0\leqslant N_1\leqslant 10$ 内，还有一部分在 $N_1>10$ 内。由于在 $N_1>10$ 内，$V(N_1,N_2)$ 沿着模型(8.48)解曲线的全导数大于 0，所以模型(8.48)的解曲线若出现在 $N_1>10$ 时，就是非闭合的。由李雅普诺夫函数的意义知，在 $N_1>10$ 内，模型(8.48)的解曲线 $V(N_1,N_2)$ 上的值在增加。图 8.11 中给出了从 4 个不同初始值出发模型(8.48)的四条解曲线，其中 3 条曲线全部停留在 $0\leqslant N_1\leqslant 10$ 内，它们都是闭曲线，有 1 条曲线反复穿越 $N_1=10$，而且离平衡点越来越远。

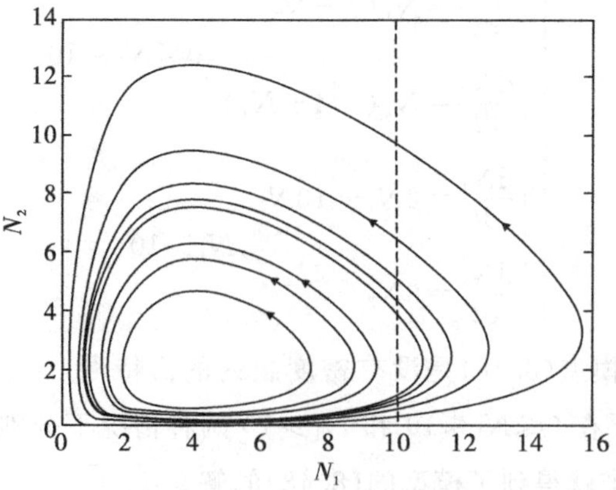

图 8.11　具有第一类功能性反应函数的模型(8.48)的数值解曲线

8.3.4　具有第二类功能性反应函数的捕食者-被捕食者模型

研究者对具有第二类功能性反应函数的捕食者-被捕食者模型进行了系统的研究,得到了模型正平衡态全局稳定及极限环存在唯一的充分条件。下面介绍一个具有第二类功能性反应函数和密度依赖的捕食者-被捕食者模型,即考虑如下模型:

$$\begin{cases}\dfrac{dN_1}{dt}=N_1\left[r\left(1-\dfrac{N_1}{K}\right)-\dfrac{kN_2}{N_1+D}\right]\\ \dfrac{dN_2}{dt}=N_2\left[s\left(1-\dfrac{hN_2}{N_1}\right)\right]\end{cases}\tag{8.49}$$

其中,r,k,K,D,s,h 是常数。

为了讨论方便,先对模型(8.49)进行无量纲化变换(注意,变换并不唯一)。例如,作如下变换去掉环境容纳量参数 K,即利用变换

$$u(\tau)=\frac{N_1(t)}{K},\quad v(\tau)=\frac{hN_2(t)}{K},\quad \tau=rt$$

$$a=\frac{k}{hr},\quad b=\frac{s}{r},\quad d=\frac{D}{K}\tag{8.50}$$

将模型(8.49)变形为

$$\begin{cases}\dfrac{du}{d\tau}=u(1-u)-\dfrac{auv}{(u+d)}=f(u,v)\\ \dfrac{dv}{d\tau}=bv\left(1-\dfrac{v}{u}\right)=g(u,v)\end{cases}\tag{8.51}$$

模型(8.51)仅有 3 个参数 a,b,d,无量纲化变换使模型参数大大减少,使得模型分析变得简单,而且变换后的参数也有具体的生物意义,例如,b 为捕食者对食饵的线性增长率,因此 $b>1$ 或者 $b<1$ 均有生物意义,如 $b<1$ 说明食饵的繁殖比捕食者要快。

系统(8.51)的平衡点 u^*,v^* 分别是方程$\dfrac{du}{d\tau}=0,\dfrac{dv}{d\tau}=0$ 的解,即

$$u^*(1-u^*)-\frac{au^*v^*}{u^*+d}=0,\quad bv^*\left(1-\frac{v^*}{u^*}\right)=0 \tag{8.52}$$

这里仅仅考虑正平衡点，其满足

$$v^*=u^*,\quad u^{*2}+(a+d-1)u^*-d=0$$

即唯一正平衡点

$$u^*=\frac{(1-a-d)+\{(1-a-d)^2+4d\}^{\frac{1}{2}}}{2},\quad v^*=u^* \tag{8.53}$$

下面讨论这个平衡点的稳定性，它是模型(8.51)在相平面上的一个奇异点。根据平衡点的线性化稳定性分析，作变换

$$x(\tau)=u(\tau)-u^*,\quad y(\tau)=v(\tau)-v^* \tag{8.54}$$

代入模型(8.51)，利用平衡态满足的方程(8.52)有如下的线性方程

$$\begin{bmatrix}\dfrac{\mathrm{d}x}{\mathrm{d}\tau}\\ \dfrac{\mathrm{d}y}{\mathrm{d}\tau}\end{bmatrix}=\boldsymbol{A}\begin{bmatrix}x\\ y\end{bmatrix} \tag{8.55}$$

其中，

$$\boldsymbol{A}=\begin{bmatrix}\dfrac{\partial f}{\partial u} & \dfrac{\partial f}{\partial v}\\ \dfrac{\partial g}{\partial u} & \dfrac{\partial g}{\partial v}\end{bmatrix}_{u^*,v^*}=\begin{bmatrix}u^*\left[\dfrac{au^*}{(u^*+d)^2}-1\right] & -\dfrac{au^*}{u^*+d}\\ b & -b\end{bmatrix} \tag{8.56}$$

A 为雅可比矩阵，对应的特征方程满足

$$|\boldsymbol{A}-\lambda\boldsymbol{I}|=0\Rightarrow\lambda^2-(\mathrm{tr}\boldsymbol{A})\lambda+\det\boldsymbol{A}=0$$

如果上述特征方程的两个特征值的实部满足 $\mathrm{Re}(\lambda)<0$，则该平衡点是渐近稳定的，因此平衡点线性化稳定的充要条件为

$$\begin{cases}\mathrm{tr}\boldsymbol{A}<0\Rightarrow u^*\left[\dfrac{au^*}{(u^*+d)^2}-1\right]<b\\ \det\boldsymbol{A}>0\Rightarrow 1+\dfrac{a}{u^*+d}-\dfrac{au^*}{(u^*+d)^2}>0\end{cases} \tag{8.57}$$

将式(8.57)代入式(8.53)中就得到了由 3 个参数 a,b 和 d 所确定的稳定性条件，进而根据无量纲化变换就得到原始参数 r,K,k,D,s 及 h 的稳定性。

一般说来，存在参数 a,b,d 的一个参数空间使得在这个空间中(u^*,v^*)是稳定的，即 $\mathrm{Re}(\lambda)<0$。但在这个参数空间之外，平衡点(u^*,v^*)变得不稳定，此时式(8.57)中至少有一个不等式不成立，这样就可以分析使得平衡点不稳定的参数空间及模型(8.51)新的动态行为。其中一个可能的动态行为就是模型可能出现包含平衡点的周期解或极限环，由于证明比较复杂，有兴趣的读者可以参阅生物数学的相关专著，在此只给出几个数值计算的结果。图 8.12 给出了两组不同参数集合下模型(8.51)的动态行为，一组参数使得平衡点是稳定的，另一组参数使得平衡点是不稳定的，此时解趋向于一个极限环。

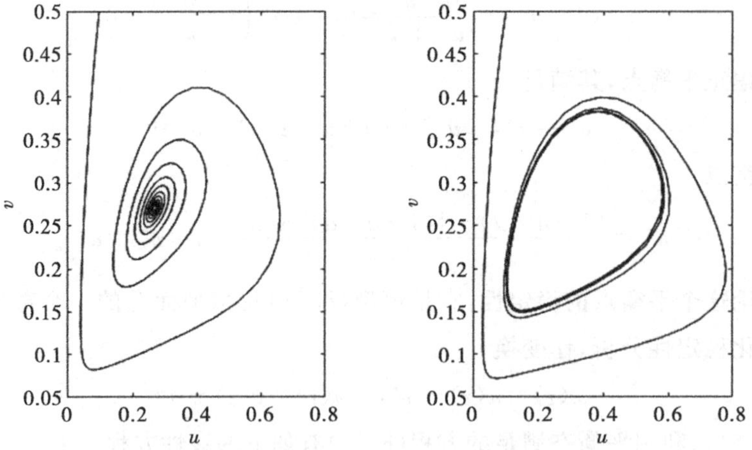

(a) $a=1$, $b=0.3$, $d=0.1$　　(b) $a=1$, $b=0.2$, $d=0.1$

图 8.12　模型(8.51)的数值解曲线

8.4　*SIR* 传染病模型

下面考虑一类传染病,其特点是感染者康复后产生终身免疫力,即一个人终身最多被这种疾病感染一次,如麻疹和水痘等就是这样的传染病。这些疾病的患者恢复后对此病具有持久免疫力,所以恢复者不再进入易感者类,这类疾病模型即 *SIR* 传染病模型(简称“*SIR* 模型”)。将总人口分为易感者、感染者和恢复者三类,分别用 $S(t)$、$I(t)$ 和 $R(t)$ 表示 t 时刻的易感者、感染者和恢复者人数,*SIR* 模型的框图见图 8.13。

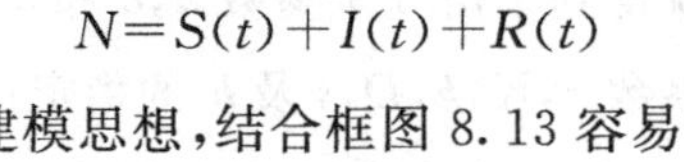

图 8.13　*SIR* 型传染病模型传播示意图

下面介绍一个经典的 *SIR* 模型。假设传染病的持续时间相对于人的一生来说是短暂的,这样可以忽略人的出生和自然死亡的影响,即人口是封闭的,总数为常数 N 且

$$N=S(t)+I(t)+R(t)$$

利用与 *SIS* 模型一样的建模思想,结合框图 8.13 容易得到模型

$$\begin{cases}\dfrac{\mathrm{d}S}{\mathrm{d}t}=-\beta IS\\[2mm] \dfrac{\mathrm{d}I}{\mathrm{d}t}=\beta IS-\gamma I\\[2mm] \dfrac{\mathrm{d}R}{\mathrm{d}t}=\gamma I\end{cases} \tag{8.58}$$

为了避免作无量纲化变换,可以假设 $N=1$,此时 S,I,R 就表示这三类人口所占总人口数的比例。由于模型(8.58)中第三个方程是独立的,因此可以先分析前两个方程,然后

根据 $S(t)+I(t)+R(t)=1$ 得到 $R(t)$ 的变化规律。确定性模型(8.58)的动态行为由初始条件决定,不妨假设初始条件满足

$$S(0)=S_0>0,\quad I(0)=I_0>0,\quad R(0)=0 \tag{8.59}$$

我们关心的问题是对于给定的参数 β,γ 和初始条件 S_0,I_0,传染病是否会暴发?从条件(8.59)不难看出

$$\mathbf{R}_+^3=\{(S,I,R)\in\mathbf{R}^3:0\leqslant S,I,R\leqslant 1,S(t)+I(t)+R(t)=1\}$$

是模型的正向不变集。

从模型(8.58)的第一个方程可以看出,由于 $\frac{\mathrm{d}S(t)}{\mathrm{d}t}<0$ 始终成立,则 $S(t)$ 随着 t 的增加单调递减且以零为下界,故极限

$$\lim_{t\to\infty}S(t)=S_\infty \tag{8.60}$$

存在。

模型(8.58)的第二个方程说明 $I(t)$ 在 t 时刻的增减性依赖 t 时刻 $S(t)$ 的大小,如果 $S_0<\frac{\gamma}{\beta}\doteq\rho$,则对所有的 t 有

$$\frac{\mathrm{d}I(t)}{\mathrm{d}t}=I(t)[\beta S(t)-\gamma]<0 \tag{8.61}$$

即当 $t\to\infty$ 时,有 $I_0>I(t)\to 0$,此时疾病不会暴发并且将最终消除。如果 $S_0>\frac{\gamma}{\beta}\doteq\rho$,$I(t)$ 在一个时间段内将会增加而出现疾病流行或暴发现象,但随时间的推移和 $S(t)$ 的递减,$I(t)$ 在达到最大值后开始递减并最终趋向于零。在图 8.14 中给出了 $I(t)$ 和 $S(t)$ 的关系及 $I(t)$ 的变化趋势。

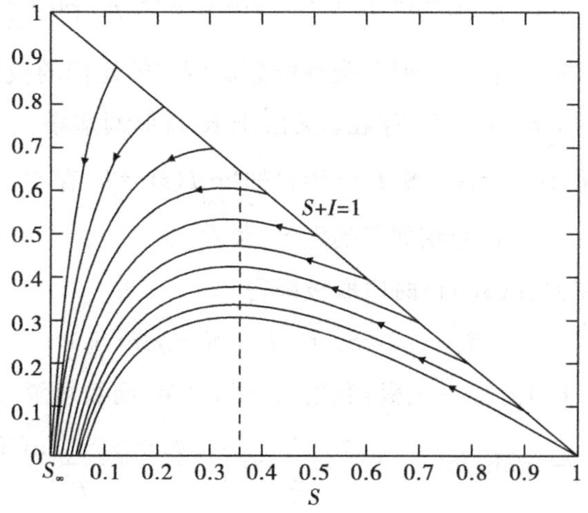

图 8.14　$S-I$ 相平面轨线图($\beta=3,\gamma=1,S_0+I_0=1$)

从上面的分析和图 8.14 可以看出,模型(8.58)存在一定的临界现象,如果 $S_0>\rho$,则疾病暴发;如果 $S_0<\rho$ 则疾病不暴发。但无论哪种情形,疾病最终都将消除。基于这个事

实,将模型(8.58)的基本再生数 R_0 定义为

$$R_0=\frac{\beta S_0}{\gamma} \tag{8.62}$$

由定义式(8.62)不难看出 R_0 描述了一个患者在平均染病周期 $\frac{1}{\gamma}$ 内传染的人数,其给出了流行病是否暴发或流行的阈值。当 $R_0<1$ 时,疾病不会暴发,并随时间的推移自动消除;当 $R_0>1$ 时,疾病在一定的时间段内会暴发,染病人数达到一个最大值后才开始递减,并最终消除。$R_0<1$ 说明一个患者在平均染病周期内传染的人数小于1,疾病自然消除;$R_0>1$ 说明一个患者在平均染病周期内传染的人数大于1,疾病在一定程度上暴发或流行。

定理 8.4(*SIR* 模型的阈值) 当 $R_0<1$ 时,无病平衡点稳定,所以疾病消除;当 $R_0>1$ 时,疾病暴发。

由于模型(8.58)形式简单,根据 Lambert(朗伯)W 函数,能够从数学解析式直接分析模型(8.58)解的动态行为。

根据模型(8.58)的第一个和第二个方程,当 $I\neq 0$ 时得到

$$\frac{\mathrm{d}I(t)}{\mathrm{d}S(t)}=-\frac{(\beta S(t)-\gamma)I(t)}{\beta S(t)I(t)}=-1+\frac{\rho}{S(t)},\quad \rho=\frac{\gamma}{\beta} \tag{8.63}$$

由积分函数(8.63)得到 S-I 平面的轨线满足

$$I(t)+S(t)-\rho\ln S(t)=I_0+S_0-\rho\ln S_0 \tag{8.64}$$

其中初始条件满足条件(8.59)且 $S_0+I_0=1$。由于当 $S_0>\rho$ 即 $R_0>1$ 时疾病有一个暴发过程,所以从方程(8.63)得到当 $S=\rho$ 时,$I(t)$ 达到最大(见图8.14),即

$$I_{\max}=\rho\ln\rho-\rho+I_0+S_0-\rho\ln S_0=1-\rho+\rho\ln\left(\frac{\rho}{S_0}\right) \tag{8.65}$$

另外一些重要指标是当 $t\to\infty$ 时各类种群数量所占的比例的极限是多少。由于 $S(t)$ 单调递减且有下界零,则 $\lim\limits_{t\to\infty}S(t)=S_\infty$ 存在。又由于 $R(t)$ 单调递增且有上界 N,则 $\lim\limits_{t\to\infty}R(t)=R_\infty$ 也存在。根据关系 $I(t)=N-S(t)-R(t)$ 知 $\lim\limits_{t\to\infty}I(t)=I_\infty$ 存在。对于模型(8.58),从图8.14中可以看出 $I_\infty=0$,下面介绍如何确定 S_∞ 和 R_∞。

为了确定 S_∞,在方程(8.64)两边取极限得

$$S_\infty-\rho\ln(S_\infty)=I_0+S_0-\rho\ln(S_0) \tag{8.66}$$

即 S_∞ 是满足方程(8.66)的唯一正根,利用 Lambert W 函数求解方程(8.66)得到

$$S_\infty=-\rho\text{Lambert } W\left[-\frac{1}{\rho}\exp\left(-\frac{I_0+S_0-\rho\ln(S_0)}{\rho}\right)\right] \tag{8.67}$$

和

$$R_\infty=N+\rho\text{Lambert } W[-\frac{1}{\rho}\exp(-\frac{I_0+S_0-\rho\ln(S_0)}{\rho})] \tag{8.68}$$

利用公式(8.67),在很多数学软件中容易求解 S_∞,比如取参数 $\beta=3$,$\gamma=1$ 和初始值

$I_0=0.2, S_0=0.8$，利用 Maple 中的 Lambert W 函数包容易计算得到 $S_\infty=0.04568$。

当传染病暴发时，我们希望知道此次暴发的强度或波及程度，为此定义

$$\mathcal{R}=\frac{R_\infty-R(0)}{S(0)} \tag{8.69}$$

为一次暴发的强度，即曾感染过病的人数占初始易感者的比例。下面介绍如何确定暴发强度。

由模型(8.58)的第一个和第三个方程得

$$\frac{\mathrm{d}S(t)}{\mathrm{d}R(t)}=-\frac{\beta}{\gamma}S(t)=-\frac{S(t)}{\rho} \tag{8.70}$$

从 0 到 t 积分上式得

$$S(t)=S(0)\mathrm{e}^{-\frac{1}{\rho}[R(t)-R(0)]}$$

令 $t\to\infty$ 对上式两边取极限得

$$S_\infty=S(0)\mathrm{e}^{-\frac{1}{\rho}[R_\infty-R(0)]},\quad S_R+R_\infty=S(0)+I(0)$$

通常取初始值 $R(0)=0$，再结合 $I_\infty=0$ 知，当考虑疾病能否侵入种群，通常引入一个或少量的感染者，所以 $I(0)\ll S(0)$，故这里 $I(0)\approx 0$，则有

$$S(0)\approx S(0)-R_\infty \tag{8.71}$$

将式(8.71)代入式(8.70)得

$$S(0)-R_\infty=S(0)\exp\left(-\frac{R_\infty}{\rho}\right)$$

根据 $\mathcal{R}$ 的定义式得

$$S(0)-S(0)\mathcal{R}=S(0)\exp\left(-\frac{S(0)\mathcal{R}}{\rho}\right)$$

即 $\mathcal{R}$ 是满足方程

$$1-\mathcal{R}=\exp\left(-\frac{S(0)\mathcal{R}}{\rho}\right)$$

的唯一正根。

8.5 考虑出生和死亡的 *SIR* 模型

在讨论流行病的时候常假设与人的寿命相比染病时间是短暂的，而对于某些慢性传染病，我们感兴趣的是其长期的行为，所以这个假设就不合理了，当传染病的染病时间较长时，就不得不考虑期间的出生和死亡情况了。而且此时将恢复者(具有免疫性的人)和死亡的人放在同一个仓室也是不合理的，因为二者的差异对描述传染病的流行是非常重要的，所以从现在开始 R 应该被看成免疫者类。

考虑出生和死亡情况，人口总数就不再是封闭的了，即人口总数 N 不再是常数。设因病死亡率为 c，为了简化，设 c 和 d 是常数，并假设没有垂直传播(是指感染者父母将传

染病传给自己的下一代,如艾滋病),所以新出生的的人,都在易感者类中。这种疾病可以用图 8.15 表示。

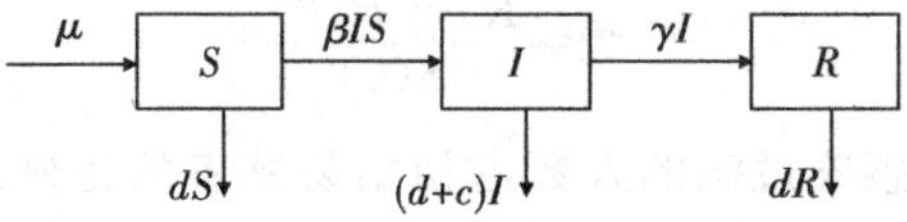

图 8.15 具有出生和死亡的 SIR 模型传播示意图

对于图 8.15 中表示的传染病,假设 μ 是自然出生率,d 是自然死亡率,考虑下面两种特殊的情况。

第一种:没有因病死亡的情形,$B=\mu N,\mu=d,c=0$;

第二种:包括因病死亡的情形,$B=\mu N,\mu>d,c>0$。

8.5.1 没有因病死亡的情形

假设 $\mu=d$,根据流程图 8.15 得到 SIR 模型如下

$$\begin{cases}\dfrac{\mathrm{d}S}{\mathrm{d}t}=\mu N-\beta IS-\mu S\\ \dfrac{\mathrm{d}I}{\mathrm{d}t}=\beta IS-\gamma I-\mu I\\ \dfrac{\mathrm{d}R}{\mathrm{d}t}=\gamma I-\mu R\end{cases}\tag{8.72}$$

由于人口总数满足关系 $S(t)+I(t)+R(t)=N$,假设 $N=1$,则 $S(t)$,$I(t)$和 $R(t)$分别表示易感者、感染者和恢复者在 t 时刻所占的比例,只需弄清楚前两个变量随时间变化的关系。由于模型(8.72)的前两个方程与免疫者的比例 R 没有关系,先考虑下面的平面系统:

$$\begin{cases}\dfrac{\mathrm{d}S}{\mathrm{d}t}=\mu-\beta IS-\mu S\\ \dfrac{\mathrm{d}I}{\mathrm{d}t}=\beta IS-\gamma I-\mu I\end{cases}\tag{8.73}$$

模型(8.73)由两个非线性常微分方程组成,其解析解无法得到。但我们知道,在给定了参数和初始值以后,模型中的易感者和感染者人数是随时间变化的。有限时间内模型(8.73)解的性态可以通过数值计算得到;时间趋于无穷时解的性态可以通过定性分析的方法得到。首先,利用微分方程组解的存在唯一性定理和比较定理可以得到区域

$$D=\{(S,I)\,|\,S\geqslant 0,I\geqslant 0,S+I\leqslant 1\}$$

是模型(8.73)的正向不变区域。令方程组(8.73)右端的函数等于零,可以得到当 $R_0=\dfrac{\beta}{\gamma+\mu}<1$ 时模型(8.73)仅有无病平衡点 $P_0(1,0)$,而当 $R_0>1$ 时模型(8.73)有两个平衡点:无病平衡点 $P_0(1,0)$和地方病平衡点 $P^*\left(\dfrac{1}{R_0},\dfrac{\mu}{\beta}(R_0-1)\right)$。关于平衡点的稳定性有

如下的阈值理论。

定理 8.5　若基本再生数 $R_0 \leqslant 1$，则模型(8.73)的无病平衡点 $P_0(1,0)$是全局渐近稳定的；若基本再生数 $R_0>1$，则模型(8.73)的地方病平衡点 $P^*\left(\frac{1}{R_0},\frac{\mu}{\beta}(R_0-1)\right)$是全局渐近稳定的。

证明　当 $R_0 \leqslant 1$ 时，定义李雅普诺夫函数

$$V_1(S,I)=I+S-1-\ln S$$

函数 $V_1(S,I)$沿着模型(8.73)的解的全导数为

$$\frac{\mathrm{d}V_1(S,I)}{\mathrm{d}t}=(R_0-1)\mu+\gamma)I-\frac{\mu(S-1)^2}{S}\leqslant 0$$

且在集合$\frac{\mathrm{d}V_2(S,I)}{\mathrm{d}t}=0$中除平衡点 P_0 外没有模型(8.73)的其他轨线，故由拉萨尔不变原理得到的 P_0 的全局渐近稳定性。

当 $R_0>1$ 时，定义李雅普诺夫函数

$$V_2(S,I)=I-I^*-I^*\ln\frac{I}{I^*}+S-S^*-S^*\ln\frac{S}{S^*}$$

函数 $V_2(S,I)$沿着模型(8.73)的解的全导数为

$$\frac{\mathrm{d}V_2(S,I)}{\mathrm{d}t}=-\frac{(\mu+\beta I^*)(S-S^*)^2}{S}\leqslant 0$$

且在集合$\frac{\mathrm{d}V_2(S,I)}{\mathrm{d}t}=0$中除平衡点 P^* 外没有模型(8.73)的其他轨线，故由拉萨尔不变原理得到 P^* 的全局渐近稳定性。

8.5.2　包括因病死亡的情形

假设 $\mu>d$，根据流程图 8.15 得到如下 SIR 流行病模型：

$$\begin{cases}\dfrac{\mathrm{d}S}{\mathrm{d}t}=\mu N-\beta IS-dS\\[2mm]\dfrac{\mathrm{d}I}{\mathrm{d}t}=\beta IS-\gamma I-cI-dI\\[2mm]\dfrac{\mathrm{d}R}{\mathrm{d}t}=\gamma I-dR\end{cases}\tag{8.74}$$

模型(8.74)有一个无病平衡点$(S,I,R)=(\frac{\mu N}{d},0,0)$，此时 $S(t)=N(t)=N_0\exp[(\mu-d)t]$，这个解的存在使得分析起来没有理想模型那么简单，通常把人均出生率替换为常数出生率 B，方程组(8.74)变为

$$\begin{cases}\dfrac{\mathrm{d}S}{\mathrm{d}t}=B-\beta IS-dS\\[2mm]\dfrac{\mathrm{d}I}{\mathrm{d}t}=\beta IS-\gamma I-cI-\mathrm{d}I\\[2mm]\dfrac{\mathrm{d}R}{\mathrm{d}t}=\gamma I-dR\end{cases}\tag{8.75}$$

由其中的三个方程相加得到

$$\frac{\mathrm{d}N}{\mathrm{d}T}=B-cI-dN \tag{8.76}$$

这四个方程中的任意三个再加上 $N=S+I+R$ 就是要分析的方程组。选择(N,S,I)的方程，因为人口是开放的，所以不能像之前一样把三维方程组化简为二维方程组。无病平衡点为$(\overline{N}_0,0,0)$，其中 $\overline{N}_0=\frac{B}{d}$，并且一个染病者引入这个平衡态中可以传染 $R_0=\frac{\beta B}{d(\gamma+c+d)}$个人。当且仅当 $R_0>1$ 时存在地方病平衡点(N_1^*,S_1^*,I_1^*)，其中 $S_1^*=(\gamma+c+d)/\beta=B/(dR_0)$，$I_1^*=(B-dS_1^*)/(\beta S_1^*)$，$N_1^*=(B-cI_1^*)/d$。

当 $R_0>1$ 时可以证明地方病平衡点是局部稳定的。通常的阈值理论，即当基本再生数 $R_0<1$ 时，疾病消除，当 $R_0>1$ 时疾病流行，对于这种疾病也是成立的。当 $R_0>1$ 时曲线以阻尼振动的方式趋向于地方病平衡点，频率大约为 $w=\sqrt{\beta^2 I_1^* S_1^*}$，所以周期为

$$T=\frac{2\pi}{\omega}=\frac{2\pi}{\sqrt{(\gamma+c+d)d(R_0-1)}} \tag{8.77}$$

在没有接种疫苗的情况下，疾病经常呈现周期性行为，周期接近 T，这是由外因导致的，譬如说新学期开始后，学生们上学见面多容易互相传染而引起疾病。

参考文献

[1]TUMULURI K S. A first course in ordinary differential equations[M]. New York: CRC Press,2021.

[2]DREYER T P. Modelling with ordinary differential equations[M]. New York:CRC Press, 2017.

[3]张芷芬. 微分方程定性理论[M]. 北京:科学出版社, 1985.

[4]丁同仁, 李承治. 常微分方程教程[M]. 北京:高等教育出版社, 2004.

[5]许淞庆. 常微分方程稳定性理论[M]. 上海:上海科学技术出版社, 1984.

[6]复旦大学数学系. 差分方程和常微分方程[M]. 上海:复旦大学出版社, 2002.

[7]时宝, 张德存, 盖明久. 微分方程理论及其应用[M]. 北京:国防工业出版社, 2005.

[8]王高雄. 常微分方程[M]. 3版. 北京:高等教育出版社, 1983.

[9]肖燕妮, 周义仓, 唐三一. 生物数学原理[M]. 西安:西安交通大学出版社, 2012.

[10]唐三一, 肖燕妮, 梁菊花, 等. 生物数学[M]. 北京:科学出版社, 2019.